建設市場の構造と行動規律

日本の建設業、その姿を追う

第二編　建設市場の競争性

序編　はじめに――変転する時代をとらえる

１９９５（平成7）年といえば、建設市場と建設産業にとっては忘れられない年の一つである。前年1月に「公共事業の入札・契約手続の改善に関する行動計画」が決定し、同年4月から公共工事の調達制度の大改革が実施された。さらに、95年の4月には「建設産業政策大綱」が公表されて、新しい制度基盤を踏まえた建設産業の発展の可能性と課題を示した。世界貿易機関（ＷＴＯ）政府調達協定は翌96年1月から発効している。

この95年、建設産業研究会がスタートしている。いずれも東京大学の金本良嗣教授、國島正彦教授、三輪芳朗教授など経済学、経営学、土木工学の分野の研究者の方々が中心となり、これに建設業行政の担当者、建設会社の実務家が加わって、建設産業を多角的に議論しようという目的で始まった。もちろん、入札・契約制度の大改革に象徴される時代にあって、建設産業の興味深さというものが根底に存在したと思われる。研究会は２００７年の初めに幕を下ろしたが、この13年間、87回にわたりさまざまなテーマを議論してきた。99年には、研究者の方々が分担して「日本の建設産業――知られざる巨大業界の謎を解く」（金本良嗣編、日本経済新聞社）を執筆・刊行した。

筆者は、そのころ財団法人建設経済研究所に勤務しており、この研究会に参加して、最先端の研究者、経営者、行政担当者などの考えを聞き、議論し、そして建設産業に対する興味がますます深まるのを感じた。以後、建設市場と建設産業が遭遇するさまざまな出来事を、その淵源と影響の全般にわたって理解すべく努力してきた。さいわい建設経済研究所を離れてからも建設産業と直接に関わる業務に携わることができ、就業者の労働環境、あるいは企業の財務状況などの側面からも建設産業の問題を考えることができた。

実際、この20年間は建設市場激動の時代であったといえる。バブル経済崩壊の後、公共投資に頼って内需を維持しようとした時代、建設投資はピークをつけたが長くは続かなかった。そして、15年間にわたる本格的な建設市場縮小の時代に入ることになる。この間に日本は少子高齢化の時代を迎え、そして人口はピークを過ぎていよいよ人口減少という全く新たな局面に突入した。

そのような時代に、建設市場で発注者、受注者、制度設計者がどのように行動したか。そして、その結果として何が生まれたのか。とくに発注者と入札者（受注者）の市場行動の結果が入札・契約制度などの市場のルールの変更につながっており、その先に何があるのか検証する価値が大きいと考える。

市場成果を高めるためには、制度基盤を踏まえた発注側の行動規律と受注側の行動規律のあり方を考えてみる必要があるのではないか。これが本書を「建設市場の構造と行動規律――日本の建設業、その姿を追う」とした理由でもある。

本書では、何かを主張する前に、疑問に感じた事柄をデータにより実証的に整理する作業が多く、読みづらいと思うところがある。このため序章では、以下に各編のポイントというべき内容を簡潔に述べる。

1　建設市場の構造

市場規模の縮小に伴う市場構造の変化

はじめに、建設市場と建設産業の規模を示す指標の変化を概観する。**図表1―7**（**37ページ参照**）は、1978～2013年度の36年間の建設市場規模についてみたものである。建設投資額は、85年度ころから急角度にバブル発生とともに駆け上がり、90～96年度の7年間にわたる大きなピークを形成した。この需要サイドの急増に対して、許可業者数、就業者数とも追いつけず、需要のピーク最終年の1年後（97年度）に就業者数のピークがあらわれ、許可業者数のピークはさらに遅れて3年後となっている。

この間にみられた建設市場と建設産業の大きな変化として、**図表1―1**（**27ページ参照**）に需要面における維持修繕の比率の激増と供給側の下請工事の比率の上昇の2点を掲げている。

建設市場の重層的構造

建設市場は元請取引と下請取引の重層的構造になっている。70年代前半までは下請比率は30％台で、元請会社の直接施工による部分が大きかったが、70年代後半からこの比率は上昇を始める（**図表1―13、44ページ参照**）。80年代半ばにはさらに3次下請まで下請構造が深化して、80年代末にはこの下請比率が6割に到達し、以後も下請構造の深化はさらに進んだ。

このような下請比率上昇の背景として、80年代、低位安定成長時代に入るとともに大手・

中堅建設会社の多くが、技能労働力を自社内に抱えない軽量経営を目指し、現場施工を下請会社にゆだねる動きが顕著になったことがあげられる。同時に、専門工事の分野で機械化、専門技術の高度化があり、専門工事業が大きく発展していくことにもなった。

ゼネコンと専門工事会社の分業体制が進む過程で、専門工事会社がとった方向が労務の外注化である。工事価格の低下によって、法定福利費を含む労務費負担に耐えられない中小業者において、技能労働者の雇用関係を切って請負化を進めた結果、社会保険未加入など技能労働者の労働条件がさらに悪化することになった。

建設労働者の高齢化と若年層の不足

1996～2010年度の15年間に実質建設投資額はマイナス52％と半減しているが、建設業就業者数はマイナス25％である（図表1―15、48ページ参照）。この指標は労働力の過剰を示している。しかし、**図表1―16**（49ページ参照）に示されるように若年層の不足と高齢化が進行し、若年・中年層の逼迫感が強くなっている。

若年層の入職が進まない理由の一つは、建設技能労働者のキャリアパスと賃金の問題がある。技能労働者のキャリアは、見習い→職人→一人親方→親方という4階層からなる。これは、技能労働者のわざ（技能）の階層であって、賃金収入その他の労働条件と結びついていないところに問題がある。現場の施工技能は職人のものであるが、収入など労働条件とつながったキャリアパスを用意しなければ、積極的に職人を志す若者が減るばかりで建設産業の現場が持続できない。

ＩＣＴの活用などによる建設生産システムの変革

建設生産システムの生産性向上については、重層下請構造の是正、生産システム内のパートナーシップの醸成など困難な課題が多い。現在、行政と業界あげて取り組まれている社会保険加入の徹底が効果をあげており、これにより、下請構造の簡素化によい影響をもたらすことが期待される。

公共工事で定着してきた３者会議、ワンデーレスポンス、設計変更審査会は、発注者と受注者の意思疎通と問題解決の迅速化を通してパートナーシップの醸成に寄与している。また、ＢＩＭ、ＣＩＭなど情報通信技術（ＩＣＴ）の利活用は、設計・施工情報の共有を劇的に進め、設計、施工および維持管理全体を視野に入れた生産性の高い新しい建設生産システムの構築を促すものと考えられる。

２　建設市場の競争性

需要側の市場行動

建設生産システムの形は、発注者直営で外部組織を一切利用しないものから、企画・資金・計画・設計・施工＋運営・維持のすべてを外部組織にゆだねるＰＰＰ（提案型事業権）方式まで、**図表２—１**（**67ページ参照**）のように多様なものとなる。

発注者は、交渉方式、入札方式、落札基準など調達方式を幅広く合理的に選択することが求められている。

供給側の市場行動

建設産業はサプライチェーンが長く複雑であり、生産組織の構築に関して選択肢が多岐に分かれる。どのような生産組織を選択するかにより競争力に差が出る。企業の競争戦略としては差別化（得意分野の構築）、売上高極大化、顧客の囲い込み、生産組織の囲い込み、入札戦略（マークアップ、入札談合、赤字受注・ダンピング）などが行われている。

需要側の市場行動と供給側の市場行動の相互作用

これまでの建設市場の動きを観察すると、供給側の入札行動において入札談合、ダンピングなどの問題が発生し、これに対応する需要側の行動として公共工事調達制度の改変がなされてきたととらえることができる。典型的な四つの事例をあげてみる。

① 93年に発生した埼玉土曜会談合事件、ゼネコン疑惑、金丸事件が国の公共工事調達制度改革を決定づけた。

② ２０００年に元建設大臣があっせん収賄罪で実刑判決に服するという事件があり、これにより急遽、公共工事の入札及び契約の適正化の促進に関する法律（入札契約適正化法）が01年４月に施行された。

③ 発注者が関与する談合事件の頻発があり、03年１月、入札談合等関与行為の排除及び防止に関する法律（官製談合防止法）が施行された。05年には独占禁止法が改正（罰則強化、公

取委に犯則調査権限、課徴金減免制度など）され、以後、入札談合システムは急速に弱体化した。
④一般競争入札の適用範囲の拡大などにより、落札価格が下落して著しい安値受注が頻発し、04年には公正取引委員会が初めて公共工事に関してダンピングを警告するに至った。このような状況のもと、公共工事の品質確保の促進に関する法律（公共工事品質確保法）が05年4月から施行され、総合評価落札方式が急速に普及することとなった。

建設市場の集中度

市場の競争性指標として、上位企業の累積集中度を試算してみる。試算結果を示す**図表2—8**（92ページ参照）から上位5社の集中度をみると、建築の市場と土木の市場ではかなりの違いが存在し、土木の集中度がやや低めであることがわかる。

外国企業との競争

14年3月末現在の建設業許可取得外国企業132社の国別構成などからその実態をみると、国別には米国が突出して多く、スイス、ドイツ、オランダ、イギリス、フランスなどが続いている。また、公共工事の入札に参加するために必要な経営事項審査を受審している企業は30社にとどまり、公共工事市場に対しては積極的な姿勢がみられない。

3　公共工事調達制度と建設市場

指名競争入札の時代

1889（明治22）年に会計法令（会計法及び会計規則など）が整備されて、一般競争入札方式を原則とする国の調達制度がスタートした。しかし、技術力を持たずに専ら受注活動だけを行う者などの参入から工事に不具合、契約不履行が多発したため、勅令により随意契約を可能にし、さらに、1900年には指名競争入札方式を導入した。以降、指名競争入札方式を中心とする調達制度の運用は、21世紀の初めまで100年を超える長きにわたった。

GATTウルグアイ・ラウンドの政府調達交渉が93年12月に妥結し、94年1月に「公共事業の入札・契約手続の改善に関する行動計画」（**注3―4、128ページ参照**）が閣議了解され、一般競争入札方式の実施、工事完成保証人の廃止など新たな制度運用が同年4月に始まった。WTO政府調達協定は、96年から発効している。

94年の大改革以降

2001年から入札契約適正化法が施行され、03年には官製談合防止法が施行され、さらに、改正独占禁止法が06年1月に施行され、以後、入札談合の摘発件数は減少し、入札談合システムの崩壊をうかがわせるものとなった。

公共工事品質確保法は、価格および品質が総合的に優れた調達を基本理念としており、価格および価格以外の条件を落札基準とする総合評価落札方式の急速な拡大を推し進めた。

多様な調達方式の選択

公共工事の調達制度は、明治以来、会計法令によって一般競争入札方式、指名競争入札方式および随意契約の3方式に限定する堅い枠組みが構築されていたが、公共工事品質確保法の施行により、一般競争入札・技術提案・総合評価落札方式という組み合わせが急速に拡大することになった。さらに、14年の同法改正では、段階的選抜方式および技術提案・交渉方式が新たに選択肢として法定され、公共工事発注者は拡大された多様な調達方式から最適な方式を選択する責務を負うことになった。

予定価格制度の諸問題

明治会計法以来、予定価格制度の機能としては、予算管理機能、適正契約価格担保機能、入札談合による損害防止機能があげられてきた。しかし、落札価格は予定価格の範囲内という上限拘束の必要性を説明できるのは、この三つのうち入札談合の損害防止機能だけで、これも予定価格制度の本旨から離れた付随的効果といえよう。

予定価格制度の諸問題のうち、最大の問題は総合評価落札方式の場合の扱いである。14年6月に成立した公共工事品質確保法の改正（第18条）では、新たに規定した交渉方式の場合についても、技術提案の審査および交渉の結果を踏まえて予定価格を作成することとしており、予定価格作成への強いこだわりがみられる。

入札談合と公共調達制度

　戦後、高度経済成長期を通じて刑法および独占禁止法の入札談合に対する姿勢は、容認に近いものであり、談合システムが維持される条件をつくっていた。１９７７年に独占禁止法が改正されて課徴金制度を導入し、ようやく入札談合に対しても抑止の姿勢を厳しくした。90年に日米構造問題協議最終報告書（注３―24、１６４ページ参照）がまとめられた。ここで「排他的取引慣行」に対する独占禁止法の適用強化などがうたわれ、公取委が「告発方針」を公表し、価格カルテル、入札談合などに対する刑事罰の適用に積極的な姿勢を明らかにした。公正取引委員会による法違反行為の摘発、法的措置件数は92年以降急増している。

　02年の官製談合防止法制定後は、多くの官製談合事件が摘発され、関与職員は損害賠償を求められることになった。06年1月に情報提供者に対する制裁減免（リーニエンシー）制度、課徴金など罰則強化などを規定した改正独占禁止法が施行され、談合システムの弱体化をいっそう進めることになった。

ダンピングへの対処

　公正取引委員会は、長野県発注工事について不当廉売に該当するおそれがあるとして04年4月、はじめて警告処分を行い、同年6月には栃木県内の業者に対し同様の警告を行った。

　公共工事発注側の一連のダンピング対策では、中央公共工事契約制度運用連絡協議会（中央公契連）による設定モデルに従って最低制限価格および低入札価格調査基準価格の引き上げを**図表3—13**（**170ページ参照**）のように段階的に進めている。09年4月以降、予定価格に対する比率を70〜90％としている。

欧米の公共工事調達制度

ＥＵ公共調達指令は、04年に競争的対話手続きの導入など重要な改正が行われ、これに沿って加盟各国の国内法令が整備されてきている。14年に再び改正があり、これ以降2年以内に各国で国内法の見直しが行われ、新ルールが実施に移される。

米国連邦政府の建設工事などの入札方式は、封印入札、簡易手続き（主として小規模調達に適用）のほか、交渉契約がある。

現行の公共工事調達制度が抱える諸問題

公共工事品質確保法によって、総合評価落札方式が標準的な方式として定着し、入札方式も段階的選抜方式、技術提案・交渉方式などが加わり発注者の選択肢が広がった。同時に、この法改正により、適正な利潤の確保、地域の状況への配慮など発注者の配慮事項も広がった。

しかし、発注者責務の原点は「価格と品質で総合的に優れた調達を公正・透明で競争性が高い方式により実現すること」である。これを再度確認し、品質重視によって軽視されがちな「公正・透明で競争性が高い調達方式」を揺るがない基本として保持していく必要がある。

4　建設請負取引の市場ルール

建設請負契約と不完備契約

建設請負契約における契約不履行、片務的契約内容、当事者間の情報の偏りなどに対抗して、公正かつ適正な取引を成立させるためにいくつかの市場ルール（規範）が発達してきた。それらは、建設請負契約約款、契約履行保証（工事完成保証など）、工事瑕疵保証、裁判外紛争解決手続き（ＡＤＲ：Alternative Dispute Resolution）による紛争解決方式などである。建設請負契約では、想定されるリスクや契約変更のケースをすべてあげて、個々に対処手続きを規定することが困難な典型的な不完備契約であるため、リスク分担や契約変更のルールのみを契約書において明確にすることとなる。

発注者優位の片務的契約条項との長い闘い

１８８９年に会計法および会計規則制定、１８９６年には民法制定があり、公共工事の発注官庁は、それぞれ請負契約書を作成したが、以前からの発注者に都合のよい片務的内容がそのまま残されたものであった。

１９４９年に建設業法が施行され、請負契約における片務性排除と不明確性の是正が示されたため、ただちに中央建設業審議会（中建審）がこの具体化のための標準約款制定に向けて審議に入り、翌50年２月に決定した（注４―４、２０８ページ参照）。その後の数次の改正を経て現行の公共工事標準請負契約約款となっている。しかし、依然としていくつかの問題が残されている。

海外で使用される建設工事契約約款との違い

ＦＩＤＩＣ（国際コンサルティング・エンジニア連盟）の契約条件書は、英国の工事契約条件書を基本としており、アジアをはじめ世界的に受け入れられている。建設工事の契約条件書（レッドブック）は、設計・施工分離発注における施工のみの契約条件書である。契約履行の過程において当事者間に何らかの問題が発生したときの処理の方法に関して、ＦＩＤＩＣ契約条件書（99年版）と日本の公共工事標準請負契約約款との間にはかなりの違いがある。

契約保証および瑕疵保証など

〔契約保証、入札ボンドなど〕

工事完成保証人に代わる新たな契約保証制度に関しては、金銭的保証を原則としながら履行ボンドを新たに導入することとし、建設省は、96年度から工事完成保証人の廃止と新たな履行保証制度への切り替えを実施した。また、２００５年、一般競争入札方式拡大のための条件整備の一環として入札ボンドの導入が位置づけられ、以後、順次拡大、実施されてきた。

〔瑕疵保証、不法行為責任〕

標準請負契約約款では、瑕疵担保責任の存続期間を民法の規定よりも短縮している。また、改正前の民法では修補請求権又は損害賠償請求権の行使は滅失又はき損の日から1年以内と規定されているが、標準約款では6月以内とされ、民法の規定から大幅に短縮して注文者を不利にしている。

15年に国会に提出された民法（債権関係）改正案においては、請負契約の瑕疵担保責任（修補請求権）および解除権に関して、改正前の民法第634条および第635条を削除し、売買契約の目的物が契約の内容に適合しないときの修補等の追完請求権および解除権に統合した。責任追及期間については、改正民法第566条の売買における「買主が事実を知った時から1年以内にしなければならない」を適用することとして、注文主の追完請求期間をより厚く保護している。今後、標準請負契約約款等の見直しが議論されることになろう。

建設物の瑕疵責任に関しては、契約による瑕疵担保責任のほかに、法第709条に規定される不法行為責任がある。近年の消費者保護に係る意識の高まりと同時に制度の充実などの動きのなかで、不法行為としての建設物の瑕疵責任に関しても注文者、利用者保護の傾向が顕著にみられる。

紛争解決

建設業法では、国（中央）および都道府県に設置される建設工事紛争審査会を裁判外紛争解決手続き（ＡＤＲ）として位置づけている。しかし、これは行政機関に設置されていることも影響して、公共工事で行政機関が当事者となる紛争審査の申請がきわめて少ないという問題がある。新築住宅に関しては、住宅品質確保促進法による住宅性能評価を得たものについて、同法に定める紛争解決機関を利用することができる。

ＦＩＤＩＣ契約条件書99年版では、①エンジニアは発注者の立場に立ちながら契約条項に忠実に裁定する、②この裁定で合意に至らない場合は、裁定権限を工事ごとに設置する紛争裁定委員会（ＤＡＢ：Dispute Adjudication Board）に移して裁定を下す、③これでも裁定に服さない場合には国際商業会議所の仲裁手続きに入る――という3段構えの紛争解決プロセスを用意した。英国、米国も類似した仕組みを持っている。

日本では、10年の公共工事標準請負契約約款の改正で施工管理の遂行過程で当事者協議に加わって第三者の立場から意見を述べる権限を有する調停人の設置を規定した。調停人の裁定に服さない場合は、建設業法が規定する建設工事紛争審査会などＡＤＲの調停、あっせん、さらには仲裁手続きとなる。ただし、第三者の立場から意見を述べる権限を有する調停人の設置を規定する約款改正からまだ日が浅く、ほとんど活用されていない。今後、人材の育成・確保により、この規定が十分に活用されることが必要である。

5　新たな建設市場を拓くための四つの課題

終編では、現在の建設市場が抱える喫緊の課題として次の四つをあげて、取り組みの方向を簡潔に述べている。

①　入札談合にどう向き合うか
②　現場労働力不足に対応できるのか
③　建設市場の国際標準化――国内市場のガラパゴス化を回避するには
④　ＩＣＴの活用による生産性改革

第一編　建設市場の構造

一章　概観

はじめに、建設市場と建設産業の規模を示す指標の変化を概観しておく。**図表1—1**は、1970年度以降のほぼ40年間の推移を10年ごとに示している。

需要指標として代表的な実質建設投資額は、90年度を基準にしてみると、70〜90年度までの20年間にちょうど2倍に拡大し、以降、今日までのほぼ20年間に半減している。

供給側の指標として代表的な建設業就業者数をみれば、前半20年間（70〜90年度）に1・5倍に拡大し、後半20年間には10％強の減少である。就業者数のピークは、需要指標のそれよりもほぼ10年遅れて2000年度であるが、このピーク時点から10年度までの10年間に20％強の減少となっている。いずれにせよ、需要の減少に対して供給側の縮小のテンポは遅れており、供給過剰状態が指摘されている。

供給側の指標として重要な建設企業数については後に検討するように、いくつかの指標がある。ここでは建設業許可業者数と建設業事業所数を掲げている。建設業許可制度は1972年に建設業法改正によって新たに施行されており（改正前は登録制度）、改正前後で継続性がない。80年以降の許可業者数をみれば、2000年度には90年比で約10万増の60万に達したが、以後10年間に10万近い減少となっている。

事業所・企業統計調査（経済センサス基礎調査）による建設業事業所数は、96年調査の64・7万がピークとなり、06年までの10年間で15％の減少となっている。経済センサス基礎調査は

図表1—1　建設市場の概観

年	1970	1980	1990	2000	2007	2010	2013
A　許可業者数（万）	16.3	48.9	50.9	60.1	52.4	51.3	47.0
A2　建設業事業所数（万）	34.8	55.0	60.3	60.7	54.9	58.4	52.5
B　就業者数（万人）	394	548	588	653	555	504	499
C　実質建設投資額（兆円）	41.7	58.9	84.2	66.4	45.6	40.1	45.5
C/A2（百万円）	120	107	139	109	83	69	87
C/B　（百万円）	10.6	10.7	14.3	10.1	8.2	8.0	9.1
D　名目建設投資額（兆円）	14.6	49.5	81.4	66.2	47.7	41.9	48.7
E　元請完成工事高（兆円）	11.7	45.4	74.8	70.5	52.2	47.0	52.3
F　維持修繕額（兆円）	—	—	10.2	13.8	12.9	12.4	14.9
維持修繕比率（F/E　%）	—	—	13.6	19.5	24.7	26.4	28.4
G　下請完成工事高（兆円）	3.5	20.9	47.3	46.8	33.5	25.5	29.9
下請比率（G/E　%）	29.9	46.0	63.2	66.4	64.2	54.2	57.2

（注）Aの1970年は建設業登録業者数、各年3月末現在
A2は1969年、1981年、1991年、2001年、2006年、2009年、2012年の調査結果
元請完成工事高以下の「建設工事施工統計調査」による数値は年度数値

（出典）A「建設許可業者数調べ」国土交通省
A2「事業所・企業統計調査」総務省、2009年以降は「経済センサス基礎調査」
B「労働力調査」総務省
C、D「各年度建設投資推計」国土交通省
E、F、G「建設工事施工統計調査」国土交通省

全数調査であり、主たる産業に分類される。この調査によれば、建設業事業所数は80年代にすでにピークに近づいており、許可業者数とは乖離があった。

この40年間にみられた建設市場と建設産業の大きな変化として、**図表1—1**の2点に注目してほしい。1点は需要面における維持修繕の比率の激増である。維持修繕額自体の増加と新設投資の減少があって、需要全体（建設投資額＋維持修繕額）に占める構成比は大きく増加した。もう1点は供給側の元請完成工事高に占める下請工事比率の増加で

ある。後で分析するように、この40年間に建設生産体制（建設生産システム）の下請化、さらには重層下請化が顕著に進んだことを示している。

建設市場の規模は、新設・増設・改良工事からなる建設投資額と維持修繕額から構成されている。**図表1—1**の建設投資額は国土交通省推計によるものだが、この推計値においては、公共土木工事関係の建設投資額には維持修繕額が含まれており、そのほかの建築工事（政府、民間とも）などには維持修繕額は含まれていない。また、**図表1—1**の維持修繕額は建設工事施工統計調査によるもので、許可業者が調査の対象となっているため、維持修繕額全体を把握することができない。

この隙間を埋めるための建設経済研究所による推計作業結果（**注1—1**）によれば、2008年度の維持修繕費は14兆1927億円で新設投資等を含めた合計額59兆2288億円の24・0％になっている。

（**注1—1**）「建設経済レポート（日本経済と公共投資）」No.55、建設経済研究所、2010年10月。

図表１－２　建設投資の構成（建築／土木、民間／公共）

（名目投資総額に対する％）

年　度		1970	1980	1990	2000	2007	2010	2013
建設構造物	建築	66	59	64	51	58	54	54
	土木	34	41	36	49	42	46	46
発注者	民間	66	60	68	55	64	59	58
	公共	34	40	32	45	36	41	42

二章　需要の構成

建設市場の需要は、住宅建築、非住宅建築、土木など建設構造物の種類による区分と、民間需要、公共需要という発注者による区分とを組み合わせて細分される場合が多い。また、新設投資、更新投資、維持補修を区分して建設構造物のストックの増減に着目することもできる。

国土交通省の「各年度建設投資見通し」は、住宅建築、非住宅建築、土木をそれぞれ民間と政府に区分している。

1　建築と土木

建設需要を建設構造物に着目して、建築と土木に分けてみると、景気動向による変化はあるが、おおむね６：４を軸に推移していることがわかる。民間経済活動が停滞している時期には公共投資が主体の土木がウエイトを高め、経済状況が好転すれば、民間主体の建築のウエイトが高まる傾向がある（**図表１―２**）。

建設工事施工統計調査では、土木工事、建築工事、機械装置等工事の３種に分類している。２０１３年度調査結果をみると、元請完成工事高の構成比は、土木25・8％、建築63・1％、機械装置等11・0％である。この機械装置等工事は、工場などの動力設備、配管、機械基礎、機械器具装置などの工事、遊園地の設備工事などで、建築設備工事を含まない。

2 民間需要と公共需要

建設市場では公共需要が大きなウエイトを持つ。戦後、戦災復興から経済再建の時代に入ると、治水・防災事業に始まり、都市整備、住宅建設、道路・鉄道等交通網の整備などの公共事業が経済成長とともに拡大し、建設市場において4割に近い割合を占めてきた。さらに、景気対策として公共投資による内需拡大が繰り返し行われて、不況時には5割に近づくなど、政府（国、地方）の公共投資政策が市場に大きな影響を及ぼしてきた。

公共需要は、公共調達制度（入札・契約制度）を介して建設市場の競争性に影響を与えてきた。明治時代以来、長期間にわたり指名競争入札中心の公共調達制度の運用が続いたが、1994年の世界貿易機関（WTO）政府調達協定交渉を節目にした入札・契約制度改革によって、一般競争入札方式の実施、さらには総合評価落札方式の採用、技術提案・交渉方式など多様な調達方式の導入などの制度改革が進んできており、建設市場は新たな競争の時代に入っている。

3 新設・更新投資と維持修繕

建設物のストック増とともに、建設需要のうち維持修繕のウエイトが増大している。19

図表１―３　竣工年代別建築ストックの推計（2010年１月１日現在）

（延べ床面積、万㎡）

竣工年代	～1970年	1971～90年	1991～09年	不詳	合計
住宅　木造	72,522	147,191	361,663	10,349	372,013
非木造	8,724	57,069	156,879	10,512	167,391
小計	81,250	204,260	518,542	20,861	539,403
法人等の非住宅					
木造	6,381	4,320	3,733	461	14,895
非木造	26,222	66,591	69,961	11,295	174,069
不詳	679	251	243	13,709	14,882
小計	33,282	71,162	73,937	25.465	203,846
合計	114,532	275,422	306,969	46,326	743,249
（構成比　%）	(15.4)	(37.1)	(41.3)	(6.2)	(100)

「建築ストック統計検討会報告」国土交通省　個人の非住宅は未作業

９０年度以降の約20年間に完成工事高に占める維持修繕額の割合は10％を超える増加をみせている（**図表１―１、27ページ参照**）。新設投資、更新投資が伸び悩むなか、維持修繕の割合は、さらに増大するとみられている。

社会資本ストックは、内閣府の推計によれば、２００３年時点で６６２・２兆円である。その後、７年間の新規投資分を考慮すれば、10年には７５０兆円を超えるストックとなる（「建設経済レポート（日本経済と公共投資）」No.55、建設経済研究所）。このストック額を保持するためには、耐用年数を50年とすれば15兆円、70年とすれば10兆円強の年平均更新投資と年間７～８兆円の維持修繕費を必要とする。

建築ストックは、国土交通省「建築ストック統計検討会」による10年１月１日現在の推計で74億㎡程度（延べ床面積）とされている（**図表１―３**）。竣工年代別の構成は、１９７０年以前が15％、70～80年代が37％、90年代以降が41％である。高度成長期からバブル経済の年代（90年以前）が52％を占めており、今後、潜在的には大きな建て替え需要の発生が予想される。

三章　供給の構成

建設市場における供給の構成を概観する。供給の構成要素としては、建設業者および就業者の状況をみる。

1　建設業者数

2012年についてみると、全数調査である経済センサス活動調査による建設業事業所数は52・5万で、個人が16・4万、法人が36・1万である。

一方、法人企業統計調査による13年の建設業の法人数は45・8万である。うち資本金1000万円未満が29・2万（63・6％）と多数を占める。この二つの統計調査結果の建設業法人数において大きな差が生じている理由は不明であるが、小規模企業の層において法人と個人の区分に錯誤が存在するものとみられる。

建設業許可業者は10年3月末時点で51・3万であるが、建設工事施工統計の兼業者比率によれば、このうち2割程度は他産業企業で建設業許可を取得している企業が含まれる。

図表1―4に示す建設工事施工統計調査（国土交通省）は、建設業許可業者を母集団として11万余の業者を抽出調査し、施工実績があった業者数を復元している。大臣許可業者は全数、知事許可業者のうち資本金3000万円以上の法人および「舗装」「しゅんせつ」「板金」「さく井」の許可業者は全数、3000万円未満は3分の1～106分の1の抽出調査となって

図表１―４　建設工事施工統計調査による建設業者数、就業者数など（国土交通省）

	2008 年度	2013 年度
建設業者総数	243,152	233,990
うち専業者数	204,711 （84.2%）	193,606 （82.7%）
建設業就業者数（人）	3,190,910	3,199,636
うち専業者	2,504,623 （78.5%）	2,476,184 （77.4%）
従業者数	2,860,267	2,860,968
常雇い等	2,731,439	2,687,460
臨時・日雇い	128,828	173,508
労務外注労働者	330,643	338,668

いる。総売上高のうち建設工事完成工事高が80％以上を占める業者を建設業専業としている。13年度では、建設業者数が23万３９９０、うち専業者は82・７％の19万３６０６となっている。請負代金が５００万円以上（建築一式工事については非木造住宅では１５００万円以上、木造住宅では延べ面積１５０㎡以上）の工事を請負施工するには、建設業許可が必要であり、木造住宅を除く多くの建設工事はこの23万余の施工実績のある建設業許可業者によって施工されていることになる。

２　建設業就業者数

２０１０年国勢調査では建設業就業者数は４４７万人（**図表１―５**）、労働力調査では10年平均で５０４万人（**図表１―６**）となって差が大きい。さらに、雇用者数に大きな差がある。雇用者数は国勢調査が２９５万人に対して、労働力調査は４０８万人で、両者の差は１１３万人である。国勢調査は調査年の10月１日午前０時時点の状態を調査し、労働力調査は各月末１週間の就労状況を調べている。

建設業就業者数、雇用者数などについて国勢調査と労働

図表１—５　国勢調査による建設業就業者数

	2005 年	2010 年
建設業就業者数（万人）	539	447
雇用者	358	295
常雇い（正規雇用）	321	251
臨時雇い	37	44（うち派遣 3）
役員	63	60
雇人のある業主	32	21
雇人のない業主	61	54
家族従業者	25	17

図表１—６　労働力調査による建設業就業者数（総務省）

	2005 年	2008 年	2010 年	2013 年
建設業就業者数（万人）	568	541	504	499
うち雇用者	458	439	408	408

力調査を比較すると、国勢調査のほうが１割強少ない。10年調査は労働力調査の建設業就業者数に対して、国勢調査の数字は89％、雇用者数では72％と差が拡大している。10年国勢調査では個人情報保護に配慮して、調査票の回収が従来の調査員による回収方式から封入提出方式、郵送提出方式などに変わったため、未記入や誤記が増加したといわれており、この影響は大きいと考えられる。

ちなみに、05年国勢調査では建設業就業者数は５３９万人、労働力調査では05年平均で５６８万人と差は５％程度であった。ただし、雇用者数は国勢調査３５８万人、労働力調査４５８万人で差が１００万人、22％である。国勢調査が10月１日午前０時時点の状態を調査することから、日雇いなどが雇用状態にない者が多いこともこの差の原因の一つではないかと考えられる。

四章　市場規模の変動が市場構造に及ぼす影響

1　90年代前半の大きなピーク形成

過去の建設投資額（実質）は、需要拡大期（１９８５～90年）から縮小期（97年以降）へ90年代前半をピークにした前後20年間の山をつくっている。需要拡大期には建設企業数、就業者数が増加し、需要の縮小とともに建設企業数、就業者数は減少してきた。需要の変動に対する供給側の調整はタイムラグを伴うが、需要縮小期には、とりわけ需要減と供給力の縮小の時間的ずれが大きく、供給過剰の状況が続いている。

図表１―７は、１９７８～２０１３年度の36年間の建設市場規模を建設投資額（実質）、建設業許可業者数、建設業就業者数についてみたものである。建設投資額は、90年度から96年度まで7年間の大きなピークに向けて、85年度ころから急角度にバブル発生とともに駆け上がった。この需要サイドの急増に対して、許可業者数、就業者数とも追いつけず、需要のピーク最終年の1年後（97年度）に就業者数のピークがあらわれ、また、許可業者数のピークはさらに遅れ、就業者数のピークの3年後にピークがきている。

最も基本的な供給力指標である就業者数については、バブル崩壊による経済危機回避、雇用確保のために92～97年に行われた公共投資拡大政策の影響がみられる。財政再建を掲げて公共投資拡大策を放棄した97年の1年後に就業者数のピーク、すなわち供給力のピークがあ

図表１—７　建設市場の長期的推移

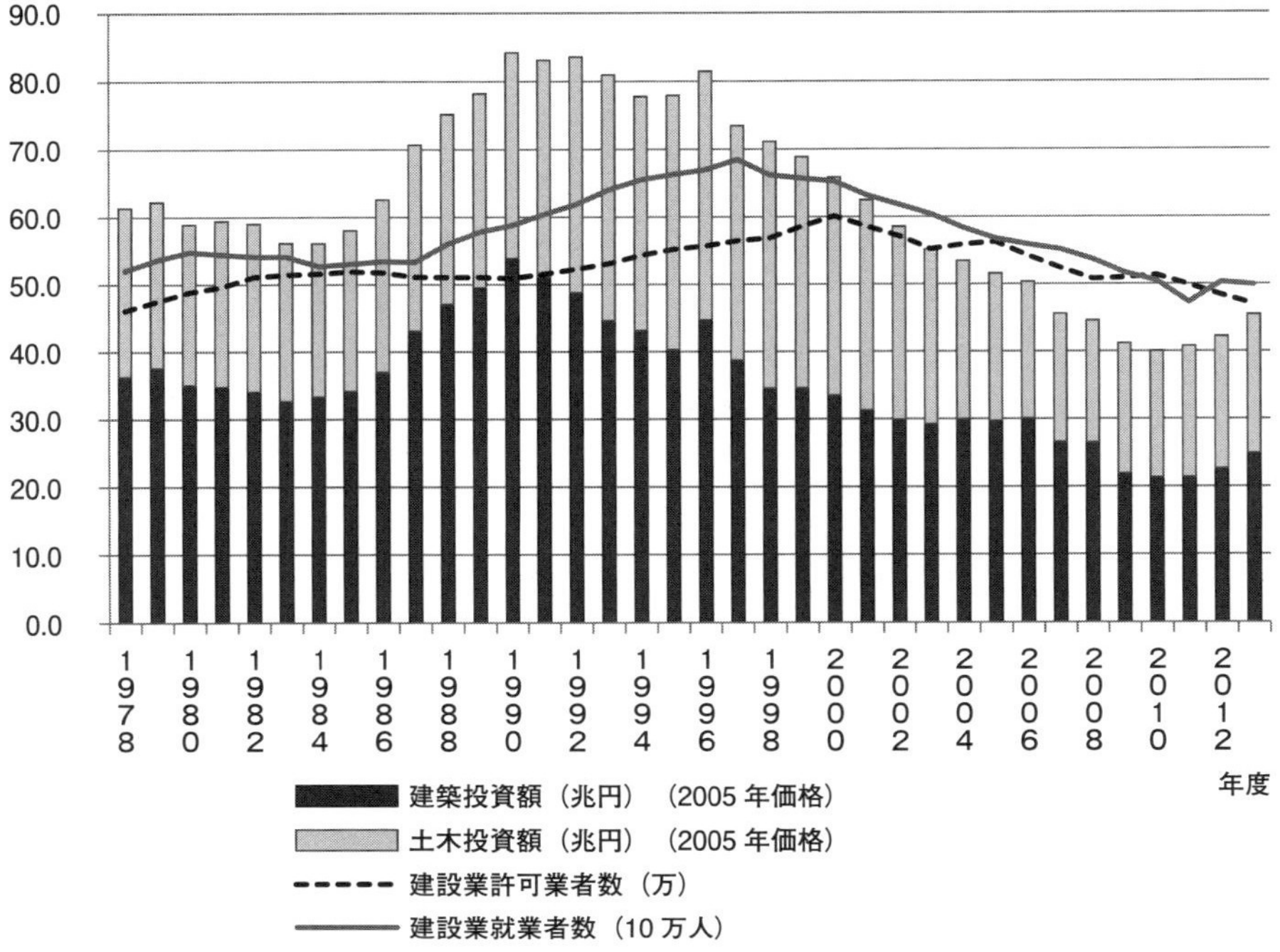

らわれたことは象徴的である。

　このように需要サイドの増減の波に供給力の調整が遅れることから、さまざまな問題が生じてきた。とくに、97〜２０１０年度の10年以上にわたって続いた建設需要縮小の影響により、市場競争の激化、工事価格の低下、企業利益率の悪化という過程を経て、建設企業数あるいは就業者数の減少局面が長く続いた。11年３月に発生した東日本大震災の復旧・復興需要により、建設市場は短期的には底を打ったということができる。今後、東京オリンピック・パラリンピック開催に向けての建設需要などの要因はあるにしても、

図表1—8　従業員1人当たり付加価値額（法人企業統計）

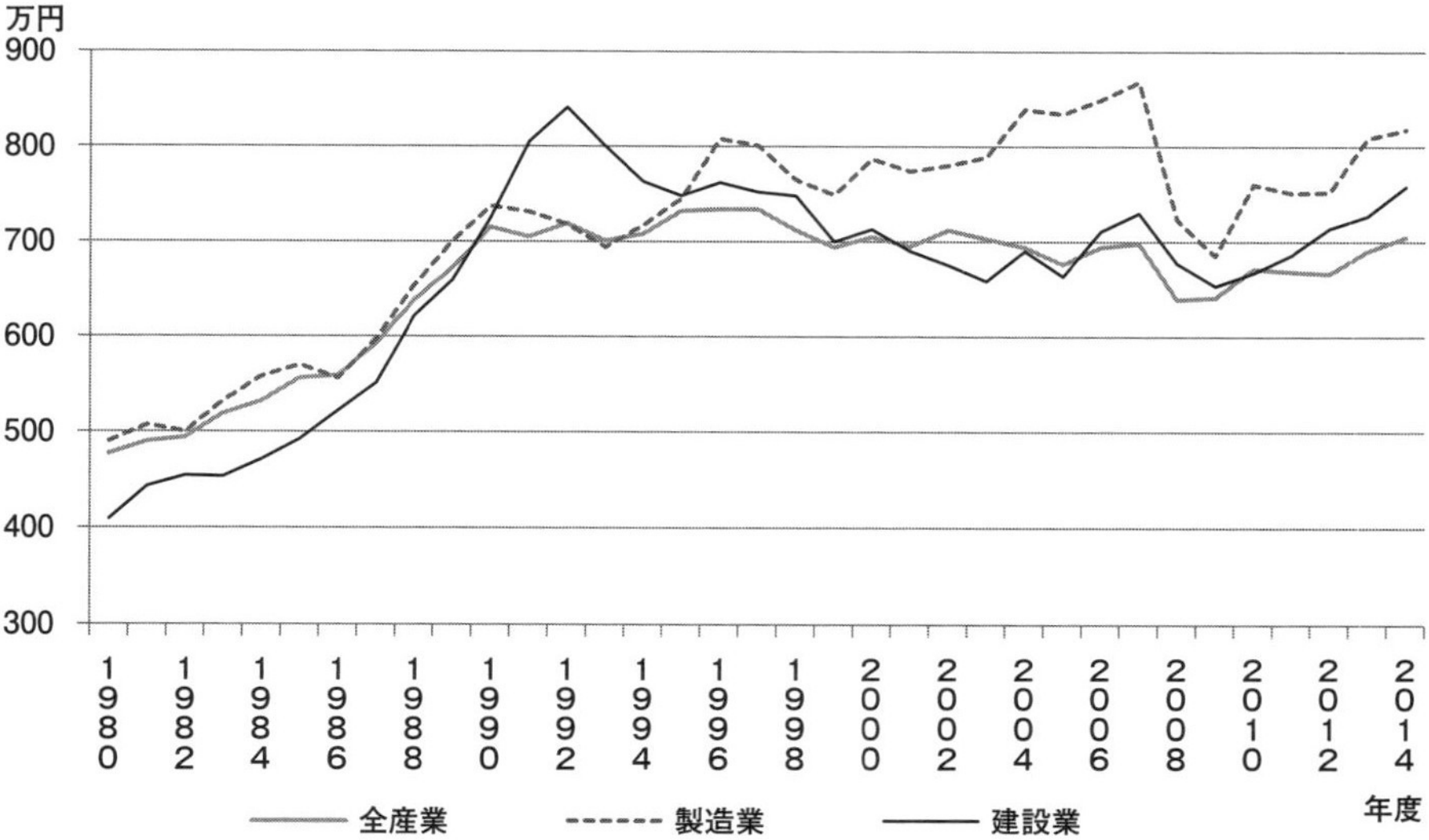

人口減少が続くなかで国内建設市場の長期的な縮小傾向は避けられない。

2　市場拡大期

1985年ころから90年までの急激な需要拡大期には次の現象がみられた。

建設投資額（実質）は、民間投資の増加が先行しており、建築投資額の急増がみられる。92年度以降の建築投資の落ち込みを埋める形で公共投資が行われたため、土木投資額は5年ほど遅れて緩やかなピークをつくっている。このことにより、建設投資額は90〜96年度までの大きな高原状のピークを形づくった。96年度には公共投資は縮小が始まっていたが、前年の阪神・淡路大震災の復旧・復興需要により、民間建築、とくに民間住宅建築が大きく伸びたため、高原状のピークは96年度まで続いた。

建設業許可業者数、建設業就業者数とも、

図表１―９　建設業者数の推移

（万）

年度	1981	1986	1991	1996	1999	2001	2004	2006	2009	2012
建設業許可業者（A）	49.6	51.7	51.5	55.7	58.6	58.6	55.9	54.2	50.9	48.4
建設業事業所（B）	55.0	57.6	60.3	64.7	61.2	60.7	56.4	54.9	58.4	52.5
B － A	5.4	5.9	8.7	9.0	2.6	2.1	0.5	0.7	7.5	4.1

建設業事業所は「事業所企業統計調査」総務省による。1981年以降の調査年のすべてを掲げている。
2009年度は経済センサス基礎調査、2012年度は経済センサス活動調査

投資額の急増にまったく追いついていない。この需給ギャップは、工事価格の上昇、労働生産性の上昇、企業の利益率の向上、建設技能労働者の不足などいくつかの現象を引き起こしている。

図表１―８は、法人企業統計の従業員１人当たり付加価値の推移を示している。建設業のそれは、86年度から急速に増大し、91年度には製造業を上回り、92年度にピークを記録した後、93年度には下降を始めている。製造業では、90年代後半からＩＴ（Information Technology）革命と称される革新的な技術開発と市場拡大があり、１人当たり付加価値のレベルアップが実現したことにより、他産業との差が拡大している。

３　市場縮小期

１９９７年以降、公共投資による需要の下支えも困難になり、建設投資額が急速に縮小してきた。

需要の減少が始まった97年度においても、建設業許可業者数、建設業就業者数ともに増加基調にあり、減少に転じるのは、就業者数が98年度、許可業者数では２００１年度になっている。

事業所企業統計によれば、建設業の事業所数は96年度がピーク（64・7万）で、以後減少に転じている。**図表１―９**には許可業者数

図表１―10　建設業倒産件数（帝国データバンク）

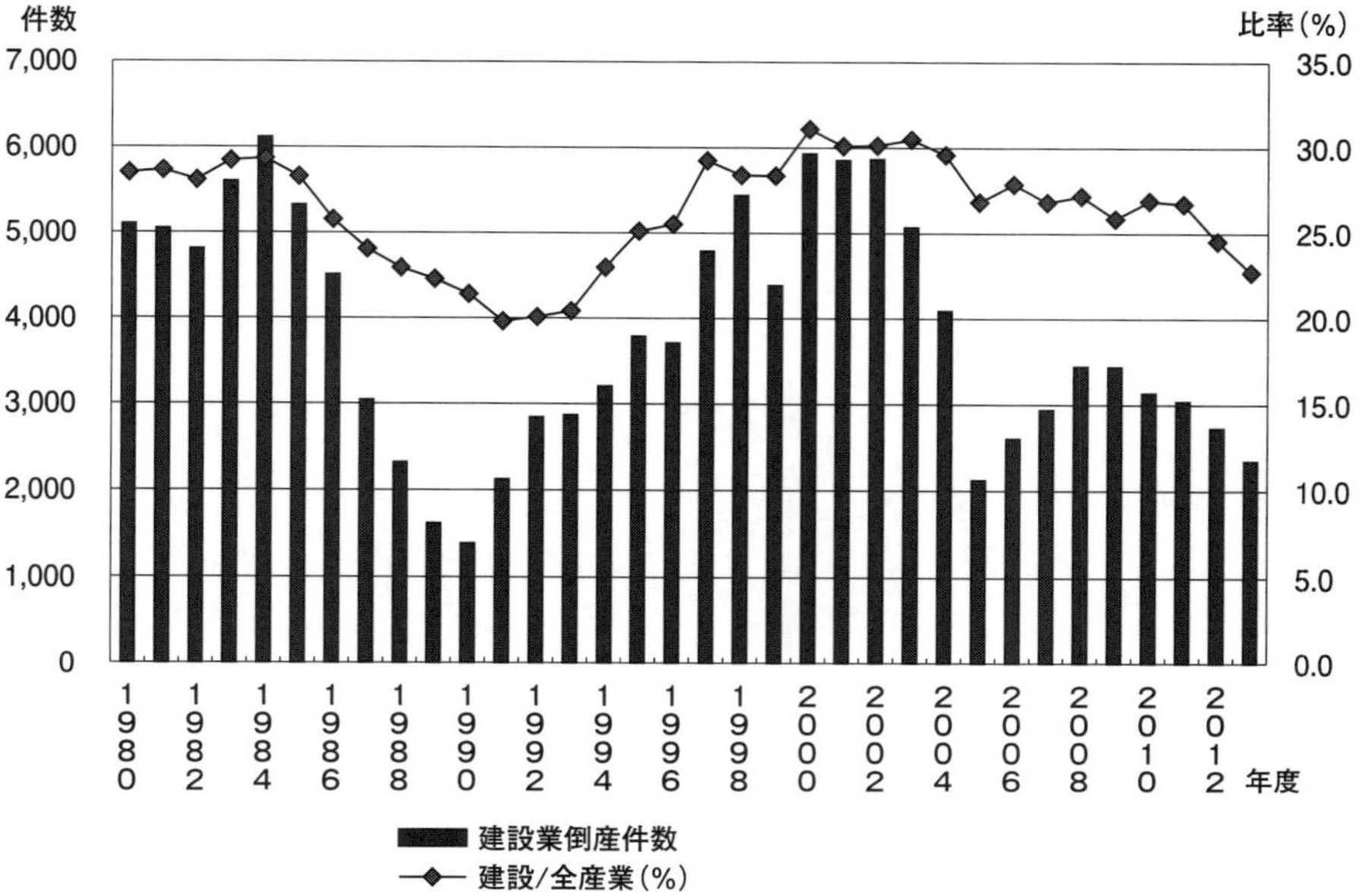

と事業所企業統計調査による建設業事業所数の差を掲げているが、99年度以後は両者の差が顕著に縮小している。

この理由は不明だが、建設業を営む事業所のうち、許可取得者の割合が増加していることになる。市場競争の激化とともに許可取得が競争上有利とされたとも考えることができる。したがって、市場の供給力としての建設業者数は事業所企業統計による96年度の64・7万前後にピークがあり、以後は減少傾向にあると考えられる。なお、09年度以降は経済センサスとして調査が行われており、調査結果の継続性に疑問がある。

図表１―10は企業倒産の推移である。80年代の前半は景気の低迷があって企業倒産が高水準であったが、

図表1—11　総資本経常利益率（法人企業統計）

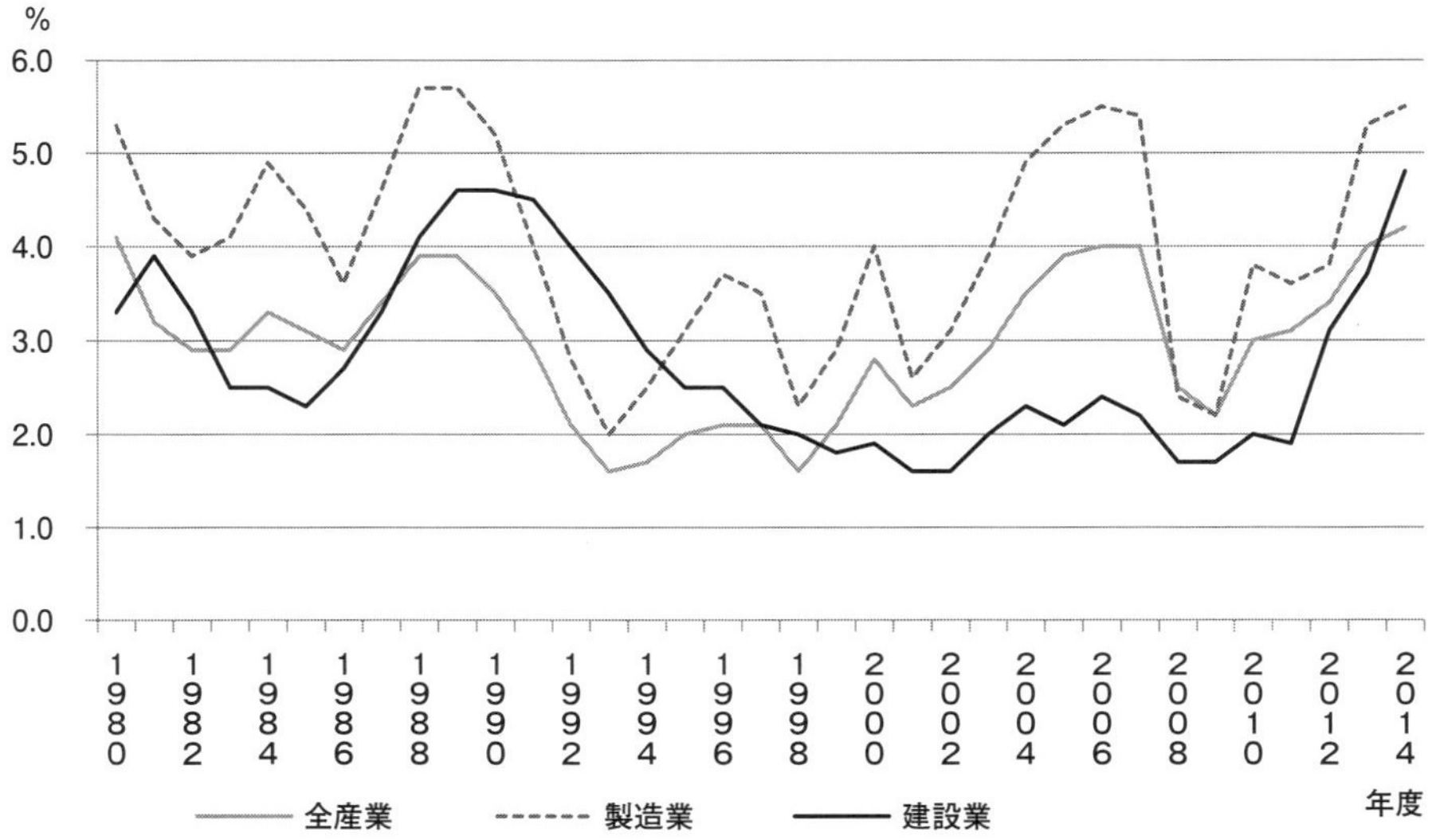

バブル経済の入り口である87年度ころから急速に改善し、また、バブル崩壊後、まだ建設市場は高位の水準にあった95年度ころから企業倒産が再び増加に転じている。

近年ではリーマンショック後の08～09年度に倒産件数の山があったが、以後、減少傾向にある。このように倒産件数は、市場の需給状況に対して早期に変化があらわれる特徴を持っているようにみえる。

企業の利益率（総資本経常利益率）についても、1人当たり付加価値と同様に86年度からの急ピッチの改善があったが、91年度のピークの後、低下に転じて97年度には2・0％にまで落ち込み、以後、低迷を続けている。全産業との比較においても、98年度以降は差が拡大してきた（**図表1—11**）。

なお、1人当たり付加価値は、95年度

図表1―12　売上高経常利益率（法人企業統計）

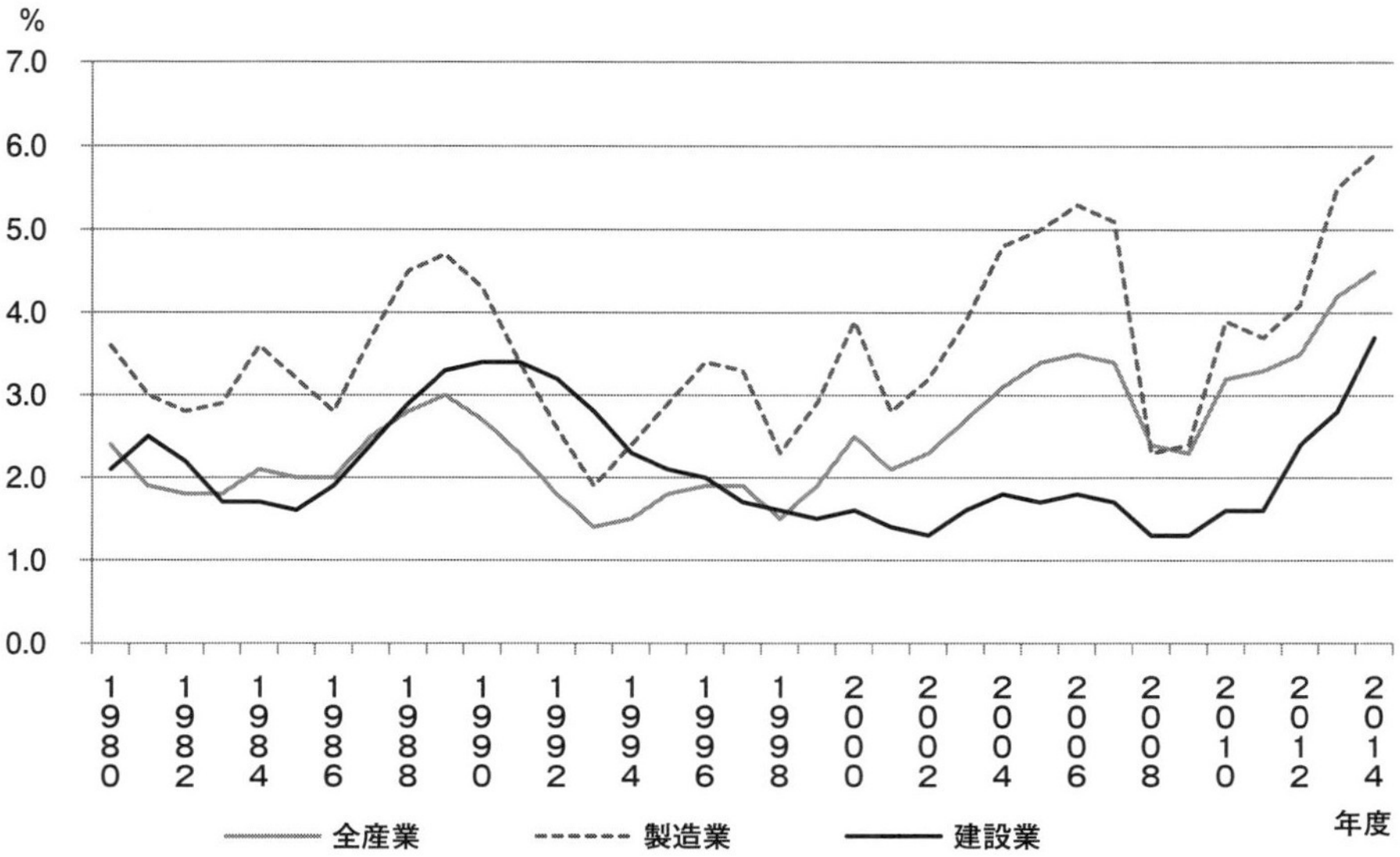

以降、全産業とほぼ同じ水準にあるものの、総資本経常利益率（図表1―11）および売上高経常利益率（図表1―12）では全産業との差が著しい。

以上に述べた建設市場の急拡大と数年後の急激な縮小は、まず倒産件数および従業員1人当たり付加価値の変化、次いで市場価格の大きな変化としてあらわれ、さらに企業業績（労働生産性、利益率）に反映し、就業者数、企業数など供給力の調整に至るという時間的順序を有するプロセスとして検証することができる。

五章　市場の重層的構造

1　建設生産システムの構造

建設生産システムは、①発注者から直接に工事を請け負う元請会社、②数多くの工種別部分工事を請け負う下請の専門工事会社、③独立的技能者（一人親方など）が現場の施工チームをつくることで成立している。

このため、建設市場は元請取引と下請取引の重層的構造になっている。２０１３年度の建設工事施工統計調査によれば、元請完成工事高52・３兆円のうち57・２％にあたる29・９兆円が下請会社の完成工事高となっている（**図表１―１、27ページ参照**）。

完成工事高は、元請完成工事高（Ａ）と下請完成工事高（Ｂ）を合計したものであり、企業ごとの完成工事高を合計した数字、すなわち売上高の合計という意味があるが、下請完成工事高が重複して計上される結果になる。

建設生産の規模を考えるうえでは、元請完成工事高をみればよい。（Ａ）―（Ｂ）を仮に純元請完成工事高と呼べば、これは元請完成工事高の42・８％となる。ただし、この数字は、下請段階で２次下請、３次下請という形で重複計上されたものを差し引いたものであるから、元請会社が自社で直接施工した部分はこの数字よりも大きいものと考えられる。

図表１—13　下請比率（下請完成工事高／元請完成工事高）

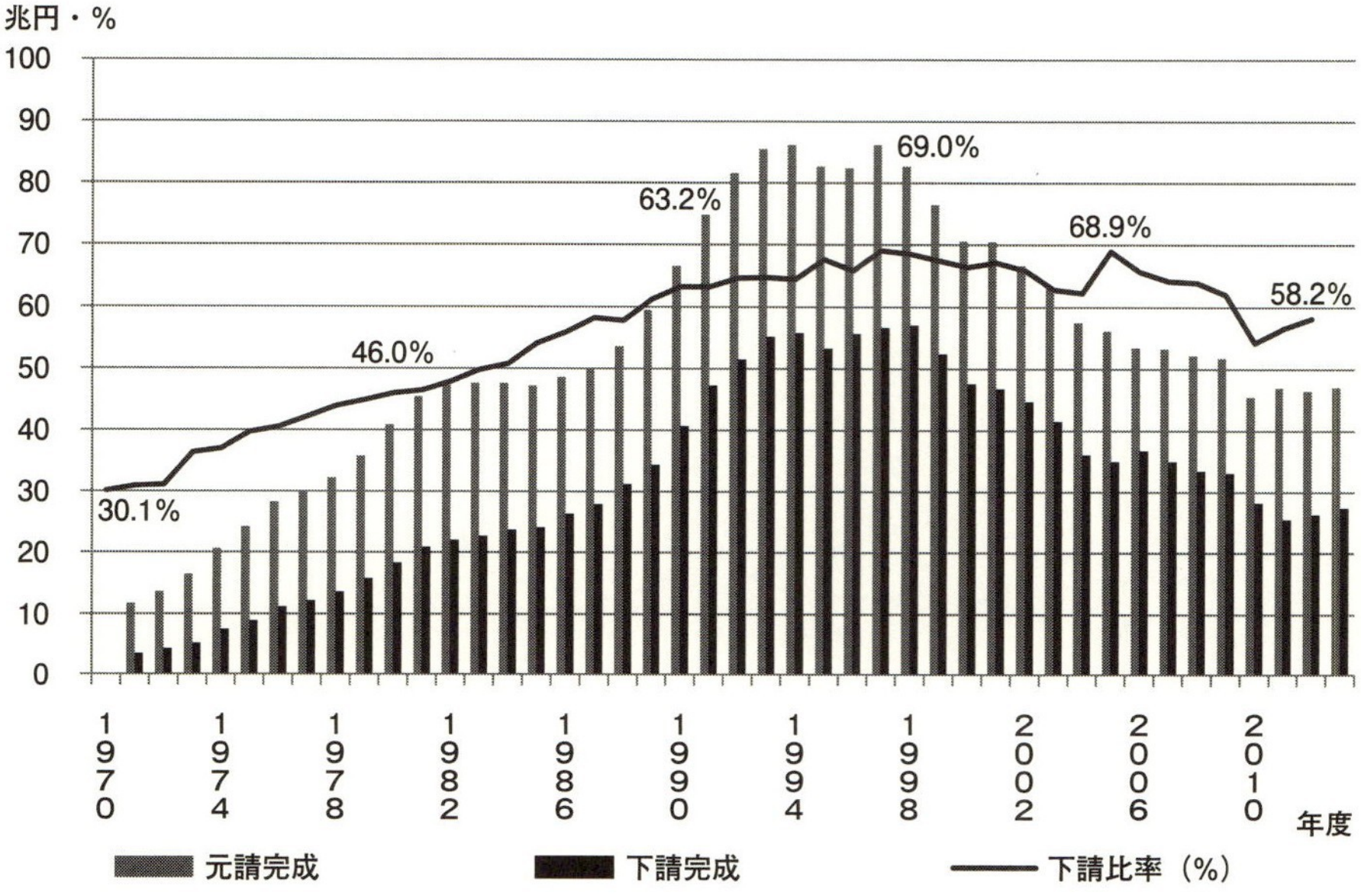

２　下請比率の上昇と専門工事業の発展

図表１—13は下請比率（下請完成工事高／元請完成工事高）の推移を示している。１９７０年代前半までは下請比率は30％台で、元請会社の直接施工による部分が大きかったが、70年代後半から労務中心に２次下請が利用されるようになってこの比率は上昇を始めている。80年代半ばにはさらに３次下請まで下請構造が深化して、80年代末にはこの下請比率が６割に到達し、以後も下請構造の深化はさらに進んだ。90年代後半から２００８年度まで、下請比率は60％台後半の高水準にあったが、リーマンショック後の10年には54％まで急落した。急激な需要の減少から供給

図表1—14　建設生産体制の変化

	（元請ゼネコン）	（1次下請）	（2次下請以降）
1970年ころ	総括管理・施工管理	施工	施工
2000年ころ以降	総括管理	施工管理・施工	施工

「建設経済レポート（日本経済と公共投資）」№52、建設経済研究所（2009年6月）を参考に作成

力の調整ができず、元請会社による自社施工が増えたためと考えられる。

長期的に下請施工が増大してきた理由としては、70年代に2度にわたるオイルショックを経て高度経済成長の時代は過去のものとなり、低位安定成長時代に入るとともに、建設市場は急激な成長鈍化に直面し、大手・中堅建設会社の多くが技能労働力を自社内に抱えない軽量経営を目指し、現場施工を下請会社にゆだねる動きが顕著になったことがあげられる。同時に、専門工事の分野で機械化、専門技術の高度化があり、専門工事業が大きく発展していくことにもなった。

3　直営から外注へ——生産システムの市場化

現在の建設生産体制を特徴づける重層下請生産体制は、1970年代の後半から徐々に形成されてきたものである。**図表1—14**は70年ころと最近の建設生産体制の概念図である。

高度成長時代が終わり、多くの元請会社（ゼネコン）は受注減に対応するため、低コスト体質への転換を図るが、その生産体制における変革の形が下請自主管理・責任施工体制への移行だったといわれている。すなわち、工種ごとに専門特化した下請会社（サブコン）を育成強化することにより、ゼネコン自らはアッセンブラーとして施工管理機能の向上を目指した。こうすることで、固定的な人件費の削減と施工管理などへの経営資源の集中

という経営管理上のメリットを手にできたと思われる。

このようなゼネコンの変革の方向は、サブコンである専門工事会社にとっても業務領域の拡大、専門技術・技能の研鑽という意味で悪くないものであった。施工の機械化、プレハブ化、新技術の採用などから専門工種は分化と複雑化が進みつつあって、施工管理機能さえも分化して一部はサブコンへ移行するという形をとることになったと考えられる。

4 建設市場縮小期における建設生産体制の変化

バブル崩壊後の市場縮小と価格低下に直面して、ゼネコン各社は経営の一段の効率化、生産体制の徹底した合理化へ向かうことになった。これは、すなわちゼネコンとサブコンの分業体制をさらに徹底することであり、現場は下請である専門工事会社にゆだねるという方向をさらに進めることでもあった。

この段階で専門工事会社がとった方向が労務の外注化である。工事価格の低下によって、労務費負担に耐えられない中小業者において、技能労働者の雇用関係を切って請負化を進めたことが指摘されている。雇用に伴い事業者が負担する法定福利費（健康保険、介護保険、厚生年金保険、雇用保険、労災保険）は、支払い給与の17％程度になるため、この負担を免れるために請負への切り替えが進み、これにより、重層下請構造は、さらに深さを増すことになった。

六章　建設労働者の雇用関係

1　建設労働力の変動と現状

概況

戦後、今日までの半世紀を超える長期の建設労働力問題の基調は、労働力の不足、とりわけ技能労働力の不足と劣悪な労働条件という一見、相矛盾する事柄であった。１９９０年代の半ば以降、この長く続いた労働力の不足の時代から過剰へと市場は大きく転換した。建設業就業者数は、97年の６８５万人をピークに減少局面が10年を超えて継続してきたが、建設投資が２０１０年に底を打ったあと、東日本大震災の復興需要などから建設労働力、とりわけ技能労働力の逼迫がみられるに至っている。

就業者1人当たり実質建設投資額をみると、90年度の１４３２万円をピークに減少傾向に入り、96年度から急減して２０１０年度には７９３万円とピークから45％の減少になっている（**図表1―15**）。96年度から10年の15年間に実質建設投資額はマイナス52％と半減しているが、建設業就業者数はマイナス25％であり、これらの指標は労働力の過剰を示している。しかし、**図表1―16**に示されるように若年層の不足と高齢化が進行し、若年・中年層の逼迫感が強くなっている。

図表1—15　就業者1人当たり建設投資額などの推移

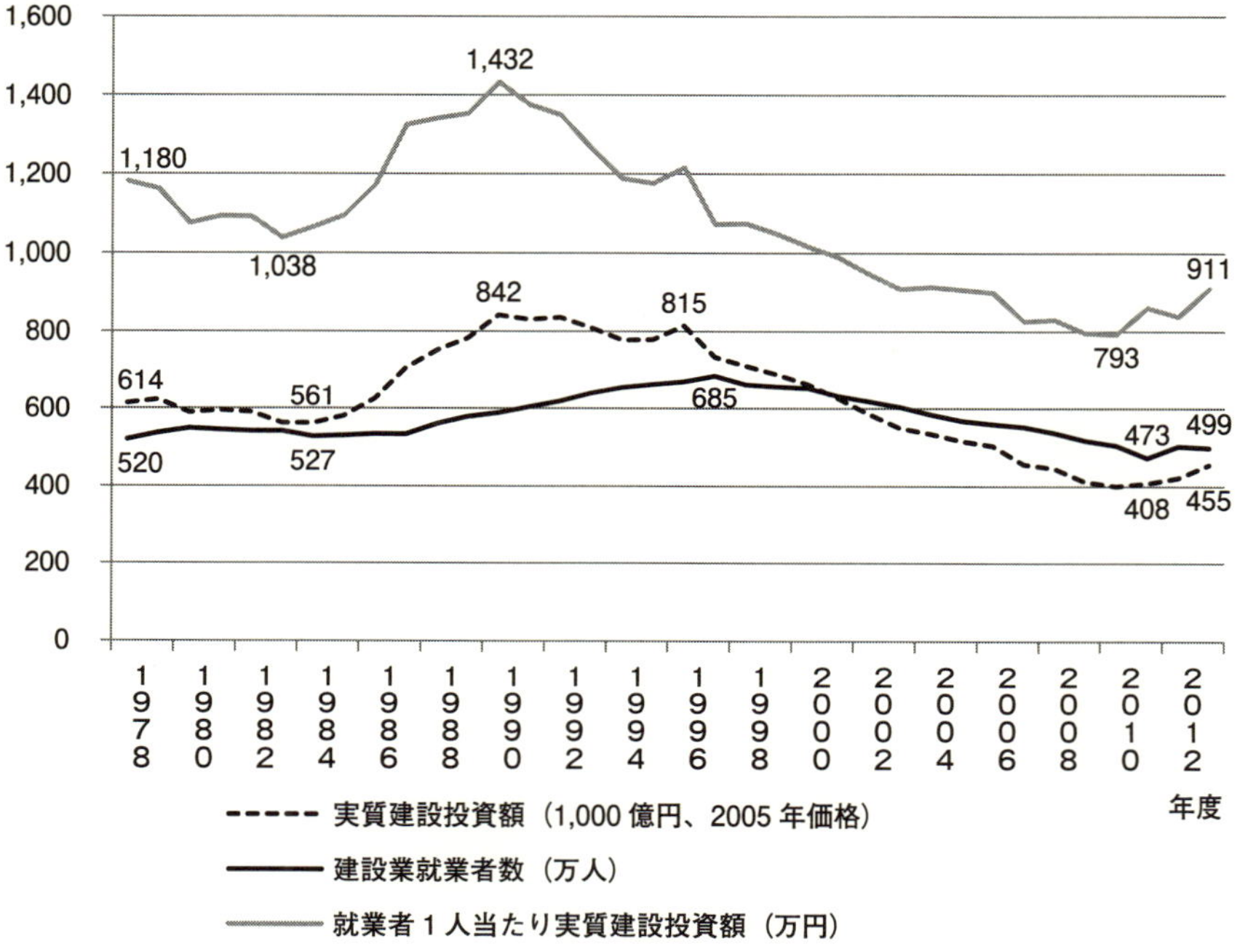

雇用吸収産業としての役割の終焉

建設業就業者数は戦後ほぼ一貫して増加してきた。1980年代前半の建設投資低迷期に建設業就業者数もわずかに減少したが、88年から増加に転じ、その後は建設投資のピークアウトにもかかわらず、97年まで増加傾向を維持した。97年をピークにして建設業就業者数は減少局面に入った。

全産業および建設業の入職率と離職率の差を時系列で追ってみると、全産業で離職超過という不況の時期には、建設業で入職が超過して雇用の受け皿になり、また、全産業

図表1―16　若年層と高齢層の比率の推移
（全産業就業者と建設業就業者の比較）

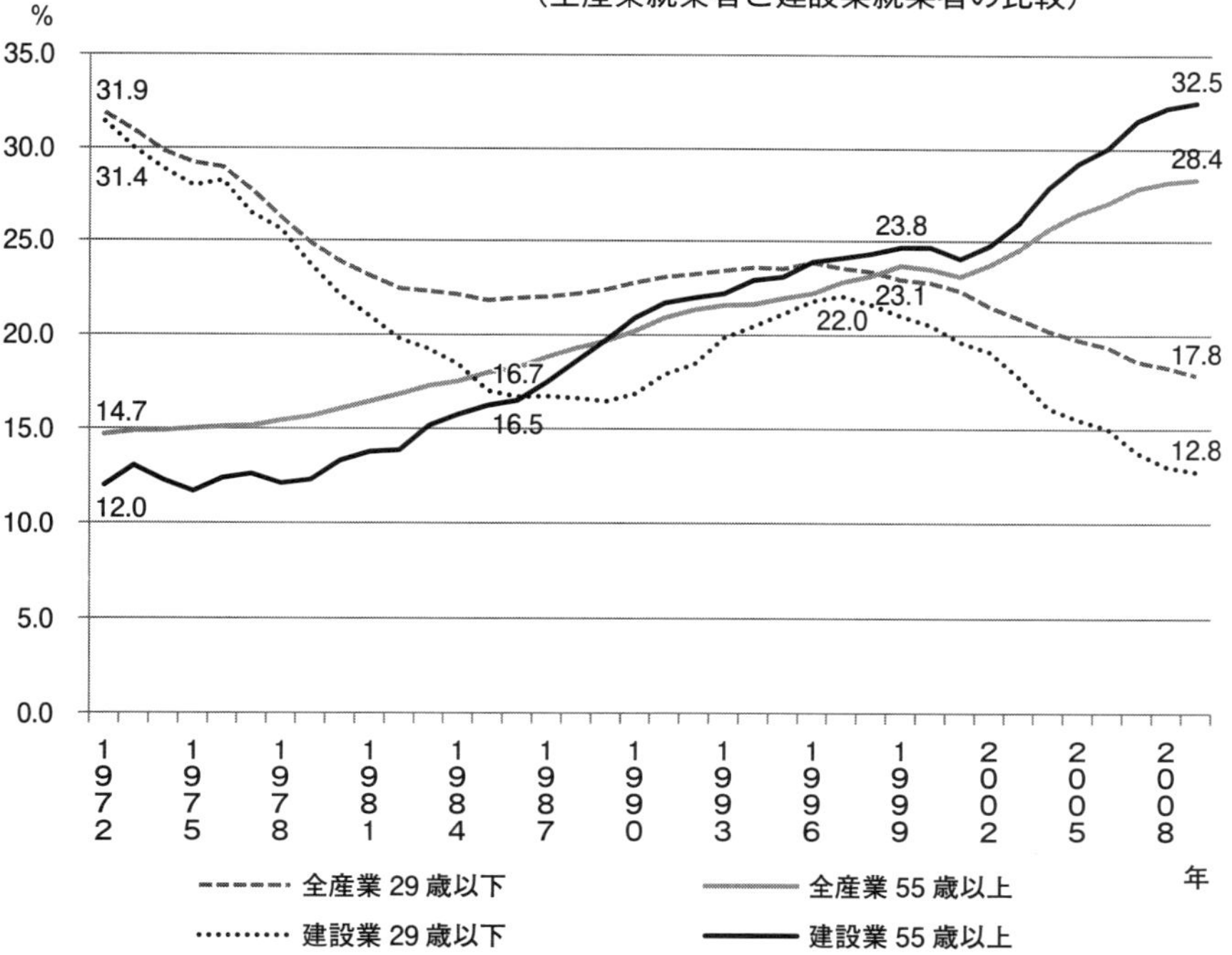

で入職超過の好況時には、建設業で離職率が高まる傾向（**注1―2**）がみられた。

この傾向は別の指標からも確認することができる。全産業就業者数の増減に対する建設業就業者数のカバー率（建設業の増加数／他産業の減少数）を調べると、ニクソンショックの翌年72年は全産業5万人増、建設業19万人増（他産業14万人減）でカバー率136%、第1次石油危機の翌年75年は全産業14万人減、建設業15万人増（他産業29万人減）でカバー率52%、バブル崩壊後93～95年の3カ年では全産業21万人増、建設業44万人増（他産業23万人減）でカバー率19

1%であった。このように不況時の景気対策として公共投資を増額することにより、建設業を雇用の受け皿として機能させたのだが、97年度以降、建設投資が縮減期に入るとともに、こうした機能はみられなくなった。

建設業就業者の高齢化

建設業就業者の年齢階層別構成比を時系列でみると、変動が著しい。**図表1―16**の建設業29歳以下の比率を指す点線は、1972年には全産業とほぼ同じ水準の31・4%であったが、78年以降、低成長経済に移行すると同時に急減し、89年の16・4%まで低下した。以降は、バブル経済の需要増とバブル崩壊後の公共投資の拡大を受けて、若年層の入職が増加し、97年の22・0%まで増加したが、公共投資の削減とともに若年層の離職と入職減から低下傾向が続いている。

55歳以上の高齢層の比率は、一貫して増加基調にあるが、とくに、97年以降の需要減に伴う就業者減と若年層の急減を受けた形で急増している。近年の年齢構成は、若年層が約1割強、中年層（30〜54歳）が5割強、高齢層が3割強となっている。

建設業就業者の職業別構成

建設業就業者の職業を四つに大別して、職業別構成の変化を調べてみる（**図表1―17**）。現場労働者は、雇用形態からみて常用雇用、日雇い・臨時雇いおよび労務外注を合計している。2001年度には161万人（39%）であるが、10年度には100万人と61万人の減少とな

図表１―17　建設業就業者の職業別構成（「建設工事施工統計調査」国土交通省）

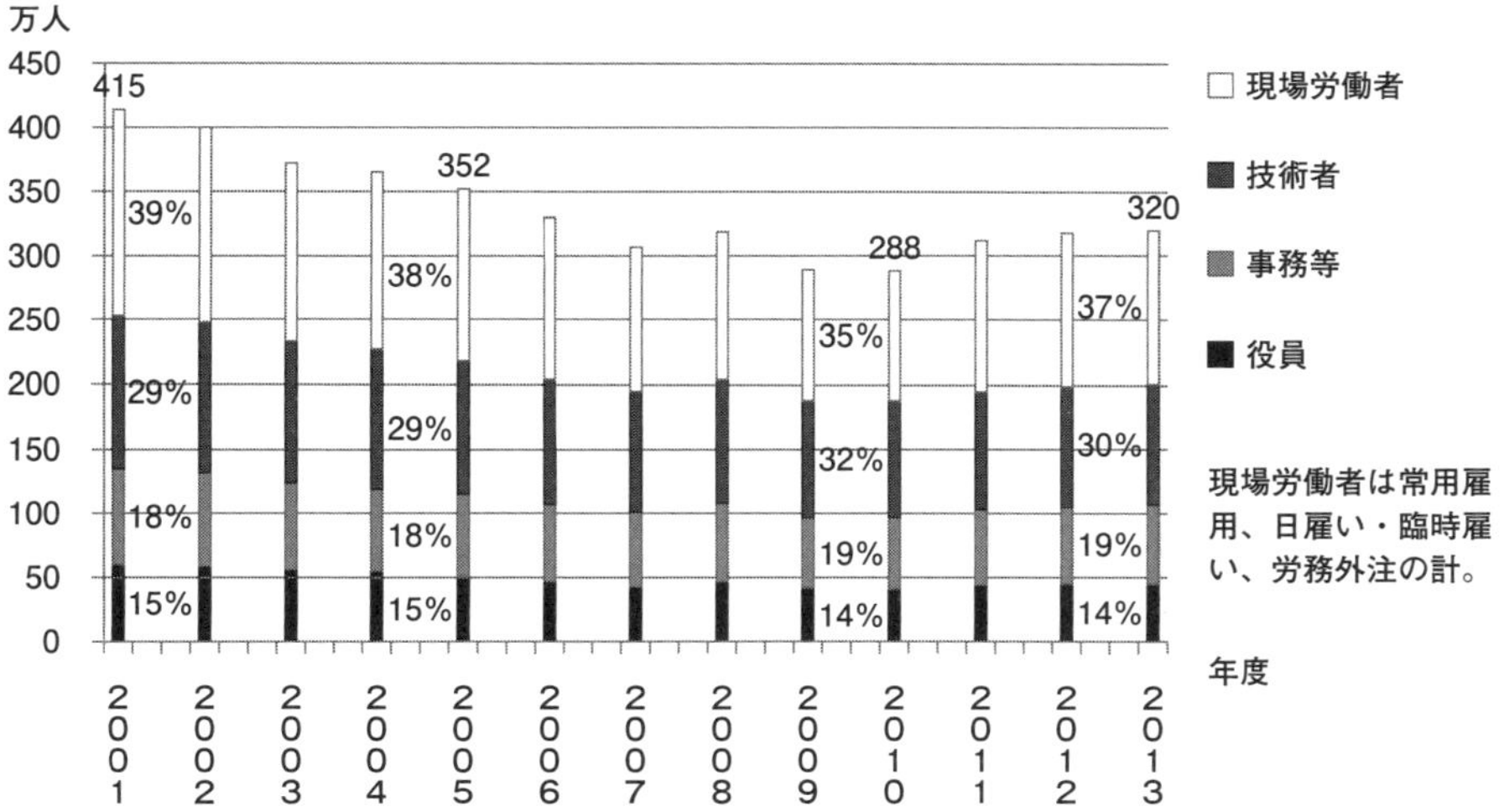

り、構成比も35％と低下した。技術者および事務等は大部分が常用雇用であるため、需要減に対応して適宜に人数を減らすことができず、調整の多くは労務外注などの現場労働者によることになる。技術者および事務等の構成比は、就業者数全体が減少する局面では増加がみられる。

下請構造の深化と雇用主の零細化

建設業の生産構造は、現段階でほぼ下請生産構造が定着したといわれる。終戦直後には下請が禁止され、直営生産方式が制度的に強要されるという異常時があったものの、この禁止が解除されると次第に下請生産方式が一般的になり、とくに、１９７５年以降、高度経済成長の時代が終わり、安定成長の時代に入ると、下請比率（下請完成工事高／元請完成工事高）が急速に増大して90年代には60％を超えるに至った。

図表1―18　平均的な建設生産システム施工チームの構成（注）

	企業数（社）	労働者数（人）	うち技術・事務系	技能・作業系
合　計	10.3	50.4	9.0	41.2
元　請	1.7	6.5	5.7	0.7
1次下請	5.2	26.3	2.5	23.7
2次下請	2.8	15.7	0.6	15.0
3次下請以降	0.5	2.0	0.2	1.9

（注）「建設業の下請構造に関する調査研究」雇用促進事業団、1996年3月。調査時点がかなり以前であることに注意。現在は、1次下請では技術・事務系が増加して技能・作業系が減り、2次下請以降の技能・作業系が増加している。

97年度の69・0％をピークにして以降、横ばいが続いたが、2006年度から低下し、10年度からは50％後半の水準にある。近年の下請比率低下の理由としては、総合工事業の下請比率の低下傾向が指摘できる。受注高の減少から自社施工が増加しているものとみられる。

国土交通省の建設工事施工統計調査によって建設業者1社当たりの年間完成工事高をみると、バブル崩壊後、長く減少傾向が続いており、企業規模の縮小が進んでいることがわかる。1社当たりの年間完成工事高は、93～01年度の9年間が4・32億円、02～07年度の6年間が3・64億円、08～12年度の5年間が3・34億円となっている。

（注1―2）「建設経済レポート（日本経済と公共投資）」№37、建設経済研究所、2001年7月。

2　建設労働者の雇用関係

施工チームの構成と雇用

建設工事現場の施工チームは、元請会社―1次下請会社

図表１—19　建設技能者の雇用関係による区分

A 社の技能者
- ○雇用—①正社員（社会保険料の雇用主分をＡ社が負担）
  - ②日雇い・臨時雇い（注）
- ○請負—③専属技能者——個人事業者（一人親方）
  - ④専属下請会社（Ｂ社）の正社員、専属技能者など

（注）「日雇い・臨時雇い」の場合は、正社員の４分の３以上の労働時間（日数）があるなどの条件により社会保険料の雇用主分を会社が負担することになる。

—２次以降の下請会社からなっている。平均的には**図表１—18**のようだが、工事規模により大きく変わる。

この施工チームの労働者数約50人のうち、技術・事務系はほぼ全員が正社員であるとみてよいが、技能・作業系は雇用関係が複雑である。

雇用関係を示す用語として「正社員」「日雇い・臨時雇い」「直用」「常用」「準直用」「専属」などが用いられるが、定義が明確でない。所属会社がすべての社会保険料の雇用主分を負担している者を「正社員」とすると、「日雇い・臨時雇い」とともに雇用関係の存在が認められる。

また、正社員または日雇い・臨時雇いではないが、当該会社の仕事にもっぱら従事する者を「専属技能者」と呼べば、専属技能者は雇用関係を一切持たない個人事業者（一人親方）および専属下請会社の技能者が含まれる。

なお、業務遂行に際してA社から具体的な指揮監督を受けている、あるいは使用する機械器具がA社のものであるなどの場合は、個人事業者ではなくA社に属する労働者と判断できるため、所属会社A社が社会保険料の企業負担分を支払う必要がある（**図表１—19**）。

建設技能者のキャリアパス

建設技能者のキャリアは、見習い→職人→一人親方→親方という4階層からなる。これは、技能者のわざ（技能）の階層であって、賃金収入その他の労働条件と結びついていないところに問題がある。一人親方の場合、自営業主として工事請負が得られれば、必要な技能者を雇用（または下請）して仕事を完成させる。しかし、多くの場合は、日雇いなど期間雇用または末端の下請として現場に出る。厳しい労働条件のもとで社会保険などから脱落してしまう。

一人親方を対象にしたアンケート調査（**注1—3**）の結果をみると、「一人親方になった理由（契機）」としては「自由に仕事をしたいから」「収入を増やすため」が合わせて約5割を占めるが、いずれも減少傾向にある。「人を雇えなくなったから」「雇ってくれるところがない」が合わせて3割強を占め、これらは増加傾向を示す。

積極的、前向きな理由が減少し、消極的に「やむを得ず」とする割合が増えている。また、一人親方になった経緯については「親方から独立」が4割でやや減少傾向、一方で「企業の従業者から」が3割強で増加しており、雇用を切られて一人親方になるケースの増加が示される。

同じ動きは国勢調査でもみられる。建設業就業者について就業上の地位別構成比の変化をみると、雇用者の比率が減少（1995～2010年に70・0％から65・9％へ）し、雇い人のない自営業主が増加（95～10年に8・1％から12・2％へ）している（**図表1—20**）。

現場の施工技能は職人のものであるが、収入など労働条件とつながったキャリアパスを用

図表１―20　建設業就業者の従業上の地位別構成（国勢調査）

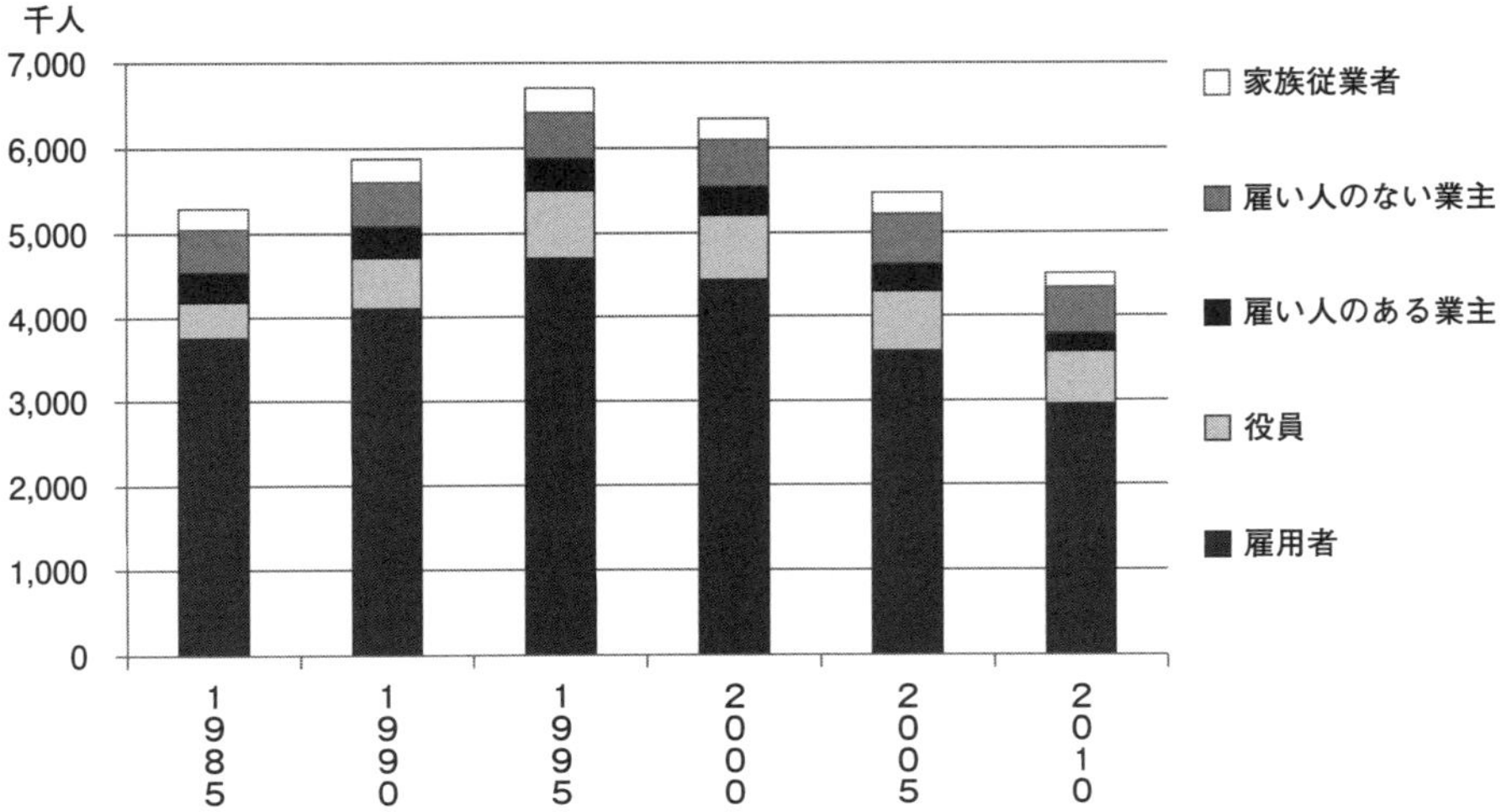

意しなければ、積極的に職人を志す若者が減るばかりで、建設業の現場が持続できない。社会保険加入の徹底、未加入者の排除によって、雇用の回復を目指し、企業内におけるキャリアパスの確立と普及を図ると同時に、親方を目指して独り立ちする一人親方が社会保険などからもれないように、法定福利費の内訳を明示した適正な見積り書の利用を再々下請まで徹底するなどの対応がますます重要になってくる。

（注1―3） 全国建設労働組合総連合（全建総連）とＮＰＯ法人建設政策研究所によるアンケート調査（２００９年）。１６０５票中55％回収。

七章　ＩＣＴの活用などによる建設生産システムの変革

1　重層下請生産システムの是正

現在みられる重層下請構造は、これまでに述べてきたように高度経済成長の時代が終わり、2度のオイルショックを経て、１９８０年代からバブル景気の時代に形成されたものである。バブル崩壊後の公共投資による景気の支えが困難になり、建設市場が急速に縮小する過程では、工事価格の低落が建設労働賃金の低落に直結し、建設技能労働者を中心に雇用から請負への切り替え、いわゆる雇用破壊が進むことになった。この過程で下請重層化がさらに進行したことになる。

重層下請生産システムに関しては、技能労働者の労働条件の悪化、現場施工組織内の信頼関係（パートナーシップ）の後退、下請契約の不明確さと片務性などさまざまな問題を深刻化させており、根本的な是正策を講じる必要に迫られている。これについては、すでに建設業界はもとより、行政サイドにおいても共通の認識が存在しており、次のような提言が行われている。

①　「建設産業政策２００７」（国土交通省）

「建設産業政策２００７」が策定された07年度には、建設投資額は48兆円まで低下し、10

年前の1997年度の75兆円と比べても約6割の規模で、供給過剰から競争激化、価格低下が進んでいた。「建設産業政策2007」では「ペーパーカンパニー等の不良不適格業者の存在をはじめ、一括下請、技術者の不専任、書面によらない契約、指値発注、赤伝処理、不当な減額による不当な低価格での下請契約、社会保険、労働保険の未加入等」を具体的な法令違反行為として、その是正を図るために、企業の経営者に法令遵守の徹底を求めている。

さらに、対等で透明性の高い建設生産システムの構築について「関係者間の役割・責任分担の明確化により、建設生産システムの川上から川下までに存在する片務性を是正し、各当事者が対等な関係に立ち、新しいパートナーシップに基礎を置いた合理的な建設生産システムを構築していくことが可能になる」としている。

②「建設労働生産性の向上に資する8つの提言」（社団法人建設産業専門団体連合会、2008年）

建設業の労働生産性向上のためには、技能者の位置づけの明確化、重層下請構造の是正、発注者・元請業者との関係見直しなどの対策が必要であるとして、具体的には、発注者・設計者・元請・下請による4者協議の推進、コア技能者の直接雇用の推進などを提言している。

③「建設技能者の人材確保・育成に関する提言」（社団法人日本建設業団体連合会、2009年）

建設技能者の賃金改善につながる環境の整備として、優良技能者の「標準目標年収」600万円を設定し、元請・下請が協力して、この実現を目指すこととしている。また、重層下請構造改善の提言として、原則3次以内に下請次数を低減するとしている。

④「建設産業の再生と発展のための方策2011」（国土交通省）

建設投資額は、11年度には41兆円まで落ち込んでいる。こうした状況下で策定された「建設産業の再生と発展のための方策２０１１」は、建設産業が直面する課題として「重層下請構造」を取り上げ、実施すべき対策として、

・保険未加入企業の排除

・重層下請構造の是正と施工力のある企業の育成

をあげている。その具体的手段としては、社会保険未加入企業の排除によって請負から雇用への移行を促すことで、重層下請是正の効果が見込まれるとして、当面、発注者、元請、下請それぞれの責任分野でこれに取り組むという方向を示している。

以上のように問題認識は共有しながらも、事態の改善は十分にはなされていない。その背景として建設市場の落ち込みが続いたため、工事価格や賃金水準の是正が緊急課題となったことがあげられるが、社会保険加入の促進を掲げた発注者、元請業者、下請業者の取り組みは着実に成果をあげている。14年10月の公共工事労務費調査結果によれば、社会保険3保険（健康保険、厚生年金保険、雇用保険）のすべてに加入している割合は企業数で93％、労働者数で67％となっており、3年前（11年）の調査に比べて企業数で9ポイント、労働者数で10ポイント増加している。社会保険加入により雇用関係が確保されて、重層下請構造の是正につながり、建設生産システムの簡素化、効率化、さらに生産性の向上という成果を得られることが期待される。

2　パートナーシップによる建設生産システムの再構築

建設生産システムの元請業者、下請業者など構成員の相互関係に着目すれば、①内部組織的な規律、秩序に基づく関係、②施工協力会のように長期取引を前提にした中間組織内の相互関係、③外注、すなわち市場調達の場合の契約関係――の三つになる。

建設生産システムの成果を高めるためには、システム構成員相互間の優れた有機的関係をつくって維持することが望ましい。建設生産システムの構成は、内部組織→中間組織→市場調達の順に外部化が進み、相互関係が契約条項に基づくことになるとともに、システム構成員相互間の関係が敵対的なものになりやすい状況に陥る。システム構成員間の有機的な関係を構築して、コスト、品質、工期、利益などで示される生産システムの成果を高めるためには、次の三つの方法が考えられる。

第一は、②の施工協力会のように「相互信頼」のもとで関係者間の誠実なパートナーシップを求める、片務的ではあるが事業継続に配慮した相互関係である。この場合は、市場競争が厳しくなるにしたがって価格が優先され、信頼に基づく相互関係の継続は困難になってくる。

第二は、海外建設プロジェクトで多く使用されるＦＩＤＩＣ（国際コンサルティング・エンジニア連盟）の標準約款に典型的な「相互不信頼」を基盤とする契約条項による相互関係である。契約当事者の対等性、責任とリスク、その他契約条件の明示、第三者の介入による早期の紛争処理を特徴としている。

第三は、「相互不信頼」を基盤にしながらも関係者間のパートナーシップ確立を目指すパートナリングの関係である。米国では、契約条項とはせずに契約外の自主的宣言ともいえるパートナリング憲章にとどめており、一方、英国などではパートナリング契約条項としている。オーストラリアのアライアンス契約も広範な協力関係を契約条項としている例である。

公共工事において、工事の生産性向上および発注者優位の片務的契約関係の是正などを目的に、発注者、設計者と受注者による3者会議（ケースによって下請業者が加わった4者会議となる）、発注者と受注者間のワンデーレスポンス、設計変更審査会が国の機関はもとより、地方公共団体においても広く行われるようなってきている。発注者主導によるものであるが、日本型ともいえる生産システム内部の信頼性構築、パートナーシップ醸成の手法としての意味を持つものと考えられる。

また、2010年の公共工事標準請負契約約款の改正で設けられた発注者・受注者の協議に参加して意見を述べることができる調停人制度は、活用することによって紛争の早期解決による生産性向上に資するものと期待される。

3　ICT活用の生産性効果――CALS／ECからBIM／CIMへ

企画から設計、施工、維持管理まで建設生産システムの成果を高めるキーワードの一つが情報の共有である。近年の電子情報処理技術の高度化は、膨大な量の情報を扱う建設生産システムに巨大なインパクトを与えようとしている。

国土交通省は、1997年から設計情報などの電子化による効率的な処理を進めることを目的にＣＡＬＳ／ＥＣの開発・普及に取り組んできた。その結果、図面や写真の電子納品、電子入札などの成果を得てはいるが、電子情報を施工段階、維持管理段階において十分に活用できていない。

一方で、民間の建築現場では、３次元化された設計、施工の情報共有を進めるＢＩＭ（Building Information Modeling）が効果をあげはじめ、国土交通省では官庁営繕工事でＢＩＭの試行を行うとともに、土木分野についてもＣＩＭ（Construction Information Modeling）と称して開発に着手し、設計段階から施工段階まで数多くの試行事業を実施している。

ＣＡＬＳ／ＥＣへの取り組み

ＣＡＬＳ／ＥＣとは「公共事業支援統合情報システム（Computer-aided Acquisition and Logistic Support）」であり、設計・施工情報を電子化するとともに、ネットワークを活用してさまざまな業務プロセスをまたぐ情報の共有、有効活用を図ることにより、コスト縮減、生産性向上を進めることを目的としている。

１９９６年に建設ＣＡＬＳ整備基本構想が策定されたが、その長期目標（２００６〜10年）として「21世紀の新しい公共事業執行システムの確立」を掲げている。具体的には、次の３項目に集約される。

① 情報交換：成果品の電子化、図面の電子化、調達の電子化。

② 情報共有・連携：統合データベース環境の確立、転記作業の完全撤廃、保有図面・図書

の継続的電子化。

③　業務プロセスの改善など：電子データ環境における新たな業務執行システムの確立など。

ＣＡＬＳ／ＥＣは、社会インフラの企画、計画から設計、施工を経て利用、管理に至るすべてのプロセスを通じて、電子情報化による品質確保とマネジメントの効率化をねらっており、ＣＩＭに重なるところが多い。しかし、入札・契約制度の改善が緊急課題となった結果、電子調達に優先順位を置いたため、設計、施工を通じた電子情報の共有と活用など核心的な目標に到達しないままＢＩＭ／ＣＩＭに託すことになった。

ＢＩＭの現状

ＢＩＭは、建築物の３次元情報モデルによる関係者の情報共有と活用を図り、建設生産の生産性引き上げと建築物の性能検証の効率化、適格化をねらいとしている。１９９０年代の後半から民間の国際組織ＩＡＩ（注１―４）が、３次元建築物情報と属性情報をコンピューターに認識させる標準仕様ＩＦＣ（注１―５）の策定を進めてきた。21世紀に入ると北欧、米国などで実証プロジェクトをはじめ、さまざまな取り組みが行われ、２００５年にはＩＦＣがＩＳＯ／ＰＡＳ（一般公開仕様書）として公開され、その後、世界的にＢＩＭの実プロジェクト実施が拡大した。米国連邦調達庁は、多くの実証実験を経て07年度からＢＩＭ／ＩＦＣ活用を発注条件にしている。13年３月にＩＦＣはＩＳＯ１６７３９として正式な国際標準となってＢＩＭ普及の強力な基盤となった。

米国などでは、ＢＩＭによって発注者、設計者、施工関係者など関係者が３次元設計・施工情報を共有し、活用することにより、一つのチームとしての信頼性が高まることから、新たな建設生産システムＩＰＤ（Integrated Project Delivery）（**図表５―２、２８５ページ参照**）を構築する動きが拡大している。

ＢＩＭは、国内においても09年以降急速に普及しつつあり、民間発注の多くの建築工事において実施され、東京スカイツリーの工事においてもＢＩＭが導入されている。また、３次元モデルにコスト軸を加えた４次元モデル、さらに時間軸を加えた５次元モデルと多次元化により品質と効率の向上が図られようとしている。官庁営繕工事についても、国土交通省は10年度からＢＩＭの実証プロジェクトの試行を実施している。

ＣＩＭによる土木分野の建設生産システムの変革

土木の分野においても情報化施工への取り組み、電子調達、電子納品など個々の電子化は進んできた。

２０１２年12月に策定された「国土交通省技術基本計画――安心と活力のための明日への挑戦」において、七つの重点プロジェクトの一つとして「建設生産システム改善プロジェクト」をあげ、「ＢＩＭの要素を建設分野に取り入れ、ＣＩＭの概念を通じ建設生産システムのブレークスルーを目指す」としている。国土交通省は、12年度から全国の直轄プロジェクトにおいてＣＩＭの効果を検証するための試行を行っている。12年度は設計段階の試行であったが、13年度からは工事に移行して試行を重ねており、さらには３次元情報の維持管理への活用を目指している。

このように発注サイドの取り組みが始まっているが、受注サイドでは工事施工にＣＩＭを導入するケースがすでにみられている。東京都発注の黒目橋調節池３号池では、鉄筋の配筋図を３次元化して元請ＪＶの担当者と鉄筋施工会社などの職長と共有することにより、複雑な施工箇所もディスプレイで画像をみながら事前の入念なチェックが可能になり、手戻り防止に大きな効果があった。

また、関係者が施工プロセス全体を理解することにより施工効率アップに向けた提案に結びつく効果もみられている（**注１―６**）。ＩＣＴ技術を建設生産システムに活用する流れは、ますます多方面で進んでおり、総合工事業も専門工事業もＩＣＴ（情報通信技術：Information and Communication Technology）の活用が企業競争においても重要な要素になると考えられる。

（**注１―４**）ＩＡＩ（International Alliance for Interoperability）：建築関係ソフトウェアの相互運用を進めるための標準規格作成を目的とする民間国際機関。

（**注１―５**）ＩＦＣ（Industry Foundation Classes）：ＩＡＩが作成した建築物を構成するオブジェクト（壁、ドアなど）のシステム的な表現方法の仕様。

（**注１―６**）日経コンストラクション２０１３年6月24日号による。

第二編　建設市場の競争性

一章　市場の競争性に影響を与える市場行動

1　需要側の市場行動

調達方法の開発、選択

〔建設生産システム構成の多様性〕

建設構造物の企画段階から使用、管理、維持などまで（企画・基本計画・資金・実施計画・設計・施工・施工管理・運営・維持・財務を含めて）「建設生産システム」と考えると、個々の生産工程を誰が担当するか多様な組み合わせが可能である。

発注者直営で外部組織を一切利用しない形から、発注者（政府など）がニーズを確認し、仕組み（制度）を用意するだけで、企画・資金・計画・設計・施工＋運営・維持のすべてを外部組織にゆだねるＰＰＰ（提案型事業権）方式まで、生産システムの形は**図表２—１**のように多様なものとなる。

このような多様性を持つシステム構成であるが、公共調達に限れば「設計」は別途外部組織（建築設計事務所など）も活用して完成し、「施工」のみを総合建設会社に一括発注する形が広く採用されてきた。現在では、ＰＦＩなどのＰＰＰ方式をはじめ、ＤＢ（設計・施工一括発注）などいくつかの方式が実施されているが、大勢は変わっていない。

図表2―1　システム構成の多様性（生産プロセスと組織構成の例）

［発注者内部組織］	＋	［外部組織（事業権付与、委託契約、請負契約）］
提案審査	＋	PPP 事業体（提案型事業権方式）
企画	＋	PPP 事業体（BOT 方式）
企画＋運営・維持	＋	PPP 事業体（BTO 方式）
企画・資金・計画＋運営・維持	＋	設計・施工（DB）・CM
企画・資金・計画・設計＋運営・維持	＋	施工（施工一式、工種別分離）
企画・資金・計画・設計・施工＋運営・維持（直営）	＋	――

また、民間発注者の場合はさまざまであるが、企画・設計段階から設計・監理会社が発注者代行組織として、CM（コンストラクションマネジメント）のように機能する方式が広く採用されている。

〔調達方式選択の考え方〕

調達方式というとき、事業形態と受注者決定方式の二つの段階を含むことに注意が必要である。まず、建設プロジェクトの事業形態および組織がどのようにして決まるのであろうか。

事業形態は、発注者直営部分と外部組織活用部分の組み合わせによって決まる。プロジェクトの事業規模、技術的難易度、時間的制約ならびに発注者の財務的、技術的、時間的制約が考慮されることになる。そしてこの事業形態は、建設生産システムの枠組みを決めることになる。

建設プロジェクトの事業形態の選択が行われて外部組織活用の範囲が決まり、次いで受注者決定方式の選択がなされる。多くの民間発注者は、内部に専門家がいるわけではないから、求める性能（性能仕様、アウトプット仕様）を明確にして、設計・監理会社、建設会社を含む供給者から調達する。性能発注の場合、

図表2―2　調達方式（事業形態）と期待される成果

〈性能発注〉

PPP……………………………公共組織の縮小と民間活力の最大限の活用

DB（設計・施工一括）…発注者の技術的能力や工期の制約への対処

〈仕様発注〉

施工一式……………………施工契約を一元化、競争性重視
発注者の事務量軽減

工事別分離…………………下請契約を極力排除、設備工事分離が多い
発注者が事務能力を十分に保有する必要がある

ニーズの把握、調査・企画・計画、資金手当て、性能確定のプロセスのどこまでを発注者が実施するかにより、多くのバリエーションがある（**図表2―2**）。

なお、仕様（Specification）には、性能仕様（Performance Spec.）と技術仕様（Technical Spec.）がある。前者は建設物の各種性能を示しているため、アウトプット仕様、後者は施工に必要な技術的構成を示すため、インプット仕様ということがある。

仕様発注は、求める性能を明確にして、さらに、仕様（技術仕様、インプット仕様）および積算までを発注者の内部組織または外部の委任設計者が行ってから施工を外部に請け負わせる。

性能発注であろうと仕様発注であろうと、外部調達の範囲と内容が決まれば、次は適切な受注者選択方式を検討することになる。受注者選択方式は、受注者募集と受注者決定の二つの段階から構成されている。代表的な受注者募集方式は、発注者の裁量の程度が少ない順に、公開入札、制限入札、交渉方式、特命方式の四つに分かれる（**図表2―3**）。

受注者決定方式（落札方式）は、最低価格、総合評価、ベス

図表2―3　調達方式（受注者募集）と期待される成果

公開入札……………	市場に広く公開して応札者を募集する一般競争入札である 資格要件などの制約は極力少なくする
制限入札……………	参加条件に合致した者のみが入札に参加できる 指名競争入札も含まれる
提案公募方式	
提案審査・入札…	技術提案を審査し、最良提案により仕様を確定して入札
交渉方式…………	技術提案を審査して交渉権者を決め、仕様・価格を交渉
特命方式……………	調達目的などにより競争が不要な場合、発注者の裁量による

トバリューおよびその他の4種に大きく分類される。公共工事の場合、明治会計法以来、原則的に最低価格を落札基準にしてきたが、近年は価格に加えて技術提案など価格以外の要件を評価する総合評価が一般的な落札基準となった。

ＰＰＰ事業ではベストバリューの一類型とされるＶＦＭ（Value For Money）が評価基準となる。このほか、民間では取引関係などを重視する方法がとられる場合がある。

公共調達と民間調達

「良いものを安く」入手することが、建設市場における需要者の市場行動の目的である（注2―1）。この目的に向けて需要者は、適切な契約相手を選定するための調達方法の開発・選択を行うが、これは同時に供給側の市場競争の方法を規定することでもある。

とくに、建設市場においては公共工事が市場の大きな部分を占めているため、公共調達制度が市場の競争条件を左右してきた。公共調達制度は、会計法の調達原則が一般競争入札方式であることにみられるように、価格競争を基本としているが、低価格での落札による悪影響を防止するため、１９６

1年改正によって、会計法第29条の6第2項に「価格及びその他の条件」を落札基準とする特例が設けられた（地方自治法では、第234条第3項および同法施行令第167条10の2）。

低価格による落札では品質の低下や下請関係への低価格のしわ寄せなどの問題を生じる場合があり、価格以外の評価項目を設ける総合評価落札方式などの調達方法の多様化が進みつつある。なお、低価格と品質の相関関係に関してはいくつかの調査（**注2—2**）が行われている。

一方、民間調達は、必要とされる品質や工期、工事の難易度、さらには発注者の取引関係など多くの要素を総合的に評価して発注方式を選択している。したがって、公共調達のように画一的ではなく、多様な発注方式を採用している。信頼できる設計・監理会社、信頼できる建設会社に特命発注をするか、あるいは数社を選んで見積もり合わせと交渉により発注先を決めているケースが多い。

多様な建設工事の調達方式

公共調達制度において競争入札方式といえば、かつては指名競争入札方式がほとんどであったが、現在では入札方式が一般競争入札、指名競争入札を原形に、さまざまな条件付けをした多様な方式が使用されているばかりでなく、落札基準も最低価格落札に加えて価格以外の要素を評価する多様な総合評価落札がとられるようになってきている。

さらに、公共事業プロジェクトの実施方式としてＰＰＰ（Public Private Partnership）、とくにＰＦＩ（Private Finance Initiative）が多く実施されており（**注2—3**）、発注者は調達目的や諸条件を考慮して、事業方式の選択、設計と施工の一括か分離か、技術提案を求めるかどうか、入札方式、落札基準など調達方式を幅広く合理的に選択することが求められている。

さらに重要なことは、調達目的の広がりである。現行の会計法のもとでは「良いものを安く」調達することがそれであり、「良いもの」は設計仕様に示されているから、調達に際しては「より安く」だけが目標になる。しかし、米国や欧州ではすでに調達目的をベストバリューに拡大している（注2―4）。

長期にわたる施設の耐用期間に望ましいサービスを、より安く利用者に提供することが本来の調達目的であり、調達時点における建設コストの安さだけを目標にすることはできないのである。

日本では会計法令の改正には至っていないが、公共工事の品質確保の促進に関する法律（公共工事品質確保法）によって、価格と品質が総合的に優れた内容の調達を目指すことが理念として整理された。

これにより、総合評価落札方式が基本的な受注者決定方式となったが、ライフサイクルコストによるベストバリューを評価体系に導入するまでには至っていない。ＰＦＩ事業では評価基準をＶＦＭに置いてベストバリューへの対応を行っている。建設工事の主な調達方式を整理すると**図表2―4**のようになろう。

前述したように、公共工事発注者は公共調達制度の枠組みのなかで調達目的に照らして調達方法を選択することになる。発注工事の技術的特性などにより適切な調達方法を選択するための技術力が必要であり、発注者は発注組織内部に技術者を置くか、または外部の技術力

図表２―４　建設工事の代表的な調達方式（まとめ）

〈事業形態〉
- ＊PPP（Public Private Partnership）
- ＊設計・施工一括発注（Design-Build、Design-Construct）
- ＊施工一括発注（Single Prime Contract）
- ＊施工（工事別）分離発注（Separate Prime Contract）

〈受注者募集方式〉
- ＊入札方式（Bidding）
  - 公開入札（オープン型、条件付一般競争型）
  - 制限入札（工事希望型、公募型、指名型、その他）
- ＊提案公募方式（Request for Proposal）
  - 提案審査・入札…技術提案を審査し仕様を確定して入札
  - 提案・交渉方式（Proposal Negotiation）…技術提案・交渉方式、その他
- ＊特命方式（Negotiated Contract）

〈受注者決定方式、落札基準〉
- ＊価格基準（最低価格、中央値価格、その他）
- ＊総合評価（技術評価を伴う。高度技術提案型、標準型、簡易型など）
- ＊ベストバリュー（Best Value）評価
  - （“Value for Money”“the Most Economically Advantageous Tender”など Life Cycle Cost を含めた最大価値を求める評価）
- ＊その他…複数基準落札方式（価格と工期、取引関係など）

を利用しなければならない。

　発注組織がこのような対応をすることが困難な場合には、工事内容にかかわらず、規定による方式（多くの場合、一定金額以上は一般競争入札、その他は指名競争入札）によることとなり、調達目的を十分に得ることは難しい。

　なお、工事規模によって一般競争入札と指名競争入札を使い分ける場合、現状は規模が大きい工事に一般競争入札を当て、規模が小さい工事に指名競争入札を当てている。これは１９９３年12月に

合意したGATT政府調達協定交渉において大規模工事について内外無差別の一般競争入札を実施することとしたためといえる。

大規模で施工能力を有する者が限られる工事には指名競争入札を採用し、規模が小さく施工能力を有する者が多数いる工事には一般競争入札とする競争重視の考え方もある。

民間発注者を対象（年間設備投資50億円以上の企業など）にした調査（注2—5）によれば、発注工事の規模、難易度などにより設計・施工一括方式、施工一括方式、施工分離方式の選択を行っているケースが多くみられる。これらのいずれの場合も受注者選定方式としては、特命方式（1社を指名）、複数社との交渉方式が多くとられている。

民間発注者の場合、価格を重視しているが、それだけでなく評判、過去の実績、取引関係などを総合的に判断している。競争入札に際しても最低価格入札者に直ちに決めるのでなく、さらに交渉により価格以外の要素を確認して、最終決定をする場合が多いという結果を得ている。

この調査は、発注件数が多く発注専門組織と専門技術者を社内に置くなどの態勢を保持できる民間発注者についての調査であり、そうでない民間会社や個人の場合は、地域における建設会社の評判などの口コミ情報に頼ることが多いとみられる。企業のホームページ情報、企業紹介パンフレットなども受注者を選択するうえで重要な役割をもっている。

需要側からの市場囲い込み

需要側からの市場囲い込み行動として、民間大手発注者などにみられる特命方式がある。

これは、信頼できる複数の企業を発注先として繰り返し発注（注2―6）するもので、契約内容の順守、リスク配分などにおいて相互信頼のもとで迅速な解決が期待されること、および取引費用の軽減というメリットがある。一方で、調達市場を狭める結果として競争性が不十分になっているおそれがある。

公共工事の発注においても、1889年に会計法が制定されて一般競争入札が原則となったにもかかわらず随意契約が広くとられ、1900年に勅令をもって一定の条件のもとで指名競争入札が認められて以後は、指名競争入札が基本的な入札方式となったが、これは信頼できる請負者を囲い込み、不良会社を排除しようとする行動の結果であるといえる（注2―7）。

同時に、こうした囲い込み行動の結果として、発注者と受注者間の癒着や競争性の低下などの問題を発生させた。

（注2―1）「日本の建設産業」（金本良嗣編）には「公共工事の入札契約制度の目標は、費用と品質と公正さである」との記述がある。

（注2―2）本書「第三編　公共工事調達制度と建設市場」を参照されたい。

（注2―3）2015年9月末現在のPFI事業状況は、実施方針策定公表件数511件となっている。

（注2―4）米国ではクレーム多発による工期遅延、費用増大に対処して提案・交渉方式と落札基準としてベストバリューを導入した。EUでは調達指令の2004年改定で交渉手続きを採用するとともに、落札基準としてベストバリューによる「経済的に最も有利な入札」を導入した。

（注2―5）「建設経済レポート（日本経済と公共投資）」№41、建設経済研究所、２００３年７月。

（注2―6）繰り返し交渉ゲームにおいては、交渉相手の利得と自分の利得の両方の極大化を考える協調戦略が最適戦略となりうる。この場合、相手か自分のどちらかが「裏切り」をしたときは、以後どちらも「裏切り」が最適戦略になる。このゲーム理論を援用すれば、特命方式は協調戦略をとることができる交渉相手を囲い込む戦略であるということができる。

（注2―7）指名競争入札の場合、工事規模ランク別に一定の評価を得た会社リストが作成され、発注にあたっては、このリストから数社～十数社を指名することになる。発注者はリスト掲載会社の入札機会が公平になるように配慮する。

２　供給側の市場行動

供給側企業の市場行動に影響を与える要因として、経営者の能力と動機、情報の非対称性、入札・契約制度、企業評価制度、取引費用を伴う当事者間の関係などをあげることができる。入札・契約制度、企業評価制度は建設業に特徴的な要因である。これらの要因の影響を受けて、以下の供給側の市場行動がとられる。

市場獲得および市場拡大

建設会社は、地域別、工事種類別などにより細分化された建設市場の中から、自らが確保可能な技術力、技能力、財務力などを勘案して参入する市場を選択していると考えることができる。これが市場獲得行動である。

さらに、事業規模の拡大とともに、地域、工事種類などで画された自ら参入する市場の拡大を意図して技術力、技能力、財務力の強化を図る。これは、市場拡大行動と呼ぶことができる。地域的拡大を志向すれば、営業組織の設置場所の拡大と、それに伴い人的・物的な資源確保が必要になる。工事種類の拡大を目指せば、相応の技術力を有する人的・物的な資源確保が必要になる。

建設生産組織の構築

建設産業は、サプライチェーンが長く複雑であり、生産組織の構築に関して選択肢が多岐に分かれる。どのような生産組織を選択するかにより、競争力に差が出る。

建設生産プロセスには、さまざまな業種が入って複雑な分業関係を構築する。また、多業種の分業を統合する過程で必須のすり合わせ、現場の施工条件とのすり合わせなどのすり合わせプロセスを経る。

これらに必要な質の良い情報の共有が建設生産の品質と効率を左右する。このタイプの生産プロセスにおいて、分業者（下請）の選択などに市場取引を持ち込めば取引費用（この場合は企業情報の取得、詳細な交渉と契約書の作成、現場管理体制、履行保証などの費用）が大きなものになる。このため、中間組織による長期固定取引、あるいは内部化が選択されることになる。

逆に、現場条件とのすり合わせについて問題が小さく、また、下請会社の技術、技能および財務など企業力の情報入手が可能なため取引費用が小さければ、下請選択は価格重視の市場調達が有利であろう。

また、標準化を徹底し、工場生産製品を多用する組み合わせ型の生産プロセスを持つ工事

図表２—５　施工条件・生産プロセス別にみた生産組織の組成方法

①は生産組織　②は分業（下請）調達方法

生産プロセス 施工条件	組み合わせ型	すり合わせ型
現場：既知 仕様：変更なし	①外部生産、現場組み合わせ ②市場調達、競争入札	①外部生産、現場すり合わせ ②市場調達、総合評価など
現場：ほぼ把握 仕様：変更わずか	①外部生産、現場組み合わせ ②市場調達、総合評価など	①中間組織、現場すり合わせ ②中間組織内競争
現場：未知がある 仕様：変更が多い		①内製化または中間組織、現場すり合わせ ②内部または中間組織内競争

であれば、市場調達を活用できる（**注２—８**）。

総括すれば、生産組織の形は取引費用によって変化してきたということができる。取引費用を決めるのは、建設生産の場合、施工条件と生産プロセスである。施工条件と生産プロセスの差に応じた生産組織と下請調達方式をモデル的に整理すると**図表２—５**のようになる。

施工条件が既知で仕様が確定して変更のリスクがない場合、組み合わせ型生産プロセスでは、部材、技能労働力などの生産要素を外部生産に依存して市場から競争入札でより安価に調達する。また、すり合わせ型生産プロセスでは、すり合わせに必要な技能労働力を確保するため、技能労働力の市場調達にあたって価格だけでは決められず、技能労働力の質的評価を加えた総合評価を必要とする。

次に、施工条件がほぼ把握されているものの確定していない場合は、組み合わせ型であっても技能労働力の調達にあたっては価格だけでなく、質的評価が必要になる。この場合、すり合わせ型では現場において迅速、円滑に情報共有を行うことができる施工協力会社などの中間組織内から調達するメリットが生じる。

さらに、施工条件が未知で仕様が定まらない場合、組み合わせ型生産プロセスでは対応が困難であり、すり合わせ型では外部調達の場合の取引費用の大きさを勘案して、内部あるいは中間組織からの調達を選択することになる。

建設生産組織の歴史的変化に着目すると、第1次・第2次オイルショック後にそれまでの高度経済成長の時代から低位安定成長の時代への転換を目指した時期が屈折点となっている。この時期以前には、多くの建設会社において生産組織は垂直統合組織（中間組織）である施工協力会などとして維持されてきたが、需要の伸びが頭打ちになってコスト競争が激しくなり、生産組織の市場化が徐々に進むことになった（**注2—9**）。

競争戦略

〔差別化：得意分野の構築〕

古川（**注2—10**）は、建設会社の得意分野とは「情報の密度の濃いところ」とし、具体的には、①技術の違い、②管理機構とそれをまかなうべき固定的経費など財務の差、③工事経験、④支配しうる資源状況の差——の4点をあげ、「個々の建設業の活動市場には、地域、施主、工種ごとに独特の競争力を持ちうる領域が存在する」と指摘している。

建設会社の競争戦略としては、これら4点に関して現状を再認識し、それぞれについて競争相手への優位性を確保し続けることが重要である。

〔売上高極大化〕

需要サイドの市場行動が「良いものを安く」入手することを目的にしていると考えると、供給側の市場行動は「良いものを安く」供給することを目的とするということができる。

これはかなり抽象的な表現であり、市場行動の目的を具体的な経営目標となる指標のレベルまで引き寄せると、企業の存続、充実および発展こそが経営目標であり、このための経営指標として利益最大化、売上高極大化などが設定される。経営者は市場における自社の位置や競争力および自社の考え方に基づいて経営目標となる指標を選択する。

建設市場においては、最も説得力を持つのは売上高極大化である。市場における競争力を高め、発注者、金融機関、取引企業および企業評価機関などからの評価を高めるうえで売上高が最も重要な指標となるからである。ここで売上高最大化でなく、極大化を採る理由に触れる。

売上高の増加とともに費用も増加するが、一定の固定費用のもとでは限界費用逓減領域から限界費用逓増領域へ変化していく。したがって、利潤は限界費用逓減領域では増加するが、限界費用逓増領域に移行すると減少が始まる。

この移行点が利潤最大点となるが、これを超えて利潤減少局面にあっても経営上必要な利潤を確保できれば、より大きい売上高を目指すべきである。経営上必要な最低利潤を確保する最大の売上高が極大売上高となる。これを超えれば売上高は増加するが経営上必要な利潤を手にすることができず、さらには損失領域に入ってしまう。

〔顧客の囲い込み〕

建設工事では、契約の不完備性に象徴されるように施工条件（天候、地質などの自然現象、周辺環境などの人為的・社会的条件）の変化が多いことや、需要者、供給者間の情報格差（情報の非対称性）が存在するため、需要者側からも供給者側からも信頼できる相手を囲い込む行動がみられる。

供給者側からは、資本関係による系列企業グループを顧客として囲い込む傾向、あるいは自社の本店、支店など企業組織の所在地を根拠にした地域的な顧客囲い込みなどがみられる。

〔生産組織の囲い込み〕

建設生産組織は、元請である総合建設会社と多くの専門工事を受け持つ下請会社で構成され、この生産組織の総合的な技術力、効率性が建設生産の成果を決めることになる。

そのため、総合建設会社は技術力に優れ、円滑な意思伝達ができる企業集団を継続的な外注先、すなわち施工協力会として確保してきた。このような市場化しない中間組織としての生産組織は、品質成果に優れていてもコスト（取引費用）がかかる。

したがって、市場行動としては、価格と品質の競争力をどのように組み合わせるか判断したうえで、生産組織の構成を選択することになる。市場の競争性が高まり価格競争が厳しくなるに従い、生産組織を組成するうえで価格競争力を重視するようになるため、長期取引を前提とせずに工事の都度、専門工事会社を市場で調達することになる。

入札戦略

入札行動は、競争し価格を決めるという意味で、市場の競争性に最も大きな影響を与える供給側の市場行動である。

岩松ほか（注2—11）が行った日本の大手建設会社の入札意思決定に関わる責任者に対するアンケートの分析結果によると、入札行動に際して重視する項目（全部で36項目について重要度順位を回答）の順位上位5項目は次のようであった。

〔入札参加決定〕

1位：工事の種類
2位：工事の規模
3位：適切な配置予定技術者の確保可能性
4位：入札方法
5位：マークアップの確保

〔入札価格決定〕

1位：発注者積算と自社積算の乖離
2位：工事種類
3位：マークアップの確保
4位：一般管理費等の確保

5位：競争相手の競争性

入札参加決定に関して「工事の種類」や「工事の規模」は、自社の得意分野に関わる点で参加意思決定の前提となるものであり、「適切な配置予定技術者」も受注の前提条件である。「入札方法」「マークアップ」は、戦略的な意思決定の要素ということができよう。

入札価格決定に関しては、5項目のいずれも戦略的な意思決定を要する。

〔マークアップ〕

入札参加決定および入札価格決定のいずれにおいても、意思決定に影響する重要項目として「マークアップの確保」があげられる。「一般管理費等の確保」もマークアップと重なる部分が大きい。

マークアップは、工事原価に対する利益の上乗せを意味している。積算された工事原価に利益をどの程度見込んだ入札が可能かどうかという選択がマークアップ戦略であり、入札戦略の主要な要素である。

マークアップは、工事の規模、難易度、ロケーション、契約条件、リスクなどに関する工事の評価のほか、自社の財務状況（資金繰り問題など）や固定費（埋没費用）の状況、長期取引の維持の問題などさまざまな観点から検討される。

岩松論文によれば、その判断材料として有効とされるマークアップ決定モデルがあるが、代表的なものとしてフリードマン・モデル（**注2—12**）とゲイツ・モデル（**注2—13**）がある。

いずれも、ある入札価格を考えたときに期待される利益額によってマークアップ率と入札価格を選択することができる。期待利益額は（利益額）×（受注確率）によって計算される。受注確率の計算はこの二つのモデルで異なるが、より簡単なゲイツ・モデルでは、過去の入札実績データによる入札額と落札額の差の分布を求め、この差分の順位と入札実績回数によって受注確率が求められる。

いずれのモデルも入札者数が増えるほど受注確率が下がり、落札をねらうためにはマークアップ率を下げる必要がある。

〔入札談合——二つの類型〕

建設工事の入札において、応札側の市場行動（入札行動）としての入札談合がなぜ行われるのか検討する。入札談合が行われる目的は、落札価格の低落を防ぎ、その引き上げを図ることである（注2—14）といえるが、談合が行われる状況については、二つに大別できる。

第一のケースは、複数の入札者が密議し協調して落札予定者を決め、各自がこれを実現すべく入札するもので、この場合、往々にしてとりまとめ役、談合業者などが介在し、落札者は相応の談合金を談合メンバーおよび談合業者に支払うことになる。

第二のケースは、談合業者の介在や談合金のやりとりを伴わずに、入札者が協調して落札予定者を決めるのだが、メンバーの不満がないように順番制、下請発注など周到に考慮された方法で公平が保たれている。多くの場合、発注者が黙認または指示する発注者関与型談合である。後述の談合システムはこの類型である。

〔赤字受注・ダンピング〕

赤字が見込まれるにもかかわらず、低価格受注がなされる代表的なケースとして次の四つがあげられる。

・入札における「勝者の呪い」（注2―15）といわれるケースで、入札価格見積もりの誤り、ないしは競争相手の入札価格の見込み違いなどのために赤字受注となったもの。

・戦略的低価格受注というべきもの。特定の発注者に対して受注実績をつくるため、あるいは継続的取引で長期的な採算性を重視するなどのケース。

・埋没費用の回収ができればよしとするもの。

・下請へのコストのしわ寄せ、手抜き工事など不法、不適切な手段によって損失を回避しようとするもの。

これらを大別すると、意図しない（結果的な）赤字受注と意図的な赤字受注とに分かれる。意図的赤字受注としては、次のようなケースがある。

・受注実績をつくり、発注者の信頼を得て次回以降の受注につなげるもの。

・継続的な取引相手の場合で個々の案件の採算よりも長期的採算を重視するため、赤字工事であっても受注を回避しない。

・年間施工高を大きくして企業評価のアップをねらうもの。経営事項審査や公共発注者のランク制など年間施工高が企業評価に影響するケースは多いが、経営事項審査では財務状況も評価されるから赤字受注はマイナスの影響もある。
・埋没費用（Sunk Cost）回収の場合で、機械などの固定資産の償却費や管理的人件費など受注のいかんを問わず、発生する費用の回収をねらうもの。埋没費用が大きい場合は、赤字であっても受注したほうが赤字幅を小さくする可能性がある。
・競争相手に対して経営上の打撃を与えることを意図するダンピング。

他方、意図しない赤字発生のケースとしては、見積もり違い、競争相手の入札価格など入札行動の見込み違いのほか、施工条件（自然的・社会的現場条件、設計など）の見込み違いによる予期せぬ赤字の発生をあげることができる（**注2―16**）。

ダンピングは、独占禁止法が禁止する不当廉売であり、その定義は「正当な理由がないのに商品又は役務をその供給に要する費用を著しく下回る価格で継続的に供給しその他不当に商品又は役務を低い価格で供給し、他の事業者の事業活動を困難にさせるおそれがあること」（１９８２年６月18日、公正取引委員会告示）となっている。

ここには価格要件（前段）と影響要件（後段）といわれる二つの要件が示されており、この２要件に該当することによりダンピング、不当廉売と判断される。

２００１年４月から施行された入札契約適正化法によって、国および地方公共団体などの公共工事発注者は、入札契約適正化指針の策定が義務づけられた。入札契約情報の公開と制度の透明性向上を目的としたものである。

多くの地方公共団体で予定価格、最低制限価格の事前公表が実施されるようになった。02年には官製談合防止法が制定され、市場の競争性向上がいっそう重要な課題とされた。

この時期は、公共投資が急速に縮減されるなかで、官製談合事件の摘発が続いた。06年には3県知事が逮捕される事件が発生し、全国知事会は同年12月に「都道府県の公共調達改革に関する指針」をとりまとめた。この指針で指名競争入札の原則廃止、一般競争入札の拡大（当面1000万円以上の工事は一般競争入札）、総合評価落札方式の拡充を掲げている。

これらの状況のもと、安値入札の著しい増加、抽選落札の蔓延、落札価格の下落が顕著になり、ダンピング対策が新たな課題となってきた（以後のダンピングへの対応などに関しては第四編に記述）。

（注2―8）「ものづくり経営学」藤本隆宏、光文社、2007年。

（注2―9）「90年代の建設労働研究」佐崎昭二、建設総合研究第47巻第3号以下を参考にした。

（注2―10）「建設業の世界」古川修、大成出版社、2001年。

（注2―11）「建設企業の入札行動に係る意識の調査研究」岩松準、森本恵美、滑川達、遠藤和義、第26回建築生産シンポジウム（日本建築学会、2010年）提出論文。

（注2―12）“A Competitive Bidding Strategy” Operations Research 4 L. Friedman 1955年、「建設業の産業組織論的研究」岩松準、東京大学工学部学位論文、2005年。

（注2―13）“Bidding Strategy and Probabilities” ASCE Journal of the Construction Division 93 M. Gates 1967年、「建設業の産業組織論的研究」岩松準。

（注2―14）「日本の建設産業」金本良嗣編、日本経済新聞社、1999年7月。

（注2―15）オークションや競争入札による財・サービスの販売もしくは購買において、落札した勝者

は往々にして損失を抱えることになる。この現象をゲーム理論で「勝者の呪い」という。

（注2―16） 建設工事の場合、とくに現場の施工条件を入札前に把握して入札価格に反映させることが重要である。応札者は現場の施工条件に係る全情報を入手している前提で入札が行われる。

3　需要側の市場行動と供給側の市場行動の相互作用

需要側の市場行動と供給側の市場行動をみてきたが、供給側の入札行動において、入札談合、ダンピングなどの問題が発生し、これに対応する需要側の行動として公共工事調達制度の改変がなされてきたととらえることができる。

図表2―6には、供給側の市場行動とこれに対する需要側の市場行動が制度を動かしてきた典型的な4事例をあげている。

具体的に入札談合の発生、摘発と制度改変の経緯をみていくと、1980年代後半に行われた日米建設協議、さらに日米構造問題協議とGATTウルグアイ交渉が進むなかで92年、93年に発生した埼玉土曜会談合事件、ゼネコン疑惑、金丸事件が国の公共工事調達制度改革を決定づけたといえる。

この制度改革においてとくに強調された競争政策（独占禁止法令）の厳格な運用の結果、多くの入札談合が摘発され、また、発注者側の職員が関与する官製談合が蔓延している実態が明らかになっていった。

これはさらに公共工事調達制度の競争性を高める方向への制度改革を進める力となり、06年の改正独占禁止法の施行、これに先立つ主要建設業団体首脳による談合離脱宣言へ到達す

図表2—6　需要側、供給側の行動と公共調達制度の変遷

◆埼玉土曜会事件、ゼネコン疑惑と入札契約手続きの抜本改革
92年 6月　埼玉土曜会談合事件審決（排除命令および課徴金納付命令）
93年　ゼネコン疑惑と「金丸事件」
93年12月　中央建設業審議会建議「公共工事に関する入札・契約制度の改革について」
94年 1月　「公共事業の入札契約手続きの改善に関する行動計画」閣議了解（94年度から実施。WTO（世界貿易機関）政府調達協定対象工事は一般競争入札導入など）
95年 1月　WTO政府調達協定発効

◆元建設大臣のあっせん収賄事件と入札契約適正化法制定
00年　元建設大臣があっせん収賄罪で実刑判決
01年 4月　「公共工事の入札及び契約の適正化の促進に関する法律」「同法施行令」「同適正化指針」施行

◆官製談合事件の頻発と官製談合防止法制定、独占禁止法改正
00年　北海道庁農業土木談合、審決（発注者関与事件）
02年　日本道路公団道路保全工事談合、審決（発注者関与事件）
03年 1月　「入札談合等関与行為防止法（官製談合防止法）」施行
03年　岩見沢市談合、審決（官製談合防止法初適用）
04年　PC橋梁談合（官製談合）、新潟市談合（官製談合）
05年　鋼橋談合（官製談合）
同年10月　下半期から国土交通省が一般競争入札を拡大、実施
同年12月　主要建設業団体首脳が「談合離脱宣言」
06年 1月　「改正独占禁止法」施行。罰則強化、公取委に犯則調査権限、課徴金減免制度
同年10月・11月　県発注工事に係る談合、収賄などにより和歌山県、宮崎県、福島県の知事が逮捕される
同年12月　全国知事会「都道府県の公共調達改革に関する指針」公表

◆安値受注の頻発、ダンピングと工事の品質への懸念
04年　長野県および国土交通省発注工事に対し公取委がダンピング警告
05年 4月　「公共工事の品質確保の促進に関する法律」施行
同年 9月　国土交通省が3億円以上の工事に総合評価落札方式を実施
08年度　国土交通省がすべての工事に総合評価落札方式を原則実施。また、一般競争入札を6000万円以上の工事について実施（07年度1億円以上、06年度2億円以上、05年度下半期3億円以上）
08年 6月　最低制限価格および低入札価格調査基準価格の算定式の見直し。以降、09年、11年、13年、16年と繰り返し算定式を見直して基準価格の引き上げを図ってきた

ることとなった。

入札談合への厳しい対応、一般競争入札の適用範囲の拡大などにより、地方公共団体の発注工事を中心に落札価格が下落して著しい安値受注が頻発し、04年には公正取引委員会が初めて公共工事に関してダンピング受注を警告するに至った。

このような状況のもと、工事品質の確保を目的とする公共工事品質確保法が制定され、05年4月から施行された。これにより、落札基準として価格だけでなく、技術力などを総合的に評価する総合評価落札方式が急速に普及することとなった。

二章　建設市場の集中度

1　上位企業による集中度

建設業においては、売上高上位5社の突出した存在感が定着している。過去、半世紀を超える長期にわたって、上位5社は順位の入れ替えはあっても、その構成企業は変わらずに安定している。ただし、建築、土木を分けてみる場合には、建築主体の竹中工務店は土木市場では上位に入らず、他の土木に強い企業と入れ替わることになる（**図表2―7**）。

そこで、市場の競争性指標として、上位企業の累積集中度を試算してみる。まず、完成工事高総計ならびに建設市場の主要な構成分野である建築工事と土木工事別の完成工事高について、上位5社および上位10社の累積集中度（合計市場シェア）をみる。

市場規模のとらえ方としては、全企業を包括する市場のほか、大型企業を構成員とする市場を三通りの定義によって区分し、それぞれの大型企業市場における集中度を試算した（**図表2―8**）。

建築・土木別資本金規模別に試算しようとすると、建設工事施工統計調査による専業建設業者元請完成工事高を使用することになるので、兼業建設業者を含む現実の市場規模の8割程度に縮小された数字になる点に注意が必要である。念のため、**図表2―9**に兼業者を含む元請完成工事高総計に基づく上位5社の集中度試算値を掲げる。

図表２―７　建築・土木分野の上位企業売上額

（億円）

	2008 年度			2013 年度		
	総計	建築	土木	総計	建築	土木
清水建設	16,930＊	13,683＊	2,564＊	12,531＊	9,954＊	2,174＊
鹿島	14,919＊	10,037＊	4,128＊	10,460＊	6,900＊	2,988＊
竹中工務店	10,526＊	10,026＊	257	7,868＊	7,339＊	257
大林組	13,174＊	9,356＊	3,531＊	12,087＊	9,157＊	2,704＊
大成建設	12,948＊	8,629＊	3,985＊	11,962＊	8,221＊	2,961＊
戸田建設	4,390＋	3,373＋	940	4,095＋	3,149＋	864
長谷工	3,744＋	2,979＋	32	4,222＋	2,850＋	14
西松建設	4,089＋	2,480＋	1,443＋	2,996	1,595	1,595＋
前田建設工業	3,459＋	2,264＋	1,195＋	3,239＋	1,936＋	1,261＋
五洋建設	3,666＋	1,637	2,017＊	3,559＋	1,621	1,914＊
三井住友建設	3,273	2,263＋	1,010＋	2,806	1,921＋	885
ハザマ（注）	2,094	1,073	1,009＋	3,498＋	2,360＋	1,101＋
東亜建設工業	1,897	383	1,429＋	1,821	482	1,308＋
上位５社計	68,497	51,731	16,225	54,908	41,571	12,741
上位 10 社計	87,845	65,090	22,311	73,521	53,787	18,891

＊：上位５社、＋：上位６～10 位。各社の売上高は「建設経済レポート（日本経済と公共投資）」（建設経済研究所）掲載の各社の決算による。（注）2013 年度は「安藤・間」

集中度は市場のとらえ方によって変化する。ちなみに岩松（注2―17）によれば、業種別にみた場合、２０００年度における上位５社の累積集中度は、一般土木建築業22・80％、建築工事業8・30％、土木工事業2・45％、電気・通信設備工事業14・24％、空調・管工事業15・18％、設備その他工事業9・58％などとなっている。岩松論文では、業種を指定統計などで使用される主業基準によって区分し、一つの企業はどれか一つの業種に分類し、業種ごとの集中度を計算している。

ここでは、総計、建築、土木の三つの市場を想定し、各

図表２―８　資本金規模別、建築・土木別上位企業集中度（2013 年度、専業者のみ）

市場の定義　A：全企業を含む市場（完成工事高総計）企業数
B：中規模以上の企業の市場（資本金 1 億円以上の企業）
C：中堅以上の企業の市場（資本金 10 億円以上の企業）
D：大型企業の市場（資本金 50 億円以上の企業）

市場区分	A	B	C	D
建設業者数	193,606 社	990 社	178 社	76 社
元請完成工事高総計	40.5 兆円	21.0 兆円	16.4 兆円	13.0 兆円
上位 5 社集中度	13.6%	26.1%	33.5%	46.9%
上位 10 社集中度	18.1%	35.0%	44.8%	56.5%
建築工事	26.6 兆円	14.4 兆円	11.5 兆円	9.3 兆円
上位 5 社集中度	15.6%	28.9%	36.2%	41.7%
上位 10 社集中度	20.2%	37.4%	46.8%	57.8%
土木工事	11.7 兆円	5.5 兆円	4.3 兆円	3.3 兆円
上位 5 社集中度	10.9%	20.2%	25.8%	33.6%
上位 10 社集中度	14.7%	31.3%	40.0%	52.1%

（注）市場区分ごとの企業数および完成工事高は 2013 年度建設工事施工統計調査による。建設業者数には、建築工事業、土木工事業の区分ができないので専業企業総数を記載している。上位５社および上位 10 社の完成工事高は図表２―７（91 ページ参照）による

図表２―９　建設市場における上位５社の集中度（2013 年度、専業＋兼業）

（単位：億円）

建設工事施工統計調査による元請完成工事高	552,742（100.0）（注）		
建築工事完成工事高	329,990（59.7）		
土木工事完成工事高	137,305（24.8）		
売上高上位 5 社の合計			
総計（清水・鹿島・大林・大成・竹中）	54,908	集中度	10.5%
建築（清水・鹿島・大林・大成・竹中）	41,572	集中度	12.6%
土木（清水・鹿島・大林・大成・五洋）	12,741	集中度	9.3%

（注）建設工事施工統計調査においては、工種を建築、土木、機械装置設置の３種に分けている。機械装置設置工事は、工場などにおける動力設備、配管等および変電設備、屋内電信電話設備などで建築設備を除いた工事とされている。ここでは、機械装置設置工事は元請完成工事高に含まれるため建築と土木の合計と元請完成工事高と一致しない

企業の売上高のうち、建築、土木を区分してそれぞれの市場に属させるという考え方をとっている。

図表2―9による兼業事業者を含む現実の市場における上位5社の集中度と、**図表2―8**の全専業者（A）のみの想定市場における上位5社の集中度を比較すると、土木を除き3％程度の差が生じている。

また、資本金規模別の上位5社集中度は、建築の市場と土木の市場でかなりの違いが存在する。建築では資本金10億以上（C）の市場で3分の1を上回り、50億円以上（D）では40％に達しているが、土木では（C）市場で4分の1を超え、（D）でちょうど3分の1に達している。土木の集中度がやや低めであることがわかる。

（注2―17）「建設業の産業組織論的研究」岩松準、２００５年。

2　建設市場における集中度の推移

さきに示した上位5社累積集中度（建築、土木の合計）の全企業の売上高に対する集中度と資本金1億円以上の企業および資本金50億円以上の企業に限定した「大型・中規模以上企業の市場」および「大型企業による市場」における集中度の推移は**図表2―10**のとおりである。

全体市場に対する集中度は、２０００年代に入ってわずかな上昇がみられる一方、大・中規模企業の市場と大型企業に限定した市場に対する集中度は、それぞれ顕著な上昇がみられる。とくに大型企業市場では30％前半から40％後半へ集中度の上昇が著しい。需要減少期に

図表2―10　売上高上位5社の市場集中度

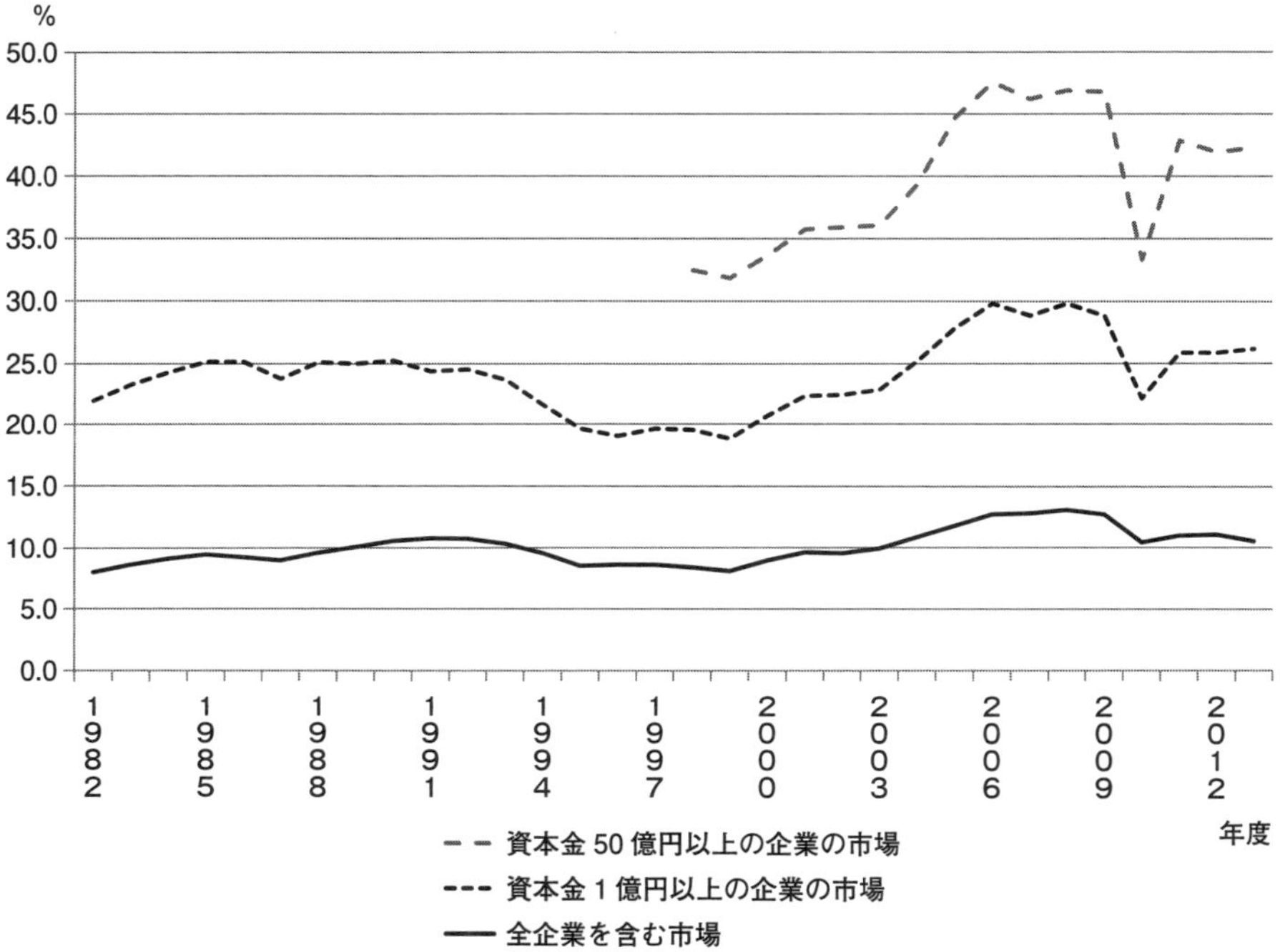

おいて競争力の差が顕著にあらわれているということができよう。

２００７年夏のサブプライム問題、08年秋のリーマンショックにあらわれた世界金融危機の後、10年まで建設市場は急激な縮小をみたが、とくに大手・中堅ゼネコンの売上減は大きく、上位5社の市場集中率は急減している。11年度以降は回復基調にあり、東日本大震災の復旧・復興需要もあって、上位5社集中度は２０００年代に入ってからの上昇傾向に戻りつつある。

図表2―11　産業分類別市場集中度およびハーフィンダール指数（2001年）

	上位4社集中度	HI（全企業）
セメント・同製品	2.95	8.12
畜産食料品	9.31	43.46
パルプ・紙	19.19	139.09
ゴム製品	15.55	101.65
銑鉄・粗鋼	73.62	1590.05
建築業	2.56	3.22
土木業	1.1	0.82

3　ハーフィンダール指数による分析

２０１３年度建設工事施工統計調査の元請完成工事高（合計、建築、土木、専業のみ）に対する上位5社のハーフィンダール指数（ＨＩ：Herfindahl Index）を計算する。ＨＩは個別企業の市場集中度（％）の二乗の和であらわされ、個別企業の市場集中度の分布の状態を指数で把握することができる。

図表2―8（**92ページ参照**）の全企業を対象にした市場（Ａ）では、上位5社のＨＩは、建築49・7、土木24・3と低いレベルにある。「大型企業市場」のケースについて上位5社のＨＩは、建築４０５・８、土木２９０・２となる。いずれも土木市場のほうが集中度は低く分散的であること、「大型企業市場（Ｄ）」に着目すれば、上位5社の市場集中度は6～10％程度の同じようなシェアを持つ企業が併存しており、ＨＩをみれば比較的低い水準にあることがわかる。

ＪＩＰ２００６（**注2―18**）産業分類別市場集中度およびハーフィンダール指数の２００１年数値を参考までに掲げてみる（**図表2―11**）。この数値は、事業所・企業統計調査の従業員数をもとに全企業を対象にしている。

以上の分析結果から、「大型企業市場」に着目すると、２０１３年度における建築市場の上位5社累積集中度は41・7％、土木市場は33・6％で、かなり高い水準にある。ただし、5社のシェアはほぼ横並びであるためＨＩは低く、寡占といえる状況ではない。

（**注2―18**）「ＪＩＰ２００６」は、経済産業研究所作成の日本経済分析用データベース。

三章　外国企業との競争

1　海外からの参入円滑化のための措置

建設業法に基づく規制制度における外国企業の扱い

〔建設業許可制度〕

国土交通省は、外国企業の建設業許可の取得に際して、外国人の経営者、技術者の資格および経験に関する認定申請があれば、当該外国における資格および経験について、その内容を個別に審査することとしている。

外国における資格および経験を理由に外国企業が不利に扱われることはない。審査に要する期間については、外国における資格および経験の認定に必要な期間以外は国内企業に比べて不利になる要素はない。

許可取得の要件としては日本国内の営業所の存在、資格を有する経営管理者および技術者が必要であり、前述のように外国における資格および経験を認定するとしても、許可取得の要件を整えるためのコストと時間が大きな負担とならざるをえない。

〔経営事項審査制度〕

経営事項審査制度については、１９９４年1月の「公共事業の入札・契約手続の改善に関する行動計画」をうけて、94年度から外国企業の日本以外での技術職員数および営業年数の審査ならびに企業集団としての審査をすることにした。

企業集団としての審査において、外国企業が属する企業集団について一体として建設業を営んでいると大臣が認定した場合には、中心となる企業の経営事項審査の各項目の数値を企業集団内の企業に適用することを可能とした。

また、公共工事の競争入札参加資格として経営事項審査点数による基準の設定が国、地方公共団体ともにみられる。基準点を高く設定すれば入札参加企業は限定されることから、とくにＷＴＯ政府調達協定の対象となる建設工事については、必要以上に参入制限とならないよう配慮した基準点数を設定することを、２００１年に国から地方公共団体を含めた各発注者に要請がなされている。

公共工事入札・契約制度における外国企業の扱い

・建設分野の政府調達における内外無差別化

１９８６年、関西国際空港建設事業への米国企業の参入要求を契機に、日米建設協議が始まり、88年5月に外国企業の日本市場への習熟を目的とした「大型公共事業への参入機会等に関する我が国政府の措置」（ＭＰＡ：Major Project Arrangements）が閣議了解のうえ、17の特定の大規模事業を対象に実施されることになった。

さらに、その後、90年5月からＭＰＡの実施状況に関して日米間でレビューが行われた結果、91年7月にＭＰＡの追加措置が閣議了解となり、新たに17事業をＭＰＡに追加し、合計34事業と対象事業を拡大して実施された。

これらのＭＰＡに基づく事業を進めながら、より一般化されたルールを目指すＧＡＴＴウルグアイ・ラウンド交渉が行われ、基準額以上の公共工事すべてについて内外無差別の調達を内容とする「公共事業の入札・契約手続の改善に関する行動計画」を閣議了解とし、ＷＴＯ政府調達協定の発効に先んじて94年４月から実施するに至った。

〈ＷＴＯ政府調達協定〉（ＧＰＡ：Agreement on Government Procurement）

ＷＴＯ（世界貿易機関）は、94年のマラケシュ会議で終結したＧＡＴＴウルグアイ・ラウンド交渉で合意された諸協定を運営管理するため、95年1月に発足した。政府調達協定は96年1月1日に発効している。

近年は2カ国間の経済連携協定（ＥＰＡ：Economic Partnership Agreement）により、経済的取引の障壁を取り除き、内国民待遇、無差別待遇の原則を適用する動きが世界的に強くなっており、日本はすでにメキシコ、チリ、フィリピン、ペルーとの間で政府調達についてＷＴＯ協定並みの内容を規定している。また、タイ、ブルネイ、ベトナム、インドとの間のＥＰＡにおいても政府調達について触れている。

２０１５年10月に大筋合意に至ったＴＰＰ（Trans-Pacific Partnership Agreement：環太平洋連携協定）交渉においても政府調達が重要な交渉事項になっており、ＷＴＯ政府調達協定をベースにして参入障壁撤廃に向けた合意がなされるものとみられる。

ＴＰＰ加盟国は、環太平洋戦略的経済連携協定（Trans-Pacific Strategic Economic Partnership Agreement）加盟のＰ４（シンガポール、ニュージーランド、チリ、ブルネイ）に加えて、米国、オーストラリア、ペルー、ベトナム、マレーシア、日本、メキシコ、カナダの合計12カ国で、このうちＷＴＯの政府調達協定加盟国は、シンガポール、ニュージーランド、米国、日本、カナダの５カ国のみである。

ＷＴＯ政府調達協定の主要な内容は、次のとおりである。

① 適用対象

・国、都道府県、政令指定都市、政府関係機関が行う基準額以上のすべての物品と建設工事、設計コンサルティング業務などのサービス。

・基準額は、国の機関では工事が４５０万ＳＤＲ（６億円）（Special Drawing Rights：特別引出権）、設計コンサルティング業務は45万ＳＤＲ（６０００万円）。政府関係機関では工事がＡ群（旧公団、事業団など）１５００万ＳＤＲ（20億２０００万円）、Ｂ群（郵政公社、国立大学など）４５０万ＳＤＲ、設計コンサルティング業務はＡ群、Ｂ群とも45万ＳＤＲ。都道府県および指定都市では工事が１５００万ＳＤＲ、設計コンサルティング業務は１５０万ＳＤＲ（２億２００万円）。なお、邦貨換算額は２０１４～16年適用。

② 調達手続き

・締約国の物品、サービスおよび供給者に内国民待遇および無差別待遇を付与。

・技術仕様は、国際貿易に不必要な障害をもたらさないこと。
・入札手続きは、公開入札（一般競争入札）、選択入札（指名競争入札）、限定入札（随意契約）の3種類。
・入札参加条件および資格審査は、契約履行能力を確保するために不可欠なものに限定のうえ、外国企業に不利なものでないこと。
・官報など公報に調達案件を公示。また、公開入札において入札書が受領される期間は公示日から40日未満であってはならない。
・限定入札は、一定の場合に制限される。限定入札による契約締結について、調達機関名、調達価額などに関する報告書を作成しなければならない。
・発注機関は、契約者決定後72日以内に契約者名、契約金額などを公表。
・調達手続きが協定違反であるとの疑いを供給者が有する場合の苦情申し立て手続きを整備しなければならない。
・協定違反などによる締約国間の紛争解決は、WTOの紛争解決機関が行う。

③　締結国・地域

締結国は、アルメニア、カナダ、EU加盟28国、香港（中国）、アイスランド、イスラエル、日本、韓国、リヒテンシュタイン、モンテネグロ、オランダ領アルバ、ニュージーランド、ノルウェー、シンガポール、台湾、米国の43カ国・地域（2016年2月現在）。

図表2―12　建設業許可取得外国企業数（各年3月末）

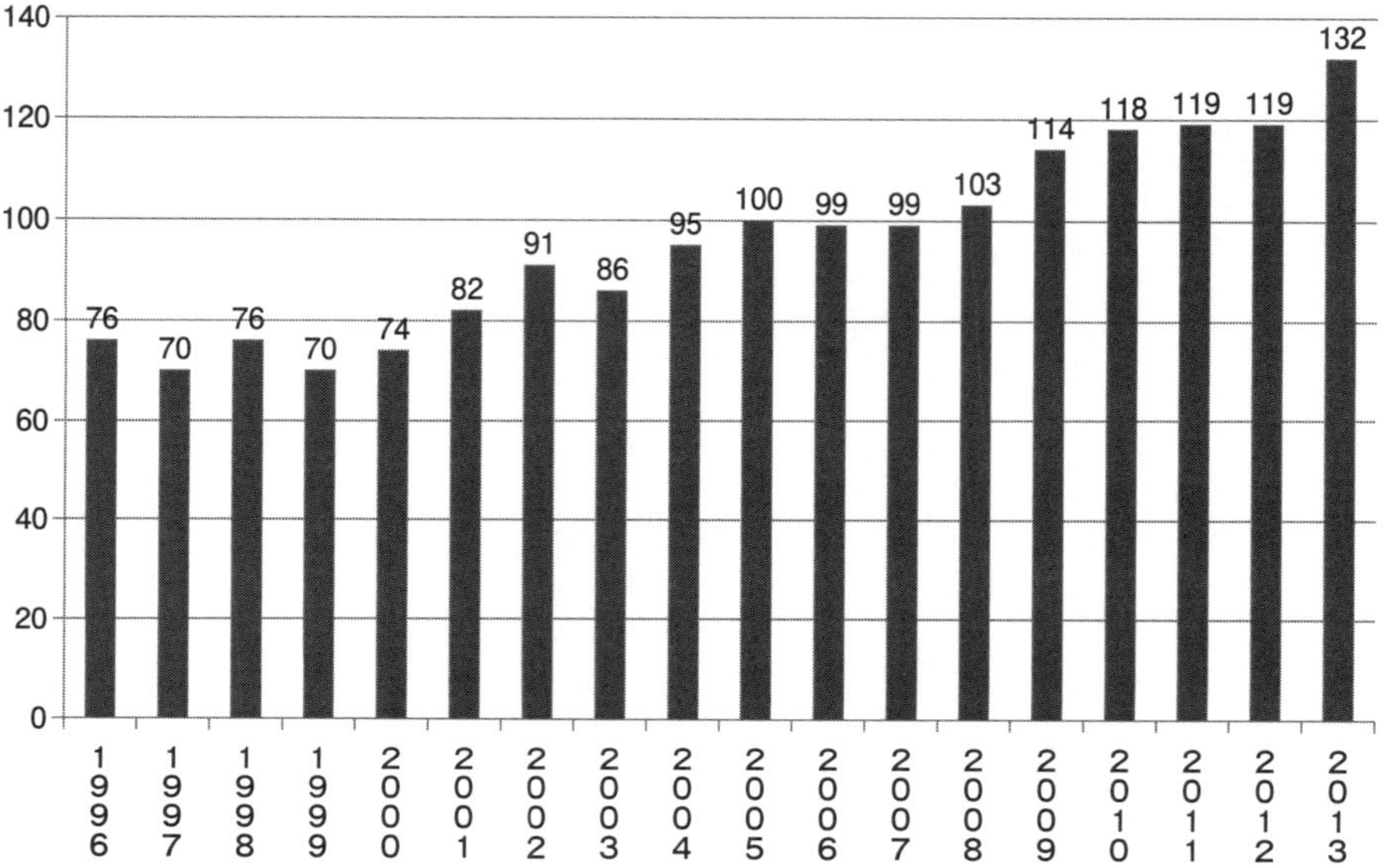

2　公共工事に対する外国企業の参入状況

外国企業の建設業許可取得状況

1988年には34社であった建設業許可取得外国企業（外国法人および外国法人の出資会社）は、バブル景気の時期である90～92年に急増した後、公共投資の拡大によって建設投資が高位横ばいにあった97年度までは、80社前後で横ばい状況を続けたが、建設投資が急減に転じた98年度以降は減少に転じた。その後、2000年の74社から13年3月末には132社と増加してきた。

図表2―12をみると、WTO政府調達協議を踏まえ、一定金額以上は内外無差別の公共工事入札・契約手続きが始まった90年代には大きな動きは見ら

図表２—13　建設業許可取得外国企業の国別構成と業種別建設業許可取得外国企業数

〈国別構成〉
米国 43　スイス 11　ドイツ 10　オランダ 9　イギリス 7
フランス 7　中国 6　韓国 6　スウェーデン 5　オーストリア 3
イタリア 3　フィンランド 3　シンガポール 3　ケイマン諸島 3
デンマーク 2　香港 2　ベルギー1　オーストラリア 1　UAE1
カナダ 1　イスラエル 1　ルクセンブルク 1　スペイン 1

〈業種別建設業許可取得企業数〉
機械器具設置工事業…55　電気工事業…39　建築工事業…34　内装工事業…21
電気通信工事業…21　とび・土工工事業…20　管工事業…19
鋼構造物工事業…19　土木工事業…14　屋根工事業…13　塗装工事業…13 他

れず、２０００年代に入って増加傾向にあるものの、企業数は多くない。

建設業許可取得外国企業の現況

国土交通省の公表資料により、14年3月末現在の建設業許可取得外国企業（外国企業および外国企業の出資会社）１３２社の国別構成、取得許可業種の内訳などから、その実態をみてみる。

国別に許可取得企業数を並べると、**図表２—13**のように米国が突出して多く、スイス、ドイツ、オランダ、イギリス、フランスなどが続いており、国または地域の数は23カ国・地域になる。

業種別建設業許可取得企業数をみると、機械器具設置工事業、電気工事業、電気通信工事業、管工事業など設備工事業が大きな割合を占めている点に特徴がみられる。

個別の企業形態は米国およびヨーロッパ諸国の電気機械メーカー、通信機器メーカー、水道サービス事業者などの日本法人または出資企業であることが

図表２―14　外国企業の取得許可業種数別・業態別企業数等（2014年３月末）

〈許可取得業種数〉	1業種のみ…75社　2業種のみ…22社	以上計97社
	3〜5業種…18社　6業種以上…17社	
		合計132社
〈業態別企業数〉	土木建築総合工事業…… 8社	
	建築総合工事業…………20社	
	土木総合工事業………… 6社	
〈経営事項審査受審企業数〉…30社（2015年3月現在）		

わかる。このタイプの企業では、多くは１業種または２業種といった少数の業種許可を得ている場合が多い。

図表２―14は取得許可業種数別の企業数を示し、さらに建築工事業と土木工事業の両方の許可取得企業の業態を土木建築総合工事業、建築工事業および関連業種からなる業態を建築総合工事業、また、土木工事業および関連業種からなる業態を土木総合工事業としたときの企業数を示している。土木建築総合工事業８社（**注２―19**）、建築総合工事業20社、土木総合工事業６社となる。

また、公共工事の入札に参加するために必要な経営事項審査を受審している企業は30社にとどまり、公共工事市場に対しては積極的な姿勢がみられない。

このようにみると、日本の中堅・大手ゼネコン（土木建築総合工事業）と競合する市場において競争者となる外国企業は、きわめて少数であることがわかる。

外国企業と競争する相手と考えられる資本金１億円以上の建設業企業数は９９０社、資本金10億円以上の中堅以上企業に限れば１７８社であり、建設業許可取得外国企業のうちの総合工事業30社程度は、数としては大きなものではない。

ＷＴＯ政府調達協定対象工事における外国企業の参入状況

２００７～09年度における国土交通省のＷＴＯ調達案件７６５件、入札参加企業累計７０００超企業のうち、外国企業が入札に参加したのは1件・１企業のみであり、落札していない。ＷＴＯ政府調達協定に定められた苦情申し立て事例をみると、建設工事については１９９６～２０１４年度に４件あり、このうち、外国企業が苦情申し立て人となったのは２件（注2―20）である。外国企業の参入が極端に少ない理由の一つは、公共事業の減少と競争激化による価格低下が参入意欲を削いでいるものとみられる。

（注2―19）８社の名称は以下のとおり。アメリカンエンジニアリングコーポレーション、オーバーシーズ・ベクテル・インコーポレーテッド、ＬＴＣジャパン合同会社、Underwater Engineering Services（以上、米）、三星物産株式会社、株式会社三美建設（以上、韓国）、ＧＥＡプロセスエンジニアリング（デンマーク）、有限会社フォルスベル・アジア・リミテッド（英国）。

（注2―20）２００２年のロッテ建設による件、05年のオーバーシーズ・ベクテル・インコーポレーテッドによる件。

3 国内建設市場の競争性が外国企業の参入に及ぼす影響

国際市場としてのとらえ方

日本の建設市場を国際的な競争市場の一部と考えることはできるが、国内市場のすべてが外国企業との競争にさらされているわけではない。

建設工事請負を業とする者は、小規模工事を除き、建設業許可の取得が必要である。許可制度は内外無差別の原則になっているものの、あらかじめ許可を取得しておかなければ請負業務ができないこと、許可を取得すれば営業所の設置、技術者の配置などの義務（費用の負担）が生じるなど外国企業にとって参入のコストは存在する。これらはサンクコストであり、大小にかかわらず参入障壁ということは可能である。

公共工事についてはＷＴＯ政府調達協定があって、内外無差別の一般競争入札の実施が対外的義務とされるＷＴＯ対象工事は、一定の工事規模以上（15年3月現在、国の工事7億円、地方公共団体の工事24億円）に限定されている。

その他の公共工事については、一般競争入札の場合は内外無差別で実施されているが、指名競争入札あるいは条件付一般競争入札などは、あらかじめ入札参加資格審査を経て資格者登録されていることが条件となる場合がある。民間工事については、発注者の裁量によることになる。

実際の公共工事入札公告は、地方公共団体の公報などで公表されるが、公表手段により発

図表2―15　建築市場における上位5社、10社の累積市場集中度

市場の定義区分	市場規模	上位5社		上位10社	
B：資本金1億円以上企業の市場	14.4兆円	4.2兆円	28.9%	5.4兆円	37.4%
C：資本金10億円以上企業の市場	11.5兆円	4.2兆円	36.2%	5.4兆円	46.8%
D：資本金50億円以上企業の市場	9.3兆円	4.2兆円	41.7%	5.4兆円	57.8%

市場の定義は図表2―8（92ページ参照）と同じ

注情報の到達範囲が限られる。実効性のある市場の範囲は、発注情報の到達範囲と入札者の資格制限によって決まることになる。インターネットに発注情報を掲載する発注者が増加しており、情報の到達範囲は拡大しつつある。

国内市場の競争性と外国企業の参入

日本の国内建設市場に参入しようとする外国企業が直面する競争条件について検討してみる。仮に、外国企業が競争に参加する意欲を持つ建設工事の市場においては、日本の建設会社のうち、全国的に営業展開する比較的大規模の企業と競合すると仮定して考えてみる。

さきに整理した建築市場の集中の状況を上位企業5社および10社の累積集中度に着目してみる（**図表2―15**）。

２０１３年度の上位5社建築工事の売上額は４・２兆円であり、さきの表に示すB市場（資本金1億円以上企業の市場）においては、28・9％の累積集中度であり、さらに、Cの市場では36・2％、Dの市場では41・７％の累積集中度となる。

同様に上位10社については、建築工事の売上額が５・４兆円で、B市場では37・４％、C市場では46・８％、D市場では57・８％の累積集中度となる。外国企業と競合するとみられる大型・中堅企業の市場

では、上位企業の累積集中度がかなり高いということができる。

ここにあげた10社のほか、建築売上高1000億円を超える企業は9社あり、順位の入れ替わりは激しい。上位5社の売上規模は伯仲しており、それに続く十数社の売上規模も大きな差はなく、激しい競争がある。外国企業が地場企業や下請専門工事業者と関係をつくって競争に参加することは可能であるが、困難が伴うといえよう。

さきにみたとおり、建設業許可取得外国企業132社のうちの過半は設備関係の工事に特化した企業で、その多くは欧米各国の機械器具や通信機械メーカーの日本法人などである。建築工事、土木工事の市場において元請企業として日本の大手・中堅ゼネコンと競争するタイプの企業は多くみても30社程度とみられる。

以上から、比較的大規模企業が全国展開する全国市場（地域市場の対立概念。ここでは仮に資本金10億円程度以上の企業で構成されると考えておく）を、外国企業がターゲットとする市場とすれば、国内上位10社の累積市場集中度は46・8％とかなり高い。新規参入者の競争条件は相当に厳しい状況にあると考えられる。

実際に、WTO政府調達協定の対象工事に限っても入札参加件数はきわめて少ない（注2―21）。仮に、建築工事全国市場の規模を資本金10億円以上の企業の元請完成工事高約11・5兆円とした場合、日本の企業数178社からみても外国企業の参入は過少ではないかと考えられる。


（注2―21）諸外国市場における国外企業の参入状況に関する適切な資料は入手できないが、米国の専

門誌「ＥＮＲ」誌２００８年8月18日号に「海外事業市場における地域別企業数・売上高（２００７年）」があり、海外市場トップ２２５社の地域別参入状況と売上高がわかる。これに基づく米国、カナダ市場における外国企業（２２５社に限る）売上高は、**図表２—16**のようになる。

米国市場における外国企業売上高３６９億ドルは、同じ「ＥＮＲ」の米国トップ４００社の国内売上高２８１４億ドルの13・1％、米国の建設投資額（２００７年）１兆１３７１億ドルの３・２％にあたる。

図表２—16　米国、カナダの国内市場における外国企業の売上高（2007 年）

（単位：100 万米ドル）

企業の所属国・地域	米国市場	カナダ市場
米国	—	5,525.8
カナダ	2,400.8	—
ヨーロッパ	25,211.3	2,561.6
オーストラリア	4,806.2	140.6
日本	3,422.0	8.6
225 社の合計	36,906.1	8,281.3

４　海外市場における日本の建設企業

日本の建設企業（一般社団法人海外建設協会会員企業49社）の海外市場における売上高は、２０１４年度にこれまでの最高額である１兆８１５３億円を記録した。

地域別にみると、**図表２—17**のように、近年はアジアおよび北米の建設需要が旺盛で、これらの割合が高く、全体を押し上げている。06、07年度も１兆６０００億円を超える海外受注があったが、このときは中東地域における受注額が急増するなど各地域の景気、経済活動の動向に大きく左右されてきた。

海外建設受注額の特徴の一つとして、**図表２—18**に示される

図表２—17　日本企業の海外建設受注の地域別構成

	2013 年度		2014 年度	
地域	件数	金額（億円）	件数	金額（億円）
アジア	1,526	11,301 (70.5%)	1,475	12,296 (67.7%)
中東	26	762 (4.8%)	12	86 (0.5%)
アフリカ	21	327 (2.0%)	15	78 (0.4%)
北米	134	2,780 (17.3%)	166	4,500 (24.8%)
中南米	161	476 (3.0%)	184	507 (2.8%)
欧州	37	50 (0.3%)	37	181 (1.0%)
東欧	47	273 (1.7%)	53	394 (1.9%)
大洋州	47	59 (0.4%)	45	158 (0.9%)
合計	1,999	16,029 (100.0%)	1,987	18,153 (100.0%)

一般社団法人海外建設協会会員 49 社の海外受注実績から作成。本邦法人および現地法人による受注額

図表２—18　海外建設受注額

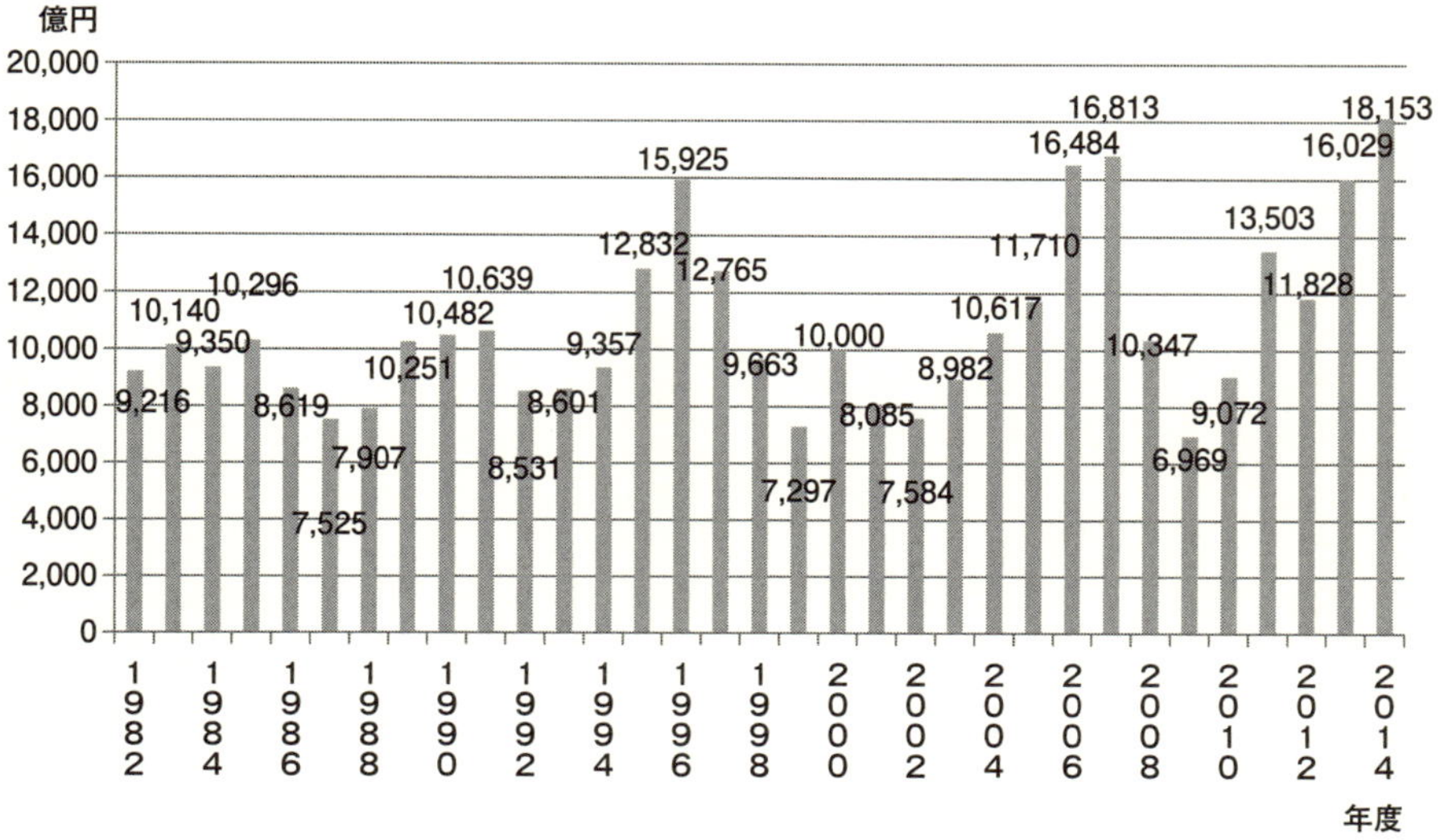

一般社団法人海外建設協会会員 49 社の海外建設受注額

とおり、各年度の変動が激しいことが指摘できる。近年では、09年度に6969億円と07年（1兆6813億円）から2年で半減しており、その後は14年まで5年で2・6倍に急増した。

各社の受注額に占める海外受注額の割合が大きくないために、海外受注額の極端な変動が企業の存立を脅かす深刻な問題にはなっていない。

第三編　公共工事調達制度と建設市場

一章　公共工事調達制度の概要

1　制度の構成

公共工事調達制度は、国の基本法である会計法と予算決算及び会計令、地方公共団体の基本法である地方自治法と同法施行令に加えて、公共工事の入札及び契約の適正化の促進に関する法律（入札契約適正化法）、公共工事の品質確保の促進に関する法律（公共工事品質確保法）、建設業法、ＷＴＯ（世界貿易機関）政府調達協定、入札談合等関与行為の排除及び防止並びに職員による入札等の公正を害すべき行為の処罰に関する法律（官製談合防止法）、私的独占の禁止及び公正取引の確保に関する法律（独占禁止法）などから構成されている。

それぞれの内容を要点のみ以下に記す。

会計法令

会計法第29条の３には、第１項に一般競争入札の原則、第３項に指名競争入札に付すことができる特例、第４項に随意契約の特例を、また、第29条の４以下の各条で、入札保証金の納付、落札の方法、契約保証金の納付を規定する。

第29条の６（契約の相手方）は、落札の方法を定めるが、第１項で予定価格の範囲内で最低価格を落札基準としながら、ただし書で、その者との契約が著しく不適当であるときは、他の者のうち最低価格の者を落札者とすることができるとし、低入札価格調査制度の根拠となっている。

さらに、同条第2項では、最低価格落札基準により難い契約については「価格及びその他の条件」を落札基準とすることができることとし、これは、総合評価落札方式の根拠となっている。

地方自治法令

第２３４条（契約の締結）第1項と第2項において、一般競争入札を原則として、指名競争入札と随意契約は政令で定める場合のみ例外として許されると規定している。

同条第3項では予定価格の範囲内で最低価格を落札基準として定めるとともに、政令の定めるところにより、最低価格以外の者と契約することができるものとして、施行令第１６７条の10において最低制限価格制度を規定している。

また、施行令第１６７条の10の2において総合評価一般競争入札方式を規定している。

入札契約適正化法（２００1年4月施行）

国、特殊法人および地方公共団体が行う公共工事の入札および契約について、適正化の基本原則として透明性の確保など四つを掲げ、不適切行為に対する措置（公正取引委員会への通報など）を定めるとともに、発注ガイドラインとなる「適正化指針」の整備などを規定する。

公共工事品質確保法（2005年4月施行）

第3条（基本理念）において、社会資本が将来にわたって国民生活および経済活動の基盤になることから、公共工事の品質確保の重要性を明確にし、また、「価格及び品質が総合的に優れた内容の契約」への調達理念の転換を明文化した。

このほか、第12条以下において技術提案、高度技術提案の場合の予定価格に関する規定がある。

本法施行により、総合評価落札方式が急速に普及することとなった。14年6月に成立した改正法では、第3条（基本理念）に施工技術の担い手の中長期的な育成・確保、完成後の適切な点検、診断、維持、修繕その他の維持管理の確保などを加えるとともに、入札・契約制度の多様化を図るために技術提案・交渉方式、段階的選抜方式、複数年度にわたる契約、複数の異なる工事の一括契約、複数企業による共同受注が規定された。

建設業法

公共工事の調達制度の一部をなす建設業法の規定として、第27条の23に公共工事の元請契約者に対する経営事項審査の受審を義務づける規定がある。

また、第19条の5には許可行政庁（国または都道府県）による公共工事の発注者に対する勧告が規定され、第19条の3（不当に低い請負代金の禁止）、第19条の4（不当な使用資機材等の購入強制の禁止）の違反があった場合に行われる。

WTO政府調達協定（1996年1月発効）

WTO（世界貿易機関：World Trade Organization）は、95年1月にGATT（関税及び貿易に関する一般協定：General Agreement on Tariffs and Trade）の後継機関として発足した。協定の適用対象は国、都道府県、政令指定都市および政府関係機関が行う基準額以上の調達であり、基準額は工事の場合、国の機関450万SDR（14～15年度6億円）、都道府県および指定都市は1500万SDR（同20・2億円）となっている。

主要内容としては、締約国について内国民待遇、無差別待遇を付与、入札手続きは公開入札（一般競争入札）、選択入札（指名競争入札）、限定入札（随意契約）とされている。

限定入札は一定の場合に制限され、実施した場合は報告書を作成しなければならない。入札参加条件、資格審査などで外国企業に不利なものでないことなどが規定されている。

官製談合防止法（2003年1月施行）

国、地方公共団体および国または地方公共団体が資本金の2分の1以上出資する特定法人などを対象に、役職員が事業者または事業者団体に入札談合を行わせるなどの入札談合等関与行為を行った場合の罰則などの措置（公正取引委員会から各省庁の長に対する改善措置の要求、職員に対する損害賠償請求、職員に対する刑罰など）を規定している。

職員に対する刑罰規定などは07年3月施行の改正法による（146ページの**注3―16**に詳述）。

独占禁止法（1947年4月施行）

公正かつ自由な競争秩序の維持を目的としており、建設工事の調達との関係においては、不当な取引制限（カルテル）の禁止、不公正な取引方法としての不当廉売（ダンピング）の禁止、優越的地位の乱用の禁止などの規定が重要である。

2006年1月施行の法改正により、課徴金の引き上げ、課徴金減免制度の導入などが行われた。

2 公共工事調達制度の変遷

実質100年続いた指名競争入札の時代

公共工事調達制度は、需要側の要求や供給側の対応および内外事情から歴史的に変化が著しくみられ、その都度、市場の競争条件を大きく変えてきた。

1889（明治22）年に会計法令（会計法および会計規則など）が整備されて、新たに一般競争入札を原則とする国の調達制度（**注3―1**）がスタートした。しかし、技術力を持たずにもっぱら受注活動だけを行う者など問題がある者の参入から工事に不具合、契約不履行が多発した。

これに対して、一般競争入札の例外として随意契約ができる規定を勅令として次々と制定し、随意契約が多く行われることとなった。1900（明治33）年には勅令を定めて指名競争入札を導入し、発注者の指名する者に絞った競争入札を可能にした（注3―2）。

これにより指名競争入札が中心的な調達方式の位置を占めるに至り、指名競争入札を中心とする調達制度の運用は、21世紀の初めまで１００年を超える長きにわたった。

オイルショックを契機にカルテルに厳しい目が向けられ、独占禁止法の厳正な運用が求められ、１９８０年ころから指名という裁量権が介在した贈収賄や入札談合などの摘発が目立つようになった。また、市場の国際化とともに、市場の競争性の不十分さや外国企業の参入の困難さなどが問題視されるに至った。

85年のプラザ合意をうけて、米国政府が関西国際空港の建設に米国企業を参加させることを要求して始まった日米建設協議の結果、大規模建設プロジェクトへの米国企業の参加を促進する特例措置（ＭＰＡ：Major Project Arrangement）が講じられてきた（注3―3）。

さらに、89年の日米構造問題協議において、日本市場への参入障壁となる排他的取引慣行の排除が大きな論点となり、この結果、独占禁止法のいっそうの運用強化が実施され、入札談合への厳しい対処がなされるに至った。

同時に、内外無差別取引を目指すＧＡＴＴウルグアイ・ラウンドの一環として進められた政府調達交渉が93年12月に妥結し、また、同時に中央建設業審議会の建設大臣に対する建議「公共工事に関する入札・契約制度の改革について」が提出された。

これらをうけて、94年1月に「公共事業の入札・契約手続の改善に関する行動計画」（注3―4）が閣議了解され、国の公共調達制度の抜本改正が行われ、一般競争入札の原則に立ち戻るなど「90年ぶりの大改革」と称される新たな制度運用が始まった。

GATTの後継であるWTOの政府調達協定は94年に締結され、96年1月から発効している。

94年度から実施された大改革では、一般競争入札の実施は国が7・3億円以上、都道府県と政令指定都市では23億円以上のWTO政府調達協定の対象となる大規模工事に限っており、大半はまだ指名競争入札であった。

2005年4月に公共工事品質確保法が施行され、「価格及び品質が総合的に優れた」契約を調達理念として、総合評価落札方式の実施が推進された結果、一般競争入札・総合評価落札という形で一般競争入札が急拡大するに至り、指名競争入札中心の時代は終わった。

1900年から1世紀を超えて指名競争入札の時代が続いたが、このように長期にわたった理由としては、①発注者側は指名という裁量権限を持つことで手抜き工事など受注者側の不適切行為の懸念を小さくすることができる、②一方で受注者側は指名されたメンバー内で公平に落札者と落札金額を合意することが容易であり、発注者の暗黙または明示的な合意を得て入札談合を行うことができた。

さらに、予定価格の範囲内であれば、適正な価格ということができ、また、工事完成保証人を指名されたグループ内の誰かが引き受けることから、談合破りが困難な制度的背景があり、談合がシステムとして成立していたと理解できる。

大改革後の調達制度の再構築

1994年の入札・契約制度の抜本改正による一般競争入札実施後の経過をみると、建設市場の急速な縮小と重なり、落札価格の低落、抽選落札（注3―5）の頻発、ダンピング、入札談合など市場の混乱が続いた。さらに、97年ころからは建設投資の急減に金融不安が重なって、大手・中堅ゼネコンの経営状況が悪化し、会社更生法あるいは民事再生法申請が相次いだ。

２０００年に元建設大臣が国の発注工事に係る受託収賄罪で実刑判決を受け、これを契機に入札・契約制度の透明化の促進、入札談合への厳格な対処などとともに、地方公共団体に対しても抜本的な入札・契約制度の改革を促すために入札契約適正化法が制定された。

同法は01年に施行され、入札契約適正化の基本原則として、①透明性の確保、②公正な競争の促進、③適正な施工の確保、④不正行為の排除の徹底の四つが明記された。

一般競争入札の実施をはじめ、競争促進と情報公開、談合排除を掲げるこの法律と本法に基づく発注者ガイドラインである「適正化指針（公共工事の入札及び契約の適正化を図るための措置に関する指針）」に従って、地方公共団体に調達制度運用の抜本改革を迫ることとなった。

また、落札価格の低落に伴う公共工事の品質不安に対処するため05年4月に施行された公共工事品質確保法は、価格および品質が総合的に優れた調達を基本理念としており、価格に加えて価格以外の要素を落札基準とする総合評価落札方式の急速な拡大を推し進めた。

さらに、入札談合、とくに官製談合の多発に対して官製談合防止法が02年に成立し、関与職員に対する損害賠償請求が可能になった。

また、課徴金引き上げ、情報提供者に対する制裁減免制度（リーニエンシー）、罰則強化などを定めた改正独占禁止法（注3―6）が06年1月に施行され、主要な建設業団体では、あらためて入札談合から離脱する旨の宣言を行った。

以後、入札談合の摘発件数は減少し、入札談合システムの崩壊をうかがわせるものとなった。公共工事の減少によって、受注機会を公平に配分することが困難になったことに加えて、罰則強化やリーニエンシー導入の効果が大きいものと考えられる。

総合評価落札方式の拡大に加えて、最低制限価格および低入札価格調査基準価格の引き上げにより、落札率は06年度を底に上昇傾向に転じ、国、都道府県ともに予定価格の90％前後にまで上昇している。これにより、予定価格に近い10％程度の狭い価格帯で競争がなされる状態になっている。

国土交通省における入札・契約制度改革への対応

1994年の入札・契約制度抜本改革以降における国、地方公共団体の入札方式などの実施状況をみると（**図表3―1**）、一般競争入札の本格実施まではかなりの時間がかかっていることがわかる。

この間の国土交通省（建設省）の対応を整理してみる。94年度から改革が実施に移された。この時点の入札方式は、WTO調達協定の対象工事（予定価格が450万SDR（7・3億円）以上の工事）で一般競争入札を実施、これ未満の工事については、公募型、工事希望型などのように、発注者の裁量を抑止し入札参加者の意思を反映する改善型の指名競争入札を一定金額基準に応じて実施することとした。この一定金額基準に満たない多くの工事は、従来型の指名競争方式によっている。

図表３―１　入札・契約制度の主な動き（国土交通省を中心に記述。＊は業界の動き）

93年 6月	＊埼玉土曜会談合事件審決
93年	＊ゼネコン疑惑と「金丸事件」
同年12月	中央建設業審議会建議「公共工事に関する入札・契約制度の改革について」
94年 1月	「公共事業の入札・契約手続の改善に関する行動計画」閣議了解 (94年度から実施。WTO政府調達協定対象工事は一般競争入札導入など)
96年 1月	WTO政府調達協定発効
00年	＊元建設大臣が地方公共団体発注工事に係るあっせん収賄罪で実刑判決
01年 4月	「入札契約適正化法」「同法施行令」「同適正化指針」施行
03年 1月	「官製談合防止法」施行
05年 4月	「公共工事品質確保法」施行
同年10月	国土交通省は一般競争入札を3億円以上の工事に拡大 ＊低価格入札が急増
同年12月	＊主要建設業団体首脳が「談合離脱宣言」
06年 1月	「改正独占禁止法」施行
同年 4月	国土交通省は一般競争入札を2億円以上の工事に拡大
同年10～12月	3県の知事が談合関与により逮捕される
同年12月	「緊急公共工事品質確保対策」策定
同年 同月	全国知事会「公共調達改革に関する指針」発表
07年 4月	国土交通省は一般競争入札を1億円以上の工事に拡大 また、建設業法令遵守推進本部を設置
同年 3月	「官製談合防止法」改正施行
08年 4月	国土交通省は一般競争入札を6000万円以上の工事に拡大 また、すべての発注工事について総合評価落札方式を実施
08年 6月	最低制限価格および低入札価格調査基準価格の引き上げ
09年 4月	最低制限価格および低入札価格調査基準価格の引き上げ
11年 4月	最低制限価格および低入札価格調査基準価格の引き上げ
13年 5月	最低制限価格および低入札価格調査基準価格の引き上げ
14年 6月	「公共工事品質確保法」改正により技術提案・交渉方式などを導入
16年 4月	最低制限価格および低入札価格調査基準価格の引き上げ

新たな入札・契約制度の影響がどうあらわれるか未知であり、当時の建設省は制度運用に関してきわめて慎重に対応している。同時に市場の競争性を確保しつつ、工事の品質を保持するという政策課題が次第に大きくなっており、95年4月に策定された建設省の「建設産業政策大綱」において、技術提案型総合評価落札方式の導入、VE（Value Engineering）導入のためのルールづくりを進めることとされ、入札・契約制度の多様化に向けた取り組みが始まった。

2002年に官製談合防止法が制定され、公正取引委員会および検察庁の積極的な対応姿勢によって、05年にかけて大型の官製談合事件の摘発が相次ぎ、国、地方とも公共工事発注者として入札談合対策に取り組まざるをえなくなった。

国土交通省は、1994年度以来、WTO基準（2005年度は7・2億円）以上としていた一般競争入札対象工事を05年下半期から3億円以上の工事を対象にすることで実施件数を拡大し、さらに、翌06年度は2億円以上、07年度には1億円以上、そして08年度には6000万円以上の工事は一般競争入札を原則とすることとした。

ここに至って、ようやく実質的な一般競争入札原則に立ち戻ったということができる。

落札率低落への対応

この間の落札率（落札額／予定価格）の変化を**図表3―2**に示す。特徴的な点は、2005年度および06年度の急落である。国土交通省工事の落札率はこの2年間で93・9%から89・6%へ4・3ポイント、都道府県工事では、同時期に国の調査結果で2・9ポイント、全国

図表３―２　公共工事の落札率（落札額／予定価格）の推移

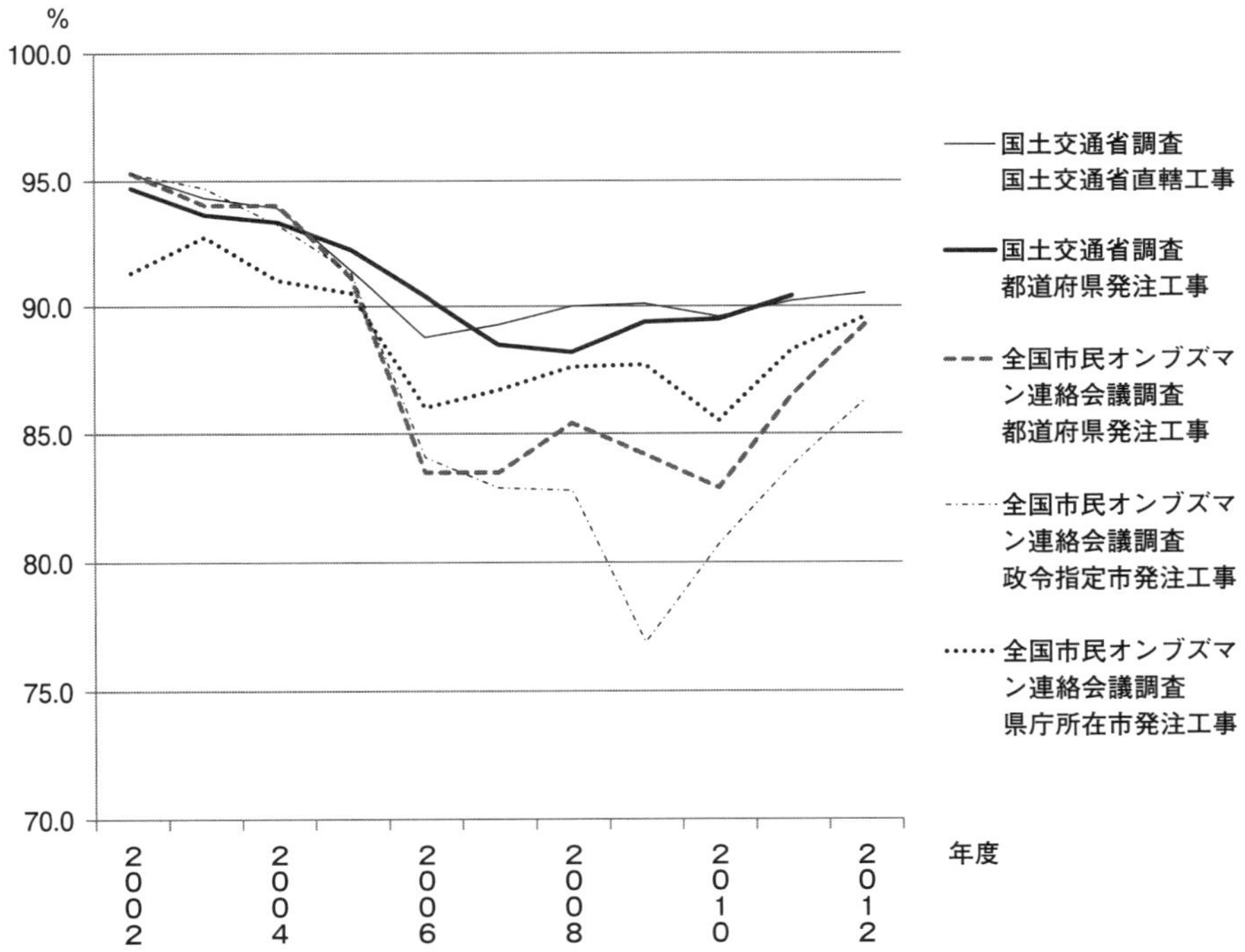

市民オンブズマン連絡会議の調査結果によれば10・5ポイント下落した。

この時期は、公共投資が急減するなか、入札談合とりわけ官製談合の摘発が続き、国土交通省が一般競争入札の拡大実施に踏み切ったころであり、地方公共団体においても06年秋の３県知事逮捕に至る官製談合への対応から全国知事会の緊急提言があるなど、一般競争入札の対象範囲を急拡大した時期である。

低価格入札の増加、落札率の低下とともに、工事品質の悪化、下請会社への低価格のしわ寄せ、施工の安全性への不安などが問題となり、これらへの対抗策が重視されるに至った。

落札率は、以前には95％を超える水準にあったが、02年度以降、低下傾向が顕著になった。01年の入札契約適正化法、03年の官製談合防止法施行の影響が大きいと考えられる。

また、06年度を境に国土交通省と都道府県の乖離が拡大している。国土交通省工事の落札率は、06年度を底にして以後はやや上向きの横ばい状況にあるが、都道府県工事の場合は、下落傾向ないしは下位横ばい傾向が２０１０年度ころまで続き、その後、反転して上昇傾向に転じて、12年度には両者とも90％近傍に収斂している。

この動きの差は、低価格入札対策、ダンピング対策の実施状況によるところが大きい。国土交通省は、低価格入札の増加、落札率の低下のデメリットを重大視して、06年度以降矢継ぎ早に対策を講じている。

落札価格の低落による工事品質、安全対策などの問題への対処としては、総合評価落札方式の採用、低入札価格調査制度の活用がとられてきた。

05年４月に公共工事品質確保法が施行され、「価格及び品質が総合的に優れた」工事が調達目標と位置づけられたことから、総合評価落札方式（注３―７）が広く活用されるようになった。

さらに、一般競争入札と総合評価落札方式を組み合わせることにより、競争性と工事品質の確保の両立を目指すことが可能になった。総合評価落札方式は、国土交通省において１９９９年度に２件、翌２０００年に５件試行されたが、同年３月に大蔵省（財務省）と関係各省との包括協議が整って以後、評価内容が多様化するとともに実施件数が増加してきた。

05年に公共工事品質確保法が施行され、価格と品質の総合的な評価が調達の基本とされたことから、一般競争入札と組み合わせることで、競争性と品質確保の両立を図るために広く実施されるようになった。

国土交通省では総合評価落札方式の実施目標を05年度には全契約金額の4割以上、06年度8割以上と拡大し、08年度以降はすべての工事契約に適用することとした。低入札価格調査では、一定の低入札価格調査基準価格をあらかじめ設定し、基準価格以下は施工の確実性などを調査する仕組みである（注3—8）。

国土交通省は、06年12月の緊急公共工事品質確保対策において、契約不履行や公正な取引秩序を乱すおそれを判断する具体的な基準価格を設定し、この基準価格以下の低価格入札を対象に厳格な特別重点調査（注3—9）を実施することとした。この特別重点調査制度の効果により、06年度第4四半期以降、低入札価格調査対象工事が急減している（注3—10）。

09年4月には、国と都道府県の公共工事発注者が構成員である中央公共工事契約制度運用連絡協議会（中央公契連）が、約20年ぶりに低入札価格調査基準価格の設定範囲および最低制限価格について、これまで予定価格の「2／3～8・5／10の範囲」であったものを「7／10～9／10の範囲」へと引き上げた。

さらに、11年4月に現場管理費、13年5月に一般管理費等のそれぞれの計算式を変更して、基準価格および制限価格の引き上げを図った（注3—11）。

06年度以来のこれら度重なる措置によって、国土交通省発注工事の落札率は06年第3四半期を底にして横ばい（やや上昇気味）に落ち着くこととなった。

（注3—1）明治会計法令は、一般競争入札の原則と例外としての随意契約を定めていたが、1900（明治33）年勅令280号をもって指名競争入札を導入した。大正会計法令（1921（大正10）年会計法令改正）は、一般競争入札、指名競争入札、随意契約の3方式について必要な規定を整備した。

（注3—2）「わが国建設業の成立と発展に関する研究——明治期より昭和戦後期」菊岡倶也、芝浦工業大学博士学位論文、2005年3月。

（注3—3）深刻な貿易摩擦のなか、1986年5月、米国政府は関西国際空港プロジェクトへ米国企業を参加させる入札手続きを要求した。これにより、日本の建設市場への米国企業の参入をめぐる建設協議が始まった。協議は87年11月、関西国際空港ほか3プロジェクトについて特例措置を講じることで決着したが、その後も特例措置拡大の要求があり、88年5月には、外国企業が日本の建設市場に習熟して市場参入を促進することを目的に、特定の大型公共プロジェクトを対象に入札手続きなどの特例措置（MPA）が導入された。MPAの対象は当初17プロジェクトであったが、日米構造問題協議と並行して行われたレビュー会合の結果、17追加され、合計34プロジェクトに特例措置が適用された。

（注3—4）「公共事業の入札・契約手続の改善に関する行動計画」の骨子——①一定額以上の工事について一般競争入札方式の採用、②外国企業の適正な評価、③苦情処理手続きの整備、④入札談合など不正行為に対する防止措置、⑤その他JV制度の改善など。中央建設業審議会の建議「公共工事に関する入札・契約制度の改革について」の骨子——①一定規模以上の大規模工事について一般競争入札方式の実施。その前提として経営事項審査の充実と受審の義務づけ、入札ボンド制度の検討など、②指名競争入札方式の改善、指名基準などの策定公表、第三者機関による苦情処理、「公募型」「工事希望型」指名競争入札方式の導入を提案、③その他の入札・契約方式として技術提案総合評価落札方式の導入など、④制度改革の具体策として、競争参加資格審査制度の改善、入札監視委員会の設置、建設業者デ

ータベースの整備、履行保証制度の抜本的見直し（工事完成保証人制度の廃止、履行保証保険などの活用、履行ボンド制度の検討など）、ＪＶ制度の改善、制裁措置の強化など。

（注３—５）抽選落札：一般競争入札で最低制限価格を設定する場合、予定価格を事前公表すれば、最低制限価格が事前に察知できるため、多くの入札価格がここに集中する結果、抽選により落札者を決定することとなる。なお、最低制限価格を事前に公表する地方公共団体もある。都道府県、政令指定都市、その他の中核市について、06年度の入札件数のうち10％以上が抽選入札であった20団体では、すべてが予定価格を事前公表しており、うち８団体が最低制限価格も事前公表している（「建設経済レポート（日本経済と公共投資）」№50、建設経済研究所、２００８年４月）。

（注３—６）独占禁止法の主要な改正点：①罰則強化・課徴金を６％から10％（再度違反は15％）へ引き上げ、②公正取引委員会に犯則調査権限付与、③課徴金減免制度創設、④手続きの迅速化のため勧告を廃止、事前通知、意見申述などを経て排除措置命令、課徴金納付命令などを行うと規定した。

（注３—７）１９６１年会計法改正によって、第29条の６第２項に「価格及びその他の条件」を落札基準とする特例が設けられた（地方自治法では、第２３４条３項および同法施行令第１６７条10の２）。この特例が総合評価落札方式の根拠を提供した。これによる場合には政令の規定により、大蔵（財務）大臣協議が必要とされている。２０００年３月に大蔵大臣・建設大臣の間において、総合評価落札方式の対象とする工事の範囲、落札方式、総合評価の方法などを定めた包括協議が整い、各省庁とも同様に包括協議が整った結果、以後、個別案件ごとの事前協議の必要はなくなっている。

（注３—８）地方自治法には最低制限価格制度が規定され、一定価格未満の入札を失格とすることができるが、国の会計法では失格基準の設定は規定がなく、会計法第29条の６に最低価格入札が契約不履行や公正な取引秩序を乱すおそれがあるときは、他の最低価格入札を落札者と

することができる特例が規定されており、国の契約においては、あらかじめ設定した基準価格以下の低価格入札について、契約不履行などのおそれがなく、落札者として適切であるかどうかを調査する仕組み（低入札価格調査制度）になっている。

（注3—9）特別重点調査は、予定価格2億円以上の工事で、入札価格が低入札価格調査基準価格を下回り、かつ、入札価格の積算内訳において費目別金額を予定価格積算の前提になった費目別金額で除した割合が一定割合（直接工事費75％、共通仮設費70％、現場管理費60％、一般管理費等30％）を下回る入札者に積算内訳書の厳正なチェック、品質・安全管理体制などを調査し、厳格に審査するもので、これに該当するケースのほとんどが入札無効となった。

（注3—10）「公共工事におけるダンピング受注の実態と対策に関する考察」、佐藤直良他、建設マネジメント研究論文集、Vol.15　2008。

（注3—11）低入札価格調査基準の引き上げの経緯については、151ページの「（付論）落札率の工事品質などへの影響」を参照。

3　混迷する調達方式と多様な選択の可能性

以上の国土交通省発注工事に係る入札・契約制度の経緯を振り返ると、価格競争、非価格競争のそれぞれのメリットとデメリットを慎重に評価して需要者としての調達行動を選択する必要があることが明らかになる。

競争と価格重視の一般競争入札は、安値競争を招きダンピングに行きつく。また、品質重視、競争と価格軽視の限定入札や随意契約は、発注者関与の入札談合を常態化する。

これまでの調達制度の変化を振り返ると、第二編で述べたように、入札談合、ダンピングなど供給側の市場行動への需要側の対応と、需要側の調達行動への供給側の対応という双方の相互作用の結果として理解することができる。

公共工事の調達制度は、明治以来、会計法令によって一般競争入札、指名競争入札および随意契約の3方式に限定する堅い枠組みが構築されていたが、２００５年の公共工事品質確保法の施行により、価格その他の条件による落札基準の導入が推進された結果、一般競争入札・技術提案・総合評価落札方式という組み合わせが急速に拡大することになった。

さらに、２０１４年の同法改正では段階的選抜方式および技術提案・交渉方式が新たに選択肢として法定され、公共工事発注者は拡大された多様な調達方式から最適な方式を選択する責務を負うこととなった。

二章　予定価格制度の問題

1　予定価格制度の歴史的経緯

明治会計法の制定

１８８９（明治22）年の会計法制定時に予定価格制度が導入された（注３―12）。この明治会計法は、ヨーロッパ諸国の会計法令（イタリア、フランス、ベルギーなど）を参考にしているといわれている。

菊岡（注３―13）によれば、明治会計原法草案説明文書には「大抵ハ伊仏法ト異ナル所ナシ」と記されている。予定価格制度については会計規則に定められたが、これにはフランス会計法の影響がみられる（注３―14）。

現行会計法令の制定

終戦直後の１９４７（昭和22）年に現行会計法令が制定された。この時点の会計法制定は、新憲法に基づく法制度を整備するという意義があり、予定価格についても、旧会計令を引き継いだ予算決算及び会計令（予決令）にほぼ同様の規定が置かれた。

１９６１年の会計法改正により、現行会計法令が整備された。このときに会計法の契約関係条文の抜本的拡充がなされた。主な内容は次のとおり。

・従来、予決令に規定されていた事項を法律事項と政令事項に整理した。
・予定価格の上限拘束性を明確に会計法に規定した（第29条の6本文）。ただし、明治会計法以来、同趣と解釈できる規定（例えば旧予決令第88条）が存在した。
・最低価格であっても落札者としない特例を新たに規定した（第29条の6ただし書）。
・価格以外の条件による落札基準を新たに用意した（第29条の6第2項）。

これをうけて、予決令第85条から89条に低入札価格調査制度などに関する規定を新たに整備した。

１９６１年の会計法令改正に至る議論

戦後、建設市場が混乱するなかで、価格の低落と品質劣化から落札制限価格制度の実現が建設産業政策の重要課題となり、１９５０年９月、中央建設業審議会決定の「建設工事の入札制度の合理化対策について」に次の事項が取り上げられた。

・入札参加者の資格審査と格付け
・入札方法（制限付き一般競争入札と指名競争入札の併用）
・落札価格の制限（ダンピング対策として落札制限価格基準の設定）

建設省（国土交通省）は、予定価格の80％を最低制限価格とする条項を建設業法に盛り込む改正案を用意し大蔵省（財務省）と折衝するものの、反対が強く成案とはならなかった。

ただ、昭和28（1953）年第16回国会における審議経過として最低制限価格の是非が論じられ、昭和31（1956）年第22回国会には、議員提案として最低制限価格を建設業法に盛り込む改正案が提出されたが、会計法改正の動きがあって審議未了となった。

このような経緯をたどって、昭和36（1961）年第38回国会において、最低価格であっても落札としない特例などが盛り込まれた会計法改正案が提出され、審議未了となったが、同年9月の臨時国会で可決成立した。

（注3―12）明治会計規則（明治22年勅令第60号）

第七章　政府ノ工事及物品ノ売買貸借

第二款　競争入札

第75条　各省大臣若シクハ其委任ヲ受ケタル官吏ハ其競争入札ニ付シタル工事又ハ物件ノ価格ヲ予定シ其予定価格ヲ封書トシ開札場所ニ置クヘシ。

第77条　開札ノ上ニテ各人ノ入札中一モ第75条ニ拠リ予定シタル価格ノ制限ニ達セサルトキハ直ニ出席入札人ヲシテ再度ノ入札ヲナサシムルコトヲ得。

（注3―13）「わが国建設業の成立と発展に関する研究――明治期より昭和戦後期」（菊岡倶也、芝浦工業大学博士学位論文、2005年3月）によれば、当時の大蔵省阪谷芳郎主計官による明治会計原法草案説明文書には次の記述がある。「財産物品ノ売買ヲ公明にスルハ官吏ノ私曲ヲ防キ政府ノ公平ヲ人民ニ明ニシ収支上節倹ヲ為スニ最モ欠クヘカラサル事ナリ、米国ニ於テ政府ノ工事ヲ請負テ暴富ヲ致セシ大盗賊ヲ出現セシ事ハ世ニ広ク知ル所ナリ。然シ

ナカラ徒ニ公平ノミヲ旨トスルトキハ反テ僅少ノ事ニマテ手数ヲ費シ不経済ヲ来スヲ免レス故ニ第七章第二ニ最モ注意シテ其條文ヲ設ケタリ而シテ大抵ハ伊仏法ト異ナル所ナシ」。

（注3―14）フランス会計法第75条「請負書ハ集会ニ於テ封書ヲモッテ出ス若シ最高価又ハ最低価ヲ長官又ハ代理官ニテ予定スルトキハ之ヲ封シテ集会ヲ開クトキ机上ヘ置クヘシ」「激動期の建設業」小沢道一、大成出版社、2001年3月。

2　予定価格制度の機能と必要性の検証

明治会計法以来、予定価格制度の機能として説明されてきたものを次にあげる。

・予算管理機能：歳出の原因となる契約は、歳出予算、国庫債務負担行為などの負担権限に基づいて行われなければならないから、その限度内において契約するための、いわば予定契約金額の上限としての意味を持つ。

・適正契約価格担保機能：市場の実態を反映した適切な価格の範囲内で最も経済的な調達をするために、適正かつ合理的な価格を積算し、これにより入札価格を評価する基準としての意味がある。

・入札談合による損害防止機能：入札談合を完全に排除することは困難なため、適正かつ合理的な積算に基づく予定価格の範囲内で契約することにより、談合による価格の引き上げが制約され、発注者の被る損害が軽減される。

図表３—３　公共事業予算の執行プロセス

予算の成立

⇓

内閣から各省へ予算の配布

⇓

支出負担行為実施計画の財務大臣承認

⇓

各省庁の長は支出負担行為担当官に支出負担行為計画の示達を行う

⇓

支出負担行為担当官は支出負担行為計画の示達の範囲内で債務負担（契約）を行う

⇓

支出負担行為担当官は所属の各分任支出負担行為担当官ごとに支出負担行為の限度額およびその内容を定め、当該分任支出負担行為担当官に示達

⇓

分任支出負担行為担当官は支出負担行為の限度額の示達の範囲内で債務負担（契約）を行う

予算管理機能とその必要性の検証

歳出予算の執行管理は、財政法、会計法、予算決算及び会計令（予決令）に基づいて実施される。公共事業予算の執行プロセスの概略を**図表３—３**に示す。

ここに示された予算執行プロセスをみると、各省庁が支出負担行為の実施計画を部局、項および目の区分ごとに作成し、財務大臣の承認を得る手続きが終わると後は省内手続きになる。

各省庁の長（大臣）から支出負担行為担当官（各局長など）へ、さらに、各分任支出負担行為担当官（担当課長、事務所長など）へ支出負担行為の計画を定めて示達する。予定価格を決定する際には、支出負担行為計画の当該工事が属する項目の残高を確認することになる。したがって、個別契約に関しては、予算残高に収まれば契約可能であ

り、個別契約に関して予定価格の上限拘束による予算管理機能の必要性には疑問がある。

適正契約価格担保機能とその必要性の検証

予定価格の作成および決定方法に関しては、予決令第79条および第80条第2項に規定がある。

第79条　契約担当官等は、その競争入札に付する事項の価格（括弧内省略）を当該事項に関する仕様書、設計書等によって予定し、その予定価格を記載し、又は記録した書面をその内容が認知できない方法により、開札の際これを開札場所に置かなければならない。

第80条　予定価格は、競争入札に付する事項の価格の総額について定めなければならない。ただし、一定期間継続してする製造、修理、加工、売買、供給、使用等の契約の場合においては、単価についてその予定価格を定めることができる。

2　予定価格は、契約の目的となる物件又は役務について、取引の実例価格、需給の状況、履行の難易、数量の多寡、履行期間の長短等を考慮して適正に定めなければならない。

これにより、予定価格は仕様書、設計書などに基づき、市場価格の実態、工事の難易度や規模、工期などを勘案して決定される。したがって、適正な契約価格を担保する機能があることは当然認められる。

予定価格と著しく異なる価格で契約する場合には、その理由と履行能力を確認する必要があろう。ただし、「適正な契約価格」とは、価格水準を意味するものであり、わずかな金額の超過を拒否するものではないから、上限拘束性の必要性の理由にはならない。

入札談合による損害防止機能とその必要性の検証

入札談合など公正な取引に反するものと認められたときには、会計法第29条の6の規定により、他の者と契約することができる。

しかし、入札談合をすべて事前に探知することは困難である現実から、予定価格の上限拘束性がある程度の損害防止機能を果たしていることは事実であろう。事後に摘発されれば、損害賠償請求が可能であるが、多くは摘発されていないのではないかと思われる。

他方、契約価格は予定価格の範囲内であり、談合による発注者の損害は大きくないとの考え方が、入札談合システムを長く存続させてきたことに注意が必要である。

3　総合評価落札方式と予定価格制度

総合評価落札方式における予定価格作成の義務づけ

1961年改正によって、会計法第29条の6第2項に「価格及びその他の条件」を落札基準とする特例が設けられた（地方自治法では、第234条第3項および同法施行令第167条10の2）。この特例による場合には、政令の規定により財務大臣協議が必要とされている。ただし、2000年に大蔵省（財務省）と各省庁の間において、総合評価落札方式が対象とする工事の範囲、落札方式、総合評価の方法などを定めた包括協議が整い、以後、個別案件ごとの事前協議の必要はなくなっている。

この包括協議の結果、総合評価落札方式の場合の落札者決定基準として、次の３条件を満たすもののうち、最も評価値が高い者を落札者とすることとした。結果として、総合評価落札方式においても予定価格の作成が必要になった。

・入札価格が予定価格の制限の範囲内であること。
・価格以外の要素に係る提案がすべての評価項目に関する最低限の要求要件を満たしていること。
・評価値が基準評価値を下回っていないこと。

さらに、05年に制定された公共工事品質確保法では、高度な技術提案などを求めた場合は、技術提案の審査の結果を踏まえて予定価格を作成することを法文化した（改正法第19条）。また、14年６月に成立した公共工事品質確保法の改正（第18条）では、新たに規定した技術提案・交渉方式の場合についても、技術提案の審査および交渉の結果を踏まえて予定価格を作成することとしており、予定価格作成への強いこだわりがみられる。技術提案が適切に評価されているにもかかわらず、上限拘束性を持つ予定価格を設定することにどれだけ意味があるのか疑問が残る。

総合評価落札方式における予定価格の問題点

以上のように、総合評価落札方式については財務大臣協議の結果、予定価格を設定することとしたため、技術提案が適切に評価されているにもかかわらず、予定価格の設定作業が行われている。その後の公共工事品質確保法で総合評価落札方式における予定価格の作成を明文化した。

単に価格のみによっては落札者を決定することができない発注方式（総合評価落札方式、設計・施工一括発注方式など性能発注の要素を含む場合）においては、法令が規定する入札前の予定価格の作成は不可能であり、価格その他の条件による競争方式においては、会計法令はもともと予定価格の作成を要求していないのである。

4　予定価格の公表に係る諸問題──国は事前公表禁止、地方は自由

予定価格の公表の状況

予決令第79条は、予定価格を記載した書面をその内容が認知できない方法により、開札の際、開札の場所に置かなければならないと規定し、事前公表を禁じている。地方自治法令には、このような公表に関連する規定はなく、予定価格の公表の取り扱いについては、国と地方で大きく異なっている。

入札契約適正化法に基づく適正化指針における扱い（注3─15）をみると、国については、

図表３―４　予定価格公表の状況

	事前公表	事前事後併用	事後公表	非公表
国　(2012 年)	0	0	18 (94.7%)	1 (5.3%)
(2006 年)	0	0	18 (100%)	0
特殊法人など (2012 年)	0	3 (2.4%)	120 (96.7%)	1 (0.8%)
(2006 年)	1 (0.8%)	9 (6.9%)	113 (86.3%)	8 (6.1%)
都道府県 (2012 年)	17 (36.2%)	16 (34.0%)	14 (29.8%)	0
(2006 年)	30 (63.8%)	10 (21.3%)	7 (14.9%)	0
政令都市 (2012 年)	6 (31.6%)	9 (47.4%)	4 (21.1%)	0
(2006 年)	10 (66.7%)	5 (33.3%)	0	0
市区町村 (2012 年)	763 (45.3%)	218 (13.0%)	529 (31.4%)	173 (10.3%)
(2006 年)	692 (37.9%)	434 (23.7%)	440 (24.1%)	262 (13.9%)

「入札契約手続に関する実態調査」国土交通省など。上段は 2012 年 9 月 1 日現在。下段は 2006 年 4 月 1 日現在

問題点を列挙し、さらに事後公表にも慎重である。一方で、地方については、法令の規定がないから事前公表できると簡単に結論づけている。職員による談合関与をおそれる地方公共団体では、適正化指針をうけて、事前公表に踏み切る団体が続発した。

予定価格の公表がどのようになされているか、関係省庁の調査結果のうち、予定価格および最低制限価格の公表についての現状をみると、概ね次のように整理されよう（**図表3―4、5**）。

・国および特殊法人などでは予定価格の事後公表にほぼ統一されている。

・都道府県、政令都市では、予定価格の事前公表を実施している地方公共団体は減少しているが、なお3割台にある。また、事後公表を実施している団体は増加している。これらの団体では、一般競争入札の対象範囲の拡大が進んでおり、また、最低制限価格制度を採用

図表3―5　最低制限価格制度を採用している場合の最低制限価格の公表の状況

	事前公表	事前事後併用	事後公表	非公表
都道府県（2012年）	2（4.8%）	0	34（79.1%）	7（16.3%）
（2006年）	3（7.3%）		26（63.4%）	12（29.3%）
政令都市（2012年）	3（15.0%）	0	17（85.0%）	0
（2006年）	5（41.7%）		7（58.3%）	0
市区町村（2012年）	179（13.6%）	37（2.8%）	650（49.3%）	453（34.3%）
（2006年）	251（22.8%）		340（30.8%）	512（46.4%）
計（2012年）	184（13.4%）	37（2.7%）	701（50.9%）	456（33.1%）
（2006年）	259（22.4%）		373（32.3%）	524（45.3%）

「入札契約手続に関する実態調査」国土交通省など。上段は2012年9月1日現在。下段は2006年4月1日現在

している団体がほとんどであるが、最低制限価格の事前公表を実施しているケースは減少して少数になっている。

・市区町村では、予定価格を非公表にする団体が急速に減少し、事前公表している団体の数が増加し、45％を占めている。事後公表する団体も増加しているが、3割台である。最低制限価格を事前公表する団体は減少し、事後公表する団体が増加してほぼ5割となった。

予定価格の事前公表に関して指摘されている問題点

適正化指針が指摘する予定価格の事前公表に関する問題点を検討する。

①　競争が制限され入札価格が高止まりになること

市場の競争状態によって、事前公表の影響が異なる形であらわれる。入札談合を誘発すれば入札価格が高止まりになるが、そうでなければ高止まるとはいえない。供給過剰市場における激しい競争下では、

入札価格が最低制限価格に集中して抽選落札に陥るケースが多発するであろうし、供給不足の状況では応札者がいない場合もありうる（事前公表がなければ予定価格の範囲内の入札がなく落札者がいない「不調」となる）。

② 建設業者の見積もり努力が損なわれること

事前公表により最低制限価格、または低入札価格調査基準価格が推測できるため、一般競争入札において見積もり努力なしに数十社が参加する激しい競争となって、抽選落札という結果になっている。これがさらに積算能力もない不良企業の跋扈を招いている。事前公表がなければ、見積もりコストをかけて入札に参加しようとする者による真剣な競争が行われる。

③ 談合がいっそう容易に行われる可能性があること

次節「5　予定価格制度と不公正な取引」に記述している（144ページ参照）。

以上のとおり、これらの問題は上限拘束性に伴うものということができる。諸外国の入札に際しては、発注者による見積もり価格が事前に公表されるケースが多いが、上限拘束性がないため、以上のような問題点が指摘されることはない。

（注3―15）公共工事入札契約適正化指針における予定価格の公表に係る記述の主旨。
〔国の場合〕

予定価格を入札前に公表すると、①競争が制限され、入札価格が高止まりになること、②建設業者の見積もり努力が損なわれること、③談合がいっそう容易に行われる可能性があることから、事前公表をしないこととしており、契約締結後に、事後の契約において予定価格を類推させるおそれがない場合において、公表するものとする。

〔地方公共団体の場合〕

法令上の制約がないことから、各地方公共団体において適切と判断する場合には、事前公表を行うことができるものとする。

5　予定価格制度と不公正な取引

予定価格制度と入札談合

予定価格の上限拘束性は、入札談合による損害を防止軽減する機能を持つ。入札談合など公正な取引に反するものと認められたときには、会計法第29条の6の規定により、他の者と契約することができる。

しかし、入札談合をすべて事前に探知することは困難である現実からして、予定価格の上限拘束性が価格の著しい引き上げを防止することで、損害防止機能を果たしていることは事実であろう。

一方で契約価格は予定価格の範囲内であり、談合による発注者の損害は大きくないとの考え方が入札談合システムを長く存続させてきた。官製談合防止法の改正（2007年3月施行）（**注3―16**）により、発注者側職員に対する刑罰が規定された結果、刑罰と損害賠償により、関与職員の責任を厳しく追及できることになった。

　談合グループからみると、予定価格の事前入手は大きなメリットにつながる可能性が高い。そこに官製談合への強い誘因が発生する。地方の場合、法令上の制約がないことから、入札契約適正化法に基づく適正化指針では、各地方公共団体において適切と判断する場合には、事前公表を行うことができるとしている。適正化指針をうけて、職員による談合関与をおそれる団体では、事前公表に踏み切る団体が続発した。

　しかし、予定価格の事前公表により談合がいっそう容易に行われる可能性がある。したがって、事前公表は、発注側職員の談合関与の余地を狭め、官製談合を抑止する効果はあるものの、入札談合をいっそう容易にすると考えてよい。

　これに対応するため、一般競争入札の対象工事を拡大するなどの方策がとられているが、結果として、最低制限価格制度を導入すれば抽選入札の多発、そうでなければ超安値落札やダンピングが頻発する状況にある。

　結局、価格だけの競争方式ではいい結果が得られないことが明らかになり、価格およびその他の条件による落札方式である総合評価落札方式が採用されるようになった。

予定価格制度とダンピング

　２００５年末の大手ゼネコン首脳による「従来のしきたり（談合）訣別宣言」の直後、06年2月、3月と続いた国土交通省直轄の夕張シューパロダム関連工事の入札において、いずれも大手ゼネコンが落札率46・6％、54・5％という超安値で受注したことは、ダンピング対策の緊急性を示すものであった。

06年12月の全国知事会「都道府県の公共調達改革に関する指針」は指名競争入札の原則撤廃と一般競争入札の拡大を求めた。この結果、多くの地方公共団体で入札価格の低落が顕著にみられ、入札価格が最低制限価格に集中する結果、抽選落札が蔓延するに至った。発注者は工事の品質について深刻な懸念を抱え込むことになった。

同じ06年12月に国土交通省は、これまでのダンピング対策の効果がまったくみられないことから、具体的なダンピング排除基準を含む「緊急公共工事品質確保対策」を決定した（注3—17）。

とくに、このうちの特別重点調査の実施と具体的な排除基準の明示は、これまでになかったものとして注目され、その後の経過をみると、重点調査の対象となった場合はすべて次順位者と契約するに至っていることから、ダンピング排除に一定の効果をあげているものとみられる。

（注3—16）官製談合防止法（入札談合等関与行為の排除及び防止並びに職員による入札等の公正を害すべき行為の処罰に関する法律）

発注者側職員の関与があっても独占禁止法違反の幇助を問われるにとどまる事例が多かったため、２００２年の通常国会で野党提出の官製談合防止法が成立し、官製談合に関与した職員に対して損害賠償請求が可能になるなどの措置がとられた。同年秋には、岩見沢市発注工事について市職員が地元会社ごとの受注目標を作成していたことがわかり、初めて新法違反を問われることになった。法制定後も事件が続発したことから、罰則の強化などを目的として、06年の臨時国会で官製談合防止法が改正された。法律名称の後段「並びに職員による入札等の公正を害すべき行為の処罰」の部分はこの改正により加えられた。また、公務員の再就職との関連が問題とされ、官民人材交流センターの制度設計のなかで再就職あっせんの一元化などが実施された。

〈06年官製談合防止法の主な改正点〉
・職員に対する刑罰規定の創設（5年以下の懲役または250万円以下の罰金）。
・入札談合等関与行為の範囲の拡大（入札談合幇助行為を追加）。
・法適用対象発注者となる特定法人の範囲の拡大。

（注3—17）緊急公共工事品質確保対策（国土交通省、06年12月）の主な内容は次のとおり。
・総合評価落札方式の拡大（対象の拡大、施工体制評価点の新設など技術評価点の拡充）。
・品質確保できないおそれがある場合の具体化と特別重点調査の実施（予定価格2億円以上の工事で低入札価格調査基準価格を下回り、かつ、入札積算内訳と予定価格の費目別金額との比率が一定割合（注）を下回った場合、厳格な重点調査を行い、例示された契約内容が履行できないおそれがある場合などに該当すれば次順位者と契約）。
（注）直接工事費で75%、共通仮設費で70%、現場管理費で60%もしくは一般管理費等で30%。ただし、新技術・新工法などによるコスト縮減により一定割合を下回る場合は適用外。
・一般競争参加資格としての同種工事実績要件の緩和（過去15年を対象）。
・入札ボンドの導入拡大。
・公正取引委員会との連携強化。
・予定価格の的確な見直し。

6　落札率の諸問題

全国市民オンブズマン連絡会議の調査結果

全国市民オンブズマン連絡会議では、各工事の落札率（落札価格／予定価格）が95％以上を「談合の疑いがきわめて強い」、落札率90～95％を「談合の疑いがある」として、各地方公共団体の状況を調査している。

２０１２年度の都道府県の落札率について次のとおり指摘している。

・90％以上の落札率工事が多い都道府県は、新潟県、宮崎県、長崎県の順。
・平均落札率は、低い順に岡山県（82・1％）、広島県（83・0％）、和歌山県（83・7％）。
・全都道府県の平均落札率は、89・３％（前年度86・５％）。
・全都道府県の平均落札率の経年変化をみると、主要建設会社の談合離脱宣言の後、06年度に大きく低下した（05年度91・1％↓06年度83・5％）が、11年度から上昇傾向に入り、12年度もかなりの上昇をみせている。

この理由については、①地方公共団体の最低制限価格の引き上げ、②東日本大震災の復興需要に支えられた需給の逼迫、③11年8月9日閣議決定「公共工事の入札及び契約の適正化を図るための措置に関する指針（入札契約適正化指針）」の影響を指摘している。

②の東日本大震災の復興需要に支えられた需給の逼迫について具体的に述べると、災害応急対策は地域精通度の高い会社に受注させたこと、一般的な工事についても発注者の近隣地域内の工事実績や事業所の所在地などを資格要件とするように奨励していたことが影響している。

一方で、談合が行われれば、予定価格に近い金額で落札することが可能となるのは事実だが、予定価格の作成方法などをみれば、落札率が単純に談合が行われたことの判断基準となるとは考えられないとする見方もある。

すなわち、予定価格は、予決令によって取引の実例価格、需給の状況、履行の難易、数量の多寡、履行期間の長短などを考慮して適正に定めなければならないと規定されており、現場の条件に照らして、最も妥当性があると考えられる標準的な工法で施工するのに必要な価格ということができ、予定価格に近い落札価格となることに特段の問題はない。

参考に、米国運輸省の"Bid Opening Report"により、連邦補助道路工事の落札率および入札参加者数の50州平均（１９７２～２００４年の期間）を次に掲げる。

・年平均落札率は、85・７～１００・７％の幅のなかで上下している。
・年平均入札参加者数は、３・８～６・０社の幅のなかで上下している。
・平均落札率と平均入札参加者数は、相反関係にある。平均入札参加者数が多いときは平均落札率が低く、入札参加者数が少ないときは落札率が高い。
・この期間の総平均は、落札率が93・４％、入札参加者数が４・６社。

発注者積算価格に落札価格の上限拘束性がない米国の場合と日本では、落札率の意味内容が異なるが、落札率の水準に大差はない。入札参加者数については日本の場合、国土交通省の直轄工事で10社程度であり、米国の2倍以上の水準である。

落札率の高さを根拠とする住民訴訟

近年において、落札率がきわめて高率であることを根拠に談合が行われたとして、住民訴訟がなされるケースが多い。下級審では個別的証拠がなくても談合が存在しないとうかがえる特段の事情がない場合に有罪とする判決がみられる一方、07年4月に東京高裁において一審の有罪判決を破棄する判決が出されている。

・2005年8月8日（金沢地方裁判所）：津幡町多目的ホール建設工事で落札率99・29％であったことから、住民が談合の存在を主張して損害賠償を求める住民訴訟を起こしたもの。判決は談合の存在を認め、町に対して賠償請求を命じた。

・05年11月30日（さいたま地方裁判所）：上尾市のごみ焼却施設工事の落札率が100％であったことから、損害賠償を求める住民訴訟が起こされ、判決は談合の存在を認めた。

・07年4月11日（東京高等裁判所）：前述の上尾市ごみ焼却施設工事入札談合事件の控訴審において、談合を証明する証拠がないとして一審判決を破棄した。

・以上のほか熱海市、京都市、福岡市、横浜市、米子市、新潟県豊栄郡、東京都（4件）、神戸市などにおいて落札率の高さから住民訴訟が行われた。

〔工事品質と落札率の関係について〕

工事成績評点と価格（落札率）の関係について付論としてまとめておく。

施工された工事の品質に係る成績評点と落札率の関係を分析したいくつかの事例では、両者間には関係がないと判断されたものが多く、統計的に有意な相関関係は認められていない。しかし、問題が残っている。第一に、落札率が低い工事は、低入札価格調査の対象となって発注者が厳格な監視を行うため、成績評点が下がらない可能性が高い。それだけ発注者コストがかかっていることになる。第二に、落札率が低い工事で標準品質を実現するためには、コスト削減を可能にする特別の技術や調達先が必要である。多くの場合、下請発注価格を削減して（下請に赤字のしわ寄せをして）工事を完成している。

図表3―6に示される国土交通省の分析は、工事成績評点と下請企業の赤字の両方を取り上げたものであり、品質だけを取り上げて結論づけることはできない。

（付論）落札率の工事品質などへの影響

図表3―6は、２０１０年度の国土交通省直轄工事の工事成績評点が各地方整備局等ごとの平均点未満の工事の割合と工事コスト調査（低入札価格調査の一環として工事完了後に実際の費用内訳を調査）の結果、下請企業が赤字であった工事の割合について、落札率5％刻みで整理したものである。

これでみると、低入札価格調査の対象となる落札率90％未満の工事と標準工事である落札率90％以上の工事では、工事成績評点および下請企業の採算性について明らかに異なった断続した状態にある。90％未満では落札率が低いほど工事成績評点が平均以下の工事の割合が明らかに高くなっており、また、下請企業が赤字の工事の割合も高い傾向がみられる。国土交通省では、この傾向を重視して低

図表3―6　落札率と工事成績評点などの傾向（2010年、国土交通省調査）

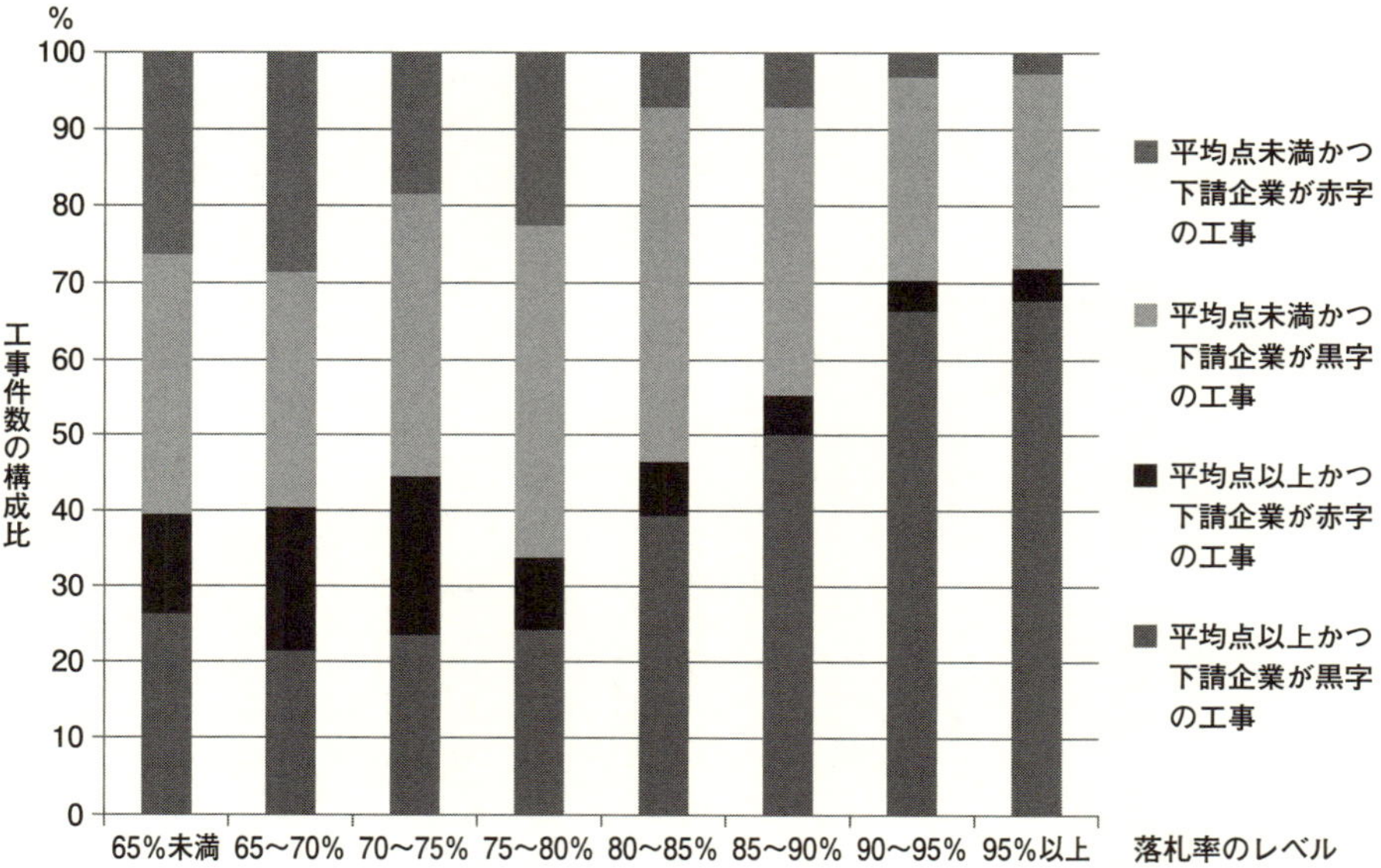

価格入札、ダンピングへの対処措置を講じてきた。

　他方、落札率と工事品質との間に明確な相関関係がないとする調査結果も多い。全国知事会が08年に都道府県の状況を調査した結果**（注1）**は、以下のとおりである。

・一般競争入札については、約半数の都道府県が1000万円以上の工事に原則全面適用している。

・総合評価落札方式については、4割の都道府県が07年度に101件以上導入しており、7割の都道府県が08年度に101件以上導入する予定としている。

・一般競争入札の拡大に伴う品質の低下は数値にあらわれていない。

・総評としては、①一般競争入札の拡大により、競争性が高まり、総合評価の拡充により品質の向上が図られている、②品質の低下や倒産件数の増加などマイナスの影響は今のところ顕在化していないが、改革を急激に進めると影響が出る可能性もある。

　品質に関しては、一般競争入札全面適用時期別に工事成績評点の過去2カ年の比較をし

図表3—7　落札率と工事成績評点（山形県）

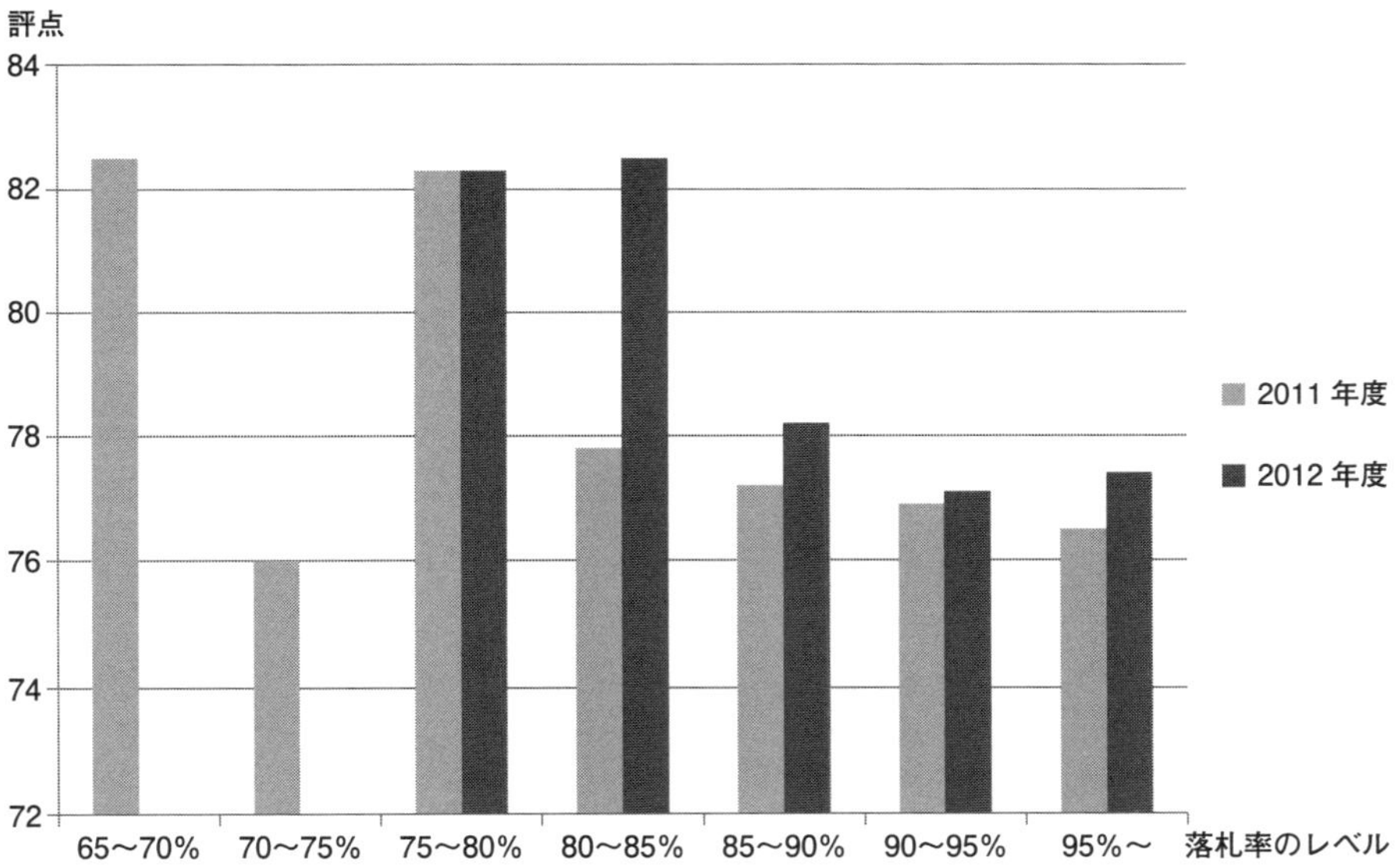

ている。一般競争全面適用時期が早い都道府県ほど平均落札率が低い傾向がみられるが、工事成績評点との関係は読み取れない。

国土交通省の03年度発注工事約1万3000件を対象に、読売新聞社が落札率と工事品質に関する分析を数名の研究者に依頼し、その結果を報道している（注2）。

いずれも落札率と工事成績評点の相関を分析した結果、相関係数が小さくて、相関は認められないとするものであった。

全国市民オンブズマン連絡会議が47都道府県、20政令指定都市、31県庁所在市を対象に調査した結果では、落札率と工事成績評点の関係の調査を行った地方公共団体として、山形県、福島県、大阪府、徳島県、沖縄県、神戸市、盛岡市、松山市、佐賀市、長崎市の10団体があり、当該団体の結果をみる限り、落札率と工事成績評点の関係はないといえると結論している（注3）。

これらのうち、山形県の調査結果を確認しておく。

図表3―7は、山形県「公共調達に係る入札・契約制度に関する報告書」（13年6月）に示される5％刻みの落札率レベルごとの平均工事成績評点である。11年度の落札率65～70％が最も平均点数が高く、82・5点で、落札率が高くなるに従って点数は低下している。

12年度についても落札率が高いほうが評点は低い。全工事件数1119件のうち、1110件が落札率85％超であり、この範囲をみれば落札率と工事成績評点との間のはっきりした関係はみられないようである。落札率85％以下の工事件数は少なく、発注側の厳しい監視があったことで高い評価点を得た可能性がある。

（注1） 全国知事会公共調達に関するプロジェクトチームによる「『都道府県の公共調達改革に関する指針』（緊急報告）に基づく都道府県実施状況調査及び取り組みの影響調査の結果について」08年7月7日第7回会議資料。

（注2） 05年7月16日付け報道。京都大学経済研究所長佐和隆光教授、慶応大学商学部跡田真澄教授、明海大学歯学部井川俊彦教授（統計学）が分析している。佐和教授の分析では、工事成績評点と落札率の相関係数は0・18、統計分析上意味のある工事を抽出した結果は相関係数0・06であった。跡田教授の分析でも全部の工事を対象にした場合は0・18であった。

（注3） 10、11、12年度「入札調書の分析結果についての報告」全市民オンブズマン大会11、12、13年9月。

三章　入札談合と公共調達制度

1　入札談合に対する規制の変遷

戦前の状況

〔戦前における入札談合に対する刑法の扱い〕（注3—18）

1880（明治13）年に制定された旧刑法第268条（入札妨害罪）には「偽計又ハ威力ヲ以テ競売又ハ入札ヲ妨害シタル者ハ十五日以上三十日以下ノ重禁固ニ処シ二円以上二十円以下ノ罰金ヲ追加ス」と入札妨害罪を規定していたが、1908年に現行刑法が制定され、旧刑法第268条は削除された。

その結果、民間の入札については業務執行妨害罪、公共工事については公務執行妨害罪が適用されることとなった。これにより、明確に入札談合を処罰の対象とするのは、警察犯処罰令第2条四号「入札ノ妨害ヲ為シ共同入札ヲ強請シ若クハ落札人ニ対シ其ノ事業又ハ利益ノ分配若クハ金品ヲ強要シタル者ハ三十日未満ノ拘留又ハ二十円未満ノ科料ニ処ス」の規定だけとなった。

現行刑法制定後も談合事件は後をたたず、詐欺罪の適用が議論されたが、1919（大正8）年の大審院判決は「協定入札は注文者に対して価格の量定を誤らせる手段ではなく入札者が自己の有利な価格を主張する方法である」として、詐欺罪の適用を否定し、さらに、入札談合の違法性に関しても「注文者側が通常、予定価格を設定し工事の内容に照らして相当な価格と認めて契約するものである以上、価格協定が行われた結果形成された価格であることを知らなかったとしても錯誤があったとはいえない」として、談合の違法性を否定するかのような見解を示した。

〔刑法の談合罪規定の経緯〕

1941（昭和16）年の刑法改正（注3—19）によって談合罪が規定された経過をみると、統制経済下という特殊事情が強く影響している。

談合を擁護するかのような大審院判決があった後も談合は続き、高額な談合金のやりとりがあるような悪質な談合を処罰すべきとする意見もあり、40年、臨時法制審議会の審議を経て、翌41年に談合罪を規定する政府の刑法改正案が国会に提出された。これに関しては、国会（衆議院）で異論があり、議論の末、処罰の対象を「公正なる価格を害し又は不正の利益を得る目的を以て談合をしたる者」と規定された。罰する談合に条件づけをした背景には、発注者の要請に基づく協定価格の形成など当時の統制経済があったとされるが、以後、「公正なる価格」「不正の利益」の要件にあたらなければよしとして、「良い談合」と「悪い談合」という理解がなされ、談合金のやりとりがなければ、問題にならないと受け取られることともなった。

なお、発注者側の対応として、1902（明治35）年の会計規則改正がある。入札参加資格の欠格条件を明記し、業務経歴2年以上を有資格者とし、粗雑工事、談合、契約履行妨害などに厳正に対処することとした。

警察行政として土建請負業に対する営業規制が、次のようにいくつかの都府県で行われており、入札談合を禁止している例が多くみられる（注3―20）。

・05年：大阪府令第51号「土木請負業取締規則」制定。警察による取締規則が初めて大阪府令として制定された。
・20年：警視庁令第39号「請負営業取締規則」制定。
・以後、福岡県（27年）、愛媛県（34年）、兵庫県（34年）、神奈川県（34年）などで取り締まり条例を制定。

大津判決と入札談合システムの形成

1947（昭和22）年、独占禁止法が制定された。まもなく朝鮮戦争の特需ブームの後、不況対策として55年に特別法によりカルテルの公認がなされ、次いで53年の独占禁止法改正により、不況カルテル、合理化カルテルなどの適用除外措置などを規定した。以後、公正取引委員会の審決数は激減することになった。ちなみに53～62年の審決件数は計62件、年平均6件強に過ぎない。受注者調整行為である入札談合は、まだ独占禁止法の規制対象として認識されていない。

刑法の談合罪の適用は「公正なる価格」をめぐる論議や談合金のやりとりがない談合シス

テムの日常的運用とともに、消極的なまま推移してきた。独占禁止法の運用においても戦後長期にわたり入札談合の摘発はなされていない。

「公正なる価格」をめぐる論議に関しては、44年の大審院判決「公正なる自由競争により て形成せらるべき落札価格」（競争価格説）が判例の主流となり、53年の山口県和木村立中学校新築工事談合事件（最高裁）判決に示されている。一方の「適正利潤価格説」をとる53年の東京高裁判決（新潟県土木工事）は、「公正な自由競争により最も有利な条件を有する者が実費に適正な利潤を加算した額で落札すべかりし価格」を公正な価格であるとしている。適正利潤価格説に基づく判決として、51年の岡山地裁判決（岡山県土木工事）がみられるものの、東京高裁判決は57年最高裁で否定されている。

滋賀県草津市の上下水道工事に係る1968年8月の大津地裁判決は「利潤を無視したいわゆる叩きあいの入札の場合に到達すべかりし落札価格を、通常の利潤の加算された価格まで引き上げようとの意図をもってする協定は、公の機関において当然受忍すべきものであり、敢えて刑法の干渉すべからざるもの」と判示した。これは適正利潤価格説に立つものであるが、検察側の控訴はなく、確定判決となった。

昭和30年代から公平に受注者を決める業界内の自主調整ルールが形成されてきたが、大津判決によって談合金のやりとりなどによる不正な利益がない受注者調整ルールであれば、談合罪に当たらないとの理解が広まり、この談合システムが確立したといわれる（注3—21）。

なお、大津判決が確定判決となったことによって、「公正なる価格」の判断基準として適正利潤価格説が優勢となったが、その後も競争価格説に基づく談合罪判断がなされて有罪が

図表3—8　入札談合（建設業）に対する課徴金の算定率。（　）は中小企業の場合

	売上額に対する比率	
1977（昭和52）年改正	1.5%	課徴金制度の創設
1991（平成3）年改正	6%　（3%）	日米構造問題協議を踏まえた改正
2005（平成17）年改正	10%　（4%）	ただし、過去10年内の再度違反の場合は5割増。実行期間が2年未満で調査開始日の1カ月前までに違反行為を止めていた場合は2割減

確定した事例は散見でき、90年代以降は増加傾向がみられる（注3—22）。注3—22の太田論文では、大津地裁判決に対して控訴がなかった理由として、落札業者が当該工事について最も有利な立場にあり、競争価格説の立場をとっても、自由競争となった場合にそれより低額で落札されたか否かの立証が困難であったのではないかとしている。

課徴金制度の創設と独占禁止法の運用強化

戦後、高度経済成長期を通じて刑法および独占禁止法の入札談合に対する姿勢は、容認に近いものであり、談合システムが維持される条件をつくっていた。

しかし、石油ショック時の価格カルテルの横行に対して独占禁止法の規制が効果をあげることができなかったことから、1977年に独占禁止法を改正して課徴金制度を導入し、カルテルによる不当利得を剥奪することにより、社会的公正の確保、違反行為の抑止を図ることとした（図表3—8）。この結果、ようやく独占禁止法と公正取引委員会の存在が注目されることになった。

79年に熊本県道路舗装協会の入札談合、水門工事業者の睦水会の入札談合について公正取引委員会が排除勧告を行い、課徴金を

課した。熊本県道路舗装協会の入札談合は、初めての建設工事入札談合事件に係る独占禁止法の審決である。

本件以前の状況をみると、独占禁止法制定（47年）後、課徴金制度創設（77年）までに摘発した入札談合事件は9件であるが、建設工事は含まれていない。課徴金制度成立により、単に排除措置だけでは効果的でなかった談合排除に課徴金は強力な効果を持つものと考えられ、公正取引委員会の入札談合への姿勢が大きく変化したものと考えられる。

次いで、81年の静岡入札談合事件は、土木・建築の公共工事に関し、静岡県内の五つの建設業団体に公正取引委員会が立ち入り調査を実施し、翌82年にそのうち三つの団体に対して排除勧告を行ったものである。土木・建築の関係業者団体を足場にした入札談合システムを相手にした初めての摘発であった。

その背景として、石油危機後の低成長経済に入って公共工事が減少しつつあり、談合システム構成員の不満がたまって内部告発などの形で外へ噴出するリスクが高まっていたものと考えられる。また、価格カルテルのみならず、受注者調整行為もカルテルとしてとらえる考え方が出てきていた。

静岡事件の後、公益法人である事業者団体の情報収集活動などが独禁法に抵触するおそれについて議論がなされ、84年に公正取引委員会は、建設業団体向けの独占禁止法ガイドライン「公共工事に係る建設業における事業者団体の諸活動に関する独占禁止法上の指針」を発表した。

ガイドラインは、事業者団体による合法な行為を列挙する形をとっている。ここに列挙された行為であれば、独占禁止法に違反するものではないとして、事業者団体の情報提供活動に一定の合法の枠組みを与えることになった。ガイドラインが合法な行為として列挙した事項には次が含まれている。

・構成事業者から公共工事についての受注実績、受注計画などに関する情報を任意に収集し、提供すること。
・個別の発注工事について必要な技術力、現場の地理的・地質的条件などに関する情報を収集し、提供すること。
・採算性を度外視した安値での受注に関して自粛を要請すること。

この後、88年の横須賀米海軍基地工事談合事件まで公正取引委員会による入札談合の摘発はなかった。

プラザ合意から日米建設協議、日米構造問題協議へ

1985年のプラザ合意の後、市場の国際化に関する要求の一環として、米国政府が関西国際空港の建設に米国企業を参加させることを要求して86年に日米建設協議を開始した。以来、大規模建設プロジェクトへの米国企業の参加を促進する特例措置が講じられてきたが、88年にMPA（Major Project Arrangement）（**注3―23**）の形がとられることになった。

同じ88年に横須賀米海軍基地工事談合事件が明らかになった。すでに違反行為は行われな

図表3—9　独占禁止法違反事件に係る法的措置件数

独占禁止法第3条および第8条違反事件の法的措置	うち入札談合事件に係る法的措置
1979～1993年度　175件	55件（約3割）
92～93年度の2年間　58件	32件（約6割）
	うち建設工事入札談合10件

くなっていたため、警告のうえ課徴金が課され、翌89年、米国政府は140社に対して損害賠償請求を行い、うち99社と和解金で解決した。日米建設協議が進む過程で、入札談合が外国企業の参入障壁になっているとの米国の主張があり、米国の働きかけがあって、公正取引委員会が摘発に動いたといわれる。

90年に至り、前年から行われていた日米構造問題協議の最終報告書（注3—24）がまとめられた。ここで「排他的取引慣行」に対する独占禁止法の適用強化などがうたわれ、公正取引委員会が「告発方針」を公表し、価格カルテル、入札談合などに対する刑事罰の適用に積極的な姿勢を明らかにした。

これをうけて、91年には独占禁止法が改正されて課徴金の算定率を大幅に引き上げ、さらに、翌92年の法改正で法人に対する罰金額の上限を500万円から1億円へ大幅に引き上げた（2002年の改正でさらに5億円に引き上げ）。

このように、日米協議の結果、独占禁止法の強化・改正と適用の厳格化が進むことになった。公正取引委員会による法違反行為の摘発、法的措置件数は92～93年に**図表3—9**のように急増している。

埼玉県発注工事を対象にした総合建設業者65社が関わる入札談合が92年に摘発された（埼玉土曜会談合事件）。本件は刑事告発に至らず、排除勧告で終わった。しかし、本件を端緒に元建設大臣、与党副総裁のあっせん収賄事件およびゼネコン疑惑事件に発展し、公共工事の調達制度の抜本見直しが国内的にも避けられない問題となった。

同時期に進められていたＧＡＴＴ政府調達交渉が93年12月に妥結し、同月、中央建設業審議会は「公共工事に関する入札・契約制度の改革について」を建議した。

これらをうけて、翌94年1月に「公共事業の入札・契約手続の改善に関する行動計画」（注3―25）が閣議了解の形で決定した。この「行動計画」により、国の公共調達制度は抜本改正となり、一般競争入札の原則に立ち戻るなど「90年ぶりの大改革」と称される新たな制度運用が始まった。

ＧＡＴＴの後継であるＷＴＯの政府調達協定は94年に締結され、96年1月から発効した。

公正取引委員会は94年に「公共的な入札に係る事業者及び事業者団体の活動に関する独占禁止法上の指針」（公共入札ガイドライン）を制定し、84年の建設業団体向けガイドラインは廃止された。入札に関する事業者と事業者団体のどのような活動が独占禁止法上問題となるかについて、具体例をあげながら明らかにすることによって、入札談合の防止を図る趣旨であり、84年の建設業団体向けガイドラインが合法例をあげたのに対して、問題となる例を掲げることにより、厳しい対応姿勢を明確にした。

（注3―18）「独占禁止法の日本的構造」郷原信郎、清文社、２００４年を参考にした。

（**注3—19**）刑法（公契約関係競売等妨害）。

第96条の6　偽計又は威力を用いて、公の競売又は入札で契約を締結するためのものの公正を害すべき行為をした者は、3年以下の懲役若しくは250万円以下の罰金に処し、又はこれを併科する。

2　公正な価格を害し又は不正な利益を得る目的で、談合した者も、前項と同様とする。

（**注3—20**）菊岡倶也（**注3—13**）に同じ。

（**注3—21**）郷原信郎（**注3—18**）に同じ。

（**注3—22**）郷原信郎（**注3—18**）および太田茂「談合罪について『公正な価格を害する目的』が認定された事例」刑事判例研究292警察学論集第49巻第11号。

（**注3—23**）（128ページの**注3—3**）の日米建設協議およびMPA合意を参照。

（**注3—24**）日米構造問題協議最終報告書（1990年）の主な関連内容。

日本側の措置

〈貯蓄・投資パターン〉

90年度予算における積極的取り組み、今後における積極的な取り組み（公共投資基本計画、1991～2000年度）の着実な推進、建設市場に係る制度について内外無差別の原則維持、日米合意の誠実な実施とレビュー。

〈排他的取引慣行〉

独占禁止法およびその運用の強化（公正取引委員会の審査体制の強化、課徴金の引き上げ、刑事罰（告発）の活用、損害賠償制度の活用、談合に対する効果的抑止（独占禁止法運用ガイドラインの作成・公表など））。

（**注3—25**）「公共事業の入札・契約手続の改善に関する行動計画」の概要は（128ページの**注3—4**）を参照。

図表3―10　公共工事の入札談合事件と公共工事の落札率（落札額／予定価格）の推移

年度	1997	98	99	00	01	02	03	04	05	06	07	08	09	10	11	12
入札談合措置数：	8	10	9	6	9	19	8	19	12	6	2	1	0	3	7	4
落札率（国交省、%）：			97	97	96	95	94	94	91	89	90	90	90	90	90	91
オンブズマン調査（都道府県、%）：						95	94	94	91	84	84	85	84	83	87	89

2　改正独占禁止法施行と入札談合システムの弱体化

１９９２年の埼玉土曜会事件から２００６年までの間、年10件ほどのペースで公共工事の入札談合事件に対して独占禁止法に基づく排除勧告（06年以降は排除措置命令）および課徴金という法的措置が講じられている。

この間、２０００年に国、地方公共団体の入札・契約情報の透明性の向上を目的に入札契約適正化法が制定された。02年の官製談合防止法制定後は、多くの官製談合事件が摘発され、関与職員は損害賠償を求められることになった。

これらの立法措置を経て、入札談合に対する摘発はさらに厳しくなり、01～05年度の5年間は67件にのぼっている。すでに公共投資が長期の減少局面にあった時期であるが、この5年間は3割減となる急減期であって、倒産も多発しており、入札談合グループ内の受注の公平を維持することは困難になり、グループ内の不満が外に出ることも多かったと推測される。

同じ時期、安値競争が常態化し、工事品質の劣化や下請へのしわ寄せが深刻な問題になってきた。国土交通省および都道府県発注工事の平均落札率（国土交通省調査）は、02～06年度の間に95％から90％を切る水準にまで低下している（図表3―10）。

図表3—11　課徴金減免制度の運用（申告件数）

リーニエンシー通告件数（全産業）は2006年1月〜2013年度の8年余で775件

年度	2006年1〜3月	2006	2007	2008	2009	2010	2011	2012	2013	累計
件数	26	79	74	85	85	131	143	102	50	775

（公正取引委員会各年報）

06年1月に情報提供者に対する制裁減免（リーニエンシー）制度、公正取引委員会の犯則調査権、課徴金など罰則強化を柱とした改正独占禁止法が施行された。これを契機に主要な建設業団体は、談合離脱宣言を公表するに至り、談合システムの弱体化をいっそう進めることになった。リーニエンシーの通告は施行後に急速に増加しており、談合抑止効果は大きい（**図表3—11**）。

四章　ダンピングへの対処

1　低入札価格調査制度、最低制限価格制度

１９６１年の会計法改正により、現行会計法令が整備された。この時、契約関係条文の抜本的拡充がなされたが、その一つに最低価格であっても落札者としない特例を新たに規定（第29条の６ただし書（**注３—26**））した。

これをうけて、予決令第85～89条に低入札価格調査制度などに関する規定を新たに整備した。予決令では低入札価格調査の対象となる工事を１０００万円を超える工事とするほか、低入札価格調査の実施および契約に至る手続きを定めている。

地方自治法では、第２３４条第３項ただし書に「政令の定めるところにより、予定価格の制限の範囲内の価格をもって申込みをした者のうち最低の価格をもって申込みをした者以外の者を契約の相手方とすることができる」と規定している。

また、地方自治法施行令第１６７条の10では、最低の価格をもって申込みをした者以外の者のうち最低価格入札者を契約の相手方とする低入札価格調査制度（第１項）のほか、あらかじめ最低制限価格を設けたうえで、予定価格の制限の範囲内で最低制限価格以上の価格をもって入札した者のうち最低価格入札者を落札者とする最低制限価格制度を規定している（第２項）。

図表３―12　地方公共団体における最低制限価格などの実施状況

	最低制限価格を設定した件数(A)	排除した件数(B)	排除した割合(B/A)	調査基準価格を設定した件数(C)	排除した件数(D)	排除した割合(D/C)
都道府県	90,355	22,366	24.8%	18,018	2,123	11.8%
政令都市	16,585	6,438	38.8%	4,216	207	4.9%
市区町村	112,000	23,121	20.6%	31,208	847	2.7%
合計	218,940	51,925	23.7%	53,442	3,177	5.9%

（2009年度国土交通省調査）

地方公共団体の発注工事を対象とする２００９年度の調査（**図表３―12**）では、最低制限価格設定件数が概ね８割を占めており、このうち最低制限価格未満であるために排除された入札件数は２割強である。低入札価格調査基準価格設定の場合は、排除件数は約６％に止まっている。

（**注３―26**）ただし、国の支払の原因となる契約のうち政令で定めるものについて、相手方となるべき者の申込みに係る価格によっては、その者により当該契約内容に適合した履行がされないおそれがあると認められるとき、又はその者と契約を締結することが公正な取引の秩序を乱すこととなるおそれがあって著しく不適当であると認められるときは、政令の定めるところにより、予定価格の制限の範囲内の価格をもって申込みをした他の者のうち最低の価格をもって申込みをした者を当該契約の相手方とすることができる。

２　入札契約適正化法制定後のダンピング対策

入札契約適正化法が２０００年11月に成立し、翌01年４月から施行された。同法は国、地方を問わず、すべての公共発注者に対して入札・契約関係情報の公表など透明性の確保を要請する一方、入札・契約制度運用のガイドラインとして適正化指針が示された。

地方公共団体では一般競争入札の実施が拡大しつつあり、適正化指針が示す入札情報の公開、とくに予定価格の事前公開に踏み切る発注者が多く、最低制限価格制度のもと、抽選落札というケースが多発するに至った。

このような状況において、国土交通省は03年2月10日付で公共発注者あて通知「品質の確保等を図るための著しい低価格による受注への対応について」をはじめとする一連のダンピング対策関係通達（**注3—27**）を発して注意を喚起した。

また、公正取引委員会は、04年4月に長野県発注工事について不当廉売に該当する独禁法違反のおそれがあるとして、初の警告処分を行った。さらに、同年6月には栃木県内業者に対し、国土交通省、栃木県および今市市などの発注工事5件について不当廉売のおそれがあるとして警告した。

公共工事発注者の一連のダンピング対策では、中央公共工事契約制度運用連絡協議会（中央公契連）による設定モデルに従って、最低制限価格および低入札価格調査基準価格の引き上げを**図表3—13**のように段階的に進めている。

07年度には、（直接工事費＋共通仮設費＋現場管理費×0・20）×1・05が予定価格の2／3～85％の範囲に収まればそれが制限価格または調査基準価格になり、2／3よりも低ければ2／3とし、85％よりも高ければ85％としていた。09年度以降は、予定価格の70～90％と引き上げられ、積算方法においても、08年6月から現場管理費の乗数が順次大幅に引き上げられ、2013年5月からは一般管理費等の乗数が大幅（×0・55）に引き上げられている。

図表3―13　最低制限価格および低入札価格調査基準価格の設定方法（中央公契連モデル）

時期		1987年4月～08年5月	2008年6月以降	2009年4月以降	2011年4月以降	2013年5月以降
予定価格に対する比率		2/3～85%	2/3～85%	70～90%	70～90%	70～90%
積算方法	直接工事費	100%	95%	95%	95%	95%
	共通仮設費	100%	90%	90%	90%	90%
	現場管理費	20%	60%	70%	80%	80%
	一般管理費等	0	30%	30%	30%	55%
	合計	× 1.05	× 1.05	× 1.05	× 1.05	× 1.05
中央公契連モデル		1961年6月	2008年6月	2009年4月	2011年4月	2013年5月

2016年4月以降、現場管理費が90%に引き上げられた

さらに、16年4月から現場管理費の乗数が90％に引き上げられた。

このようにダンピング防止のための最低制限価格および低入札価格調査基準価格の引き上げと低入札価格調査の厳格化を推し進めてきたが、13年度の入札契約適正化法実施状況調査をみても、地方公共団体においてはこのようなダンピング対策が徹底しているわけではない。

入札契約適正化法に基づく実施状況調査（国土交通省）の結果から、13年9月時点の市区町村の状況をみると、最低制限価格制度および低入札価格調査制度のいずれも実施していない市区町村が２０７で、12・０％を占めている。どちらかまたは両方を実施している１５１５市区町村について、最低制限価格または低入札価格調査基準価格の設定に関して13年4月の中央公契連モデルを使用または準拠、または独自モデルであっても13年の公契連モデル以上の水準である市区町村の数は、最低制限価格に関しては１９５（12・９％）、低入札価格調査基準価格に関しては３７３（24・６％）となっている。残る多くの市町村では独自の設定方法を持つか、以前の公契連モデ

ルの使用または準拠という方法をとっており、最新の設定モデルが使用されているわけではない。

（注3—27）２００６年12月　緊急公共工事品質確保対策（国土交通省）。
２００８年３月　公共工事の品質確保に関する当面の対策について（関係省庁連絡会議申し合わせ）。
２００９年５月　最低制限価格制度及び低入札価格調査基準価格制度の適切な活用について（総務省および国土交通省）。
２０１１年４月　公共工事の入札及び契約手続の更なる改善について（総務省および国土交通省）。

五章　欧米の公共工事調達制度

1　ＥＵ公共調達指令

ＥＵ公共調達指令は、２００４年に競争的対話手続きの導入など重要な改正が行われ、これに沿って加盟各国の国内法令が整備されてきている。14年に再び改正（注３―28）があり、同年４月に発効した。２年以内に各国で国内法の見直しが行われ、新ルールが実施に移されることとなる。

ＥＵ委員会は新ルール導入の目的として、第一に、手続きをより簡素で効率的なものとして、発注者、受注者ともに事務的な負担の軽減を図ること、第二に、発注者が最大のＶＦＭ（Value for Money）を得られるようにすること、そして、透明性と競争性をより重視することの３点をあげている。調達手続きと落札基準に関して新旧指令を対比すると**図表３―14**のようになる。

なお、ＥＵ公共調達指令は、一定の金額（14年1月から５１８万６０００ユーロ）以上の規模の工事を対象にしている。この閾値は2年ごとに見直される。ＥＵ加盟国の09年調査では、工事、物品、サービスに係る公共支出金額全体の約20％にあたる４２００億ユーロの契約がＥＵ公共調達指令に従って実施されている。

図表３―14に掲げた旧指令の①公開競争手続きは、誰でも応札できる一般競争入札である。

図表３—14　EU公共調達指令の新旧対比

	旧指令（2004年）	新指令（2014年）
調達手続き①	公開競争手続き（Open Procedure）	公開競争手続き
②	制限競争手続き（Restricted Procedure）	制限競争手続き
③	交渉手続き（Negotiated Procedure）	交渉付き競争手続き（注１）
④	競争的対話手続き（Competitive Dialogue Procedure）	競争的対話手続き
落札基準　ⓐ	最低価格	最低価格
ⓑ	経済的に最も有利な入札（注２）	経済的に最も有利な入札

（注１）Competitive Procedure with Negotiation　（注２）the Most Economically Advantageous tender

②制限競争手続きは、一定の財務能力および技術能力により応札資格を制限する手続きで、最低入札者５者を必要とする。

③交渉手続きは、特定の条件（価格の事前評価が困難、入札不調、技術的条件などにより業者が特定される、既存契約の追加工事など）のもとで、特定の業者と交渉する随意契約の手続きである。

④競争的対話手続きは、公共調達指令の04年改正で新たに導入されたもので、技術提案をもとに複数の相手と対話を進め、最も優れたものを採用する手続きである。案件がとくに複雑で次の条件に合致するときにのみ採用できる。

・発注者がニーズまたは目的を満たすことができる技術的方法を客観的に特定できない場合

・発注者がプロジェクトの法的または財政的構成のいずれか、または両方を明確に規定できない場合

④を採用した場合、EU委員会の要請があれば、選定理由、落選させた理由などについての報告書の提出が必要に

なる。ＰＦＩプロジェクトがこの手続きで実施されている。
14年改正の新公共調達指令では「交渉手続き」を「交渉付き競争手続き」に切り替えた。随意契約における契約者決定の不透明さを改善し、競争的要素を加えたものである。ＥＵ委員会は、民間の調達方式の合理性にならったとして、本手続きが広く行われると期待しているようである。
落札基準に関しては、14年改正で変更された点はない。**図表3―14**のⓑ「経済的に最も有利な入札（ＭＥＡ）」の評価要素は価格のほか、工期、ランニングコスト、技術上のメリット、採算性などである。

（注3―28）“Public Procurement Reform” European Commission　２０１４年2月。

2　ＥＵ各国の状況 **（注3―29、注3―30）**

新公共調達指令に基づく各国の国内法の改正は2年以内に行われることとなっている。04年の旧指令に基づく各国の現行法の要点を次に記す。

〔英国〕
英国の公共契約規則（Public Contracted Regulations）は、ＥＵ閾値以上の規模の工事を対象にしており、ＥＵ閾値未満の工事を対象とする規則はない。この中小規模の工事の扱いは発注者に任せられている。

公共契約規則では、調達手続きは、①公開手続き、②制限手続き、③競争的対話手続き、④交渉手続き（事前公示有・無）の４種類であり、落札基準はＥＵ指令が掲げる２種の基準である。

競争的対話手続きの「適用が推奨される調達対象」として、病院や刑務所などのＰＦＩプロジェクト、都市再生のための官民連携などがあげられている。

工事調達実施件数をみると、調達手続きは制限手続きが約85％、落札基準は「経済的に最も有利な入札」が95％を占める。

〔フランス〕

公共契約法典では、ＥＵ閾値以上の規模の工事を対象に、①提案募集・公開手続き、②提案募集・制限手続き、③競争的対話手続き、④交渉手続き（事前公示有・無）、⑤設計競技方式、⑥設計・施工（ＤＢ）方式が選択できる。また、閾値未満については、発注者が任意の発注手続きを選択できる。落札基準はＥＵ指令が掲げる２種の基準である。

工事調達実施件数をみると、調達手続きは提案募集・公開手続きが約90％、落札基準は「経済的に最も有利な入札」が95％を占める。

〔ドイツ〕

競争制限禁止法および建設工事調達契約規則（ＶＯＢ／Ａ）による。ＥＵ閾値以上の規模の工事については、①公開手続き、②制限手続き、③競争的対話手続き、④交渉手続き（事前公示有・無）。閾値未満については、①公開手続き、②制限手続き、③随意契約手続きからの選択になる。

工事調達に関しては、公開手続きを基本としている。落札基準はＥＵ指令が掲げる2種の基準である。

工事調達実施件数をみると、調達手続きは公開手続きが約97％とほとんどである。落札基準は「最低価格」と「経済的に最も有利な入札」が半々となっている。

（注3―29）「公共サービスの調達手続に関する調査報告書」プライスウォーターハウスクーパース、２０１１年3月（内閣府委託調査）。
（注3―30）「欧州連合との経済連携促進のための制度分析調査」東レ経営研究所、２０１３年3月（経済産業省委託調査）。

3　米国の状況（注3―31）

連邦政府の物品、サービス、建設工事などの調達は、連邦調達規則（ＦＡＲ：Federal Acquisition Regulation）によって行われる。入札方式は、封印入札（Sealed Bidding）、簡易手続き（主として小規模調達に適用）のほか、交渉契約（Negotiated Contract）がある。

交渉方式は、価格以外の要素を落札基準に含み、各要素に係る提案内容を評価して受注者を決める。1者のみとの交渉契約は日本の随意契約と同様である。2者以上の場合は競争的交渉契約になる。

建設工事の場合、①入札要請から入札評価までの時間的な余裕がある、②価格および関連要素によって落札者を特定できる、③入札者とのディスカッションが不要——という条件を満たせば、完全公開競争である封印入札を適用する。第1段階で技術提案の要請、評価などを行って参加者を絞り込み、2段階目で価格入札を行う2段階封印入札もある。

設計・施工については、2段階選抜方式（Two-Phase Design-Build Selection Procedures）が用意されており、①3者以上の参加が見込める、②提案者が行う設計作業に多大の費用がかかる——などの条件に適合すれば、契約担当者は2段階選抜方式を適用できる。この場合、第2段階に参加要請する事業者数は最大5者までとされている。

落札基準は、ベストバリュー（Best Value：総合的に最も高い価値を得られる）の追求が基本であるが、入札方式によって評価要素が少しずつ変化する。封印入札では、価格および提案要請に含まれる価格関連項目が評価される。

（注3—31）「海外における公共調達——アメリカ、イギリス、フランス、ドイツでの建設事業調達」国土技術開発総合研究所資料No.772、2014年1月を参考にした。

六章　現行の公共工事調達制度が抱える諸問題

1　会計法と地方自治法における調達手法の硬直性

現行の公共工事調達制度の枠組みを再掲する。国の場合は、会計法と予算決算及び会計令（予決令）など、地方公共団体は地方自治法および同法施行令などに基づく。

入札方式

会計法、予決令は「公告して入札に付する」として一般競争入札を原則としており、指名競争入札と随意契約はあくまでも例外であって、政令または施行規則で定める次のいずれかの場合に使うことができる。地方自治法を含めた会計法令では工事の入札に関してはこの3方式以外を認めておらず、硬直的といえる（**図表3—15**）。

〔指名競争入札〕

・競争参加者が少数で一般競争入札に付する必要がない場合。
・一般競争入札に付することが不利と認められる場合。
・予定価格が500万円以下。

図表3―15　現行公共工事調達制度の枠組み

	国の機関	地方公共団体の機関
入札方式　原則	一般競争入札	一般競争入札
例外①	指名競争入札	指名競争入札
例外②	随意契約	随意契約
落札基準　原則	最低価格	最低価格
例外①	低入札価格調査基準価格	低入札価格調査基準価格、最低制限価格
例外②	価格その他の条件	価格その他の条件
落札額の上限	予定価格	予定価格

〔随意契約〕
- ・契約の性質または目的が競争を許さない場合。
- ・緊急の必要により競争に付することができない場合。
- ・競争に付することが不利と認められる場合。
- ・国の行為を秘密にする必要があるとき。
- ・予定価格が250万円以下。

落札方式

会計法、地方自治法が定める落札基準は**図表3―15**のとおりであるが、例外措置として低入札価格に対処する低入札価格調査制度、最低制限価格制度と品質確保のために総合評価落札方式として広く採用されるに至った価格その他の条件による落札が実務的には大きな意味を持っている。

総合評価落札方式の具体的内容は、予決令第91条の規定により、各省各庁の長が財務大臣と協議して定めることとされている。2001年3月に各省庁と大蔵省（財務省）の包括協議が整い、対象工事の範囲、落札方式、総合評価の方法などを定めた。包括協議では、落札者決定基準として、次の3

条件を満たす者のうち、最も評価値が高い者としている。

・入札価格が予定価格の制限の範囲内である。
・価格以外の提案がすべての評価項目に関する最低限の要求を満たしている。
・評価値が基準評価値を下回っていない。

05年に公共工事品質確保法が施行され、価格と品質の総合的な評価が調達の基本理念とされたことから、一般競争入札・総合評価落札方式が標準的な調達方式として定着していくこととなった。

調達方式を硬直的にしているもう一つの要因は、予定価格の上限拘束性である。上限拘束性が抱える問題点についてはすでに述べた。今後、大きな問題になると考えられるのは、総合評価落札方式についても予定価格の作成と上限拘束性が適用された点である。

会計法第29条の6第2項による「価格及びその他の条件」によって落札者を決定する場合の手続きなどは、予決令第91条第2項の規定により、支出担当大臣と財務大臣との協議で決めることとされ、予定価格に関しても、作成しないという選択、あるいは上限としない選択もあり得たが、そうはならなかった。

さらに、公共工事品質確保法に規定（第18条高度の技術提案を求める場合、第19条技術提案交渉方式の場合）することにより、総合評価落札方式について予定価格の作成を義務づけた。技術提案の採用内容が確定してから発注者として価格を概算することは無駄ではないが、これを上限とする必要は考えられない。発注者の概算価格は参考価格として扱い、入札価格と著しい差があれば、その原因を明らかにして適正な価格を求めることのほうが合理的である。

2　競争的交渉方式など多様な調達方式の選択

２０１４年6月に成立した公共工事品質確保法の改正においては、将来にわたる工事品質の担い手育成・確保と品質確保を目的として、多様な入札・契約方法から適宜選択できるようにするために、次の方式を規定した。

〔段階的選抜方式〕
競争参加者が多数と見込まれる場合に、一定の技術水準に達した者を選抜したうえで、技術審査（書類審査、ヒアリングなど）により、さらに絞り込んで入札に付する。

〔技術提案・交渉方式〕
工事の仕様の確定が困難な場合、技術提案を公募のうえ、選定した者（交渉権者）と工法、価格などの交渉を行って仕様を確定したうえで予定価格を設定し、見積もり合わせによって受注者を決める。

この改正は、明治会計法制定以来の入札・契約制度の枠組みを広げる重要な意味を持つ。交渉方式などかつては現行会計法のもとでは実施不可能と考えられていたが、ダンピングに陥りやすく、対抗上、談合を誘発しやすいという欠陥を抱える競争入札方式の扱いにくさを

図表３—16　工事施工の調達方式の選択肢

契約方式	技術提案方式	入札方式	落札方式
PPP 方式 CM 契約 施工分離発注 設計・施工一括 包括契約 複数年契約	高度技術提案 標準型技術提案 簡易型技術提案	一般競争入札 指名競争入札 随意契約	最低価格 総合評価 技術提案評価 施工体制評価 技術提案・交渉 段階的選抜

経験したうえで、新たな立法措置により実施可能となった。

制度の信頼性を保つうえで、技術提案の選定や工法・価格などの交渉が公正に行われることが必須の条件である。このため、改正法では学術経験者の意見聴取および審査過程などの概要の公表を発注者に義務づけているが、今後、発注者の裁量を含む手続きの公正性・透明性の維持が大きな課題となる。

公共工事品質確保法改正においては、段階的選抜方式、技術提案・交渉方式のほか、地域における社会資本の維持管理に資する方式（第20条）として、①工期が複数年度にわたる公共工事を一の契約により発注する方式、②複数の公共工事を一の契約により発注する方式、③複数の建設業者により構成される組合その他の事業体が競争に参加することができることとする方式を規定し、調達の選択肢を広げた。

この法改正により、技術提案を含む調達方式が多様化し、発注者は、契約方式、技術提案方式、入札方式、落札方式の各段階で適切な方式を選択し、組み合わせることが可能となり、選択肢が拡大すると同時に、個々の工事の調達目的と制約条件に照らして、どのような組み合わせの調達方式を採用するかという新たな課題を抱えることになった（**図表３—16**）。

3　発注行政の役割

１９９４年の入札・契約制度の抜本改正による一般競争入札実施後の経過をみれば、建設市場の急速な縮小と重なり、落札価格の低落、抽選落札の頻発、ダンピング、入札談合など市場の混乱が続いた。公共工事の発注者による調達行動は、発注行政の目的と市場の状況によって決まると考えることができる。

ここで市場の状況とは、主に需給状況によって供給側の建設業者がとる入札行動を指している。需給がタイトで競争が激しければ、安値受注、ダンピングに陥りやすい。需給が緩めば談合して落札の順番を決めるかもしれない。供給側の行動に振り回されて発注側が調達行動を変えていれば、市場の混乱は収まらない。発注者は、公正と効率を掲げて発注行政の基本を堅持しなければならない。

発注行政の基本は、発注者責任をまっとうすることである。

発注者責任に関しては、これまでに多くの議論がなされてきた。１９９８年4月に当時の農林水産省、運輸省、建設省によって設置された「発注者責任研究懇談会」は、99年に公表した「中間とりまとめ」において「国、地方公共団体は、……良質な社会資本を低廉な費用で整備し、維持する責任を有する。国、地方公共団体がその目的を達成させるために、民間から建設工事等のサービスの提供を受けようとする場合には、発注者として、自ら、公正さを確保しつつ、良質なモノを低廉な価格でタイムリーに調達し提供する責任を有している」と記述している。

入札契約適正化法を受けて策定された「公共工事の入札及び契約の適正化を図るための措置に関する指針」（2014年9月改正）では「第一　適正化指針の基本的考え方」において「各省各庁の長は、公共工事の目的物である社会資本等が確実に効用を発揮するよう公共工事の品質を将来にわたって確保すること、限られた財源を効率的に活用し適正な価格で公共工事を実施すること、受注者の選定等適正な手続きにより公共工事を実施することを責務として負っており、こうした責務を的確に果たしていくためには、価格と品質で総合的に優れた調達が公正・透明で競争性が高い方式により実現されるよう、各省各庁の長等が一体となって入札及び契約の適正化に取り組むことが不可欠である」としている。

公共工事の発注者責任は、ここに述べられた「価格と品質で総合的に優れた調達が公正・透明で競争性が高い方式により実現される」こととといえる。

2014年の公共工事品質確保法改正では、第3条の基本理念として11項にわたり発注者および受注者の責務の根拠を細かくあげており、このうち調達方式に関係する項として2、4、8項（巻末の関係法令条文抜粋を参照）がある。さらに、第7条には発注者の責務として担い手の中長期的な育成・確保等の規定が加わった。

この結果、発注者に対して、受注者の適正な利潤の確保、不落の場合の再入札にあたって適正な予定価格の設定、低入札価格調査基準価格および最低制限価格の設定、地域の状況への配慮などきわめて多くの配慮を求めることになった。

品質への過度の重視が受注側の競争軽視の傾向を助長し、話し合いによる受注の順番決めなどの不正を招く例はこれまで何回か繰り返されてきた。

発注者責務の原点である「価格と品質で総合的に優れた調達が公正・透明で競争性が高い方式により実現される」ことを再度確認し、品質重視によって軽視されがちな「公正・透明で競争性が高い調達方式」を揺るがない基本として保持していく必要がある。

第四編　建設請負取引の市場ルール

一章　建設請負取引の特徴と不完備契約

1　建設請負取引の特徴

建設市場の公正かつ適正な取引を阻害する契約不履行、片務的契約内容、当事者間の情報の偏り（情報の非対称性）などに対抗して、公正かつ適正な取引を成立させるためにいくつかの市場ルール（規範）が発達してきた。

それらは、建設工事請負契約約款、契約履行保証（工事完成保証など）、工事瑕疵保証、裁判外紛争解決手続き（ＡＤＲ：Alternative Dispute Resolution）による紛争解決方式などである。

しかし、それぞれの内容をみると、公正な競争性と工事品質の確保、契約の片務性の排除など指摘される問題点への対応が十分でなく、あるいは工事が行われる現地の自然的・社会的条件を含む施工条件に関する情報や受注者（請負者）の施工体制に関する情報などの関係者における共有が不十分であるため、市場機能のゆがみを是正して公正かつ適正な取引を実現するには至っていない。

建設請負取引の持つ特徴を整理するために、建設業の特殊性、産業特性として指摘されてきた点をあげてみる。

「産業特性とされるのは、政府が発注者として重要な位置を占めることに加えて、次の5点である。①発注者第一の請負業であること、②単品受注産業であること、③現地屋外で行われる「天気産業」であること、④総合加工産業であり、工程ごとの分業生産として行われること、⑤労働集約型産業であること、である」(注4―1)。

ここに引用した建設業の産業特性に係る諸点は、これまで建設業を論じる場合に繰り返しいわれてきたことであるが、これらの点は他の産業でもごく普通に観察されることであって、あえて建設業の特殊性とすることはできないというのが引用文献の主張である。

これらの点が他産業でも普通にみられるということは事実である。しかし、これらのうち①～③の3点が重なり合うことによって、建設市場における情報の偏り、片務的契約など市場機能を損なう作用が生じてきたと考えることができる。もちろん、建設業だけの特殊性ということはできないが、具体的には次の4点をあげることができる。

①　政府が発注者として重要な位置を占めること

公共工事は政府、政府関係機関、地方公共団体その他公共機関が発注者であり、建設需要の概ね4割を占める。このことは建設請負取引に対して二つの影響を与えている。

第一は、買い手(発注者)の支配力の強さによる契約内容の片務性であり、第二は、公共調達制度が市場の競争性に及ぼす影響である。

近代以前の建設需要は、多くが神社仏閣、城郭、街道、橋梁、港などで封建領主を頂点とする支配層、いわゆる「お上」が発注者であった(注4―2)。社会的立場の差が大きく、対等な契約関係を期待することすら許されない状況で、発注者である「お上」の指示による施工が行われた。請負契約の片務性は、このような歴史的な背景のもとで明治以後の近代経済社会へ引き継がれ、今日まで残滓が存在しているのである。

なお、民間工事においても、鉄道、電力、鉄鋼、不動産などの分野の大企業は、恒常的に生産施設・設備の新設、改築のための建設工事の発注者となるため、受注者である建設会社との関係では優越的な立場にあり、公共工事の発注者と同様に片務的な関係がつくられてきた。「発注者第一の請負業である」という表現は、買い手支配力の強さをあらわしていると理解できる。

公共主体が市場の重要なプレイヤーであることが市場へ与える影響は、公共調達方式の選択が市場の競争性に大きな影響を与えてきた点と、同時に、公共調達制度に関連する建設業許可制度、経営事項審査制度などが市場に対して供給側の技術者の資格、経営状況、施工実績などに関する情報を提供することにより、スクリーニング機能を持つことを指摘できる。

取引の目的物の完成を請け負うという形の工事請負契約においては、受注者の施工能力、施工実績などの情報入手がきわめて重要であり、これらの制度が持つスクリーニング機能は評価されるべきである。

しかし、これらの制度が市場への参入に対する制約となっていることは否定できず、制度の設計および運用において参入障壁としないための意図的な対応が必要とされる。

② 工事の個別性

単品受注産業であることおよび現地屋外で行われる「天気産業」であることは、建設工事の請負取引を著しく個別性が高いものにしている。具体的には、

・施工場所：土地の形状、地質、道路等の周辺状況、土地利用規制など
・設計、仕様：個別の設計、仕様に応じて必要な材料、技術、技能など

があげられる。個々の工事の多岐にわたる施工情報を共有することが適正な契約締結の基本であるが、実際には困難が多い。発注者としては、施工場所に係るこれらの個別情報を極力把握して、これをもとに設計、仕様を用意したうえで、契約の相手方とこれら情報の共有を進め、契約締結に臨むことが望ましいといえよう。

ただし、資材、設備などの共通仕様による工場生産、共通仕様による店舗、倉庫、住宅などの建築物の仕様の共通化は急速に進みつつある。

③ 契約履行の阻害要因発生のリスク

建設工事は、施工資金を用意し、現地屋外において、設計仕様書に従って、資材を確保し、施工チームをつくって着工し、完成に至るのであるが、完成までの期間が長いため、契約の

履行を阻害する要因発生のリスクが大きい。
例として、次をあげることができる。

・資金調達のリスク
・用地確保のリスク
・道路など周辺状況、地質、土地の形状などにおいて、当初の発注者提示と着工時の実際との差異の発生リスク
・契約履行期間における自然的・人為的災害および事故の発生リスク
・契約履行期間における物価変動、発注者および受注者の経営状況、財政状況その他経済状況変化リスク
・税制など法制度の変更によるリスク

④ 発注者と受注者間の情報ギャップ（情報の非対称性）

代表的な情報ギャップに起因する不安（リスク）要因は次のとおりあげられ、取引関係を不安定なものにする。安定した取引関係を構築するために、履行保証、瑕疵保証、支払い保証などの保証制度が発達してきた。

〈発注者が抱える不安〉
・受注者の施工力（技術、財務、信頼性）への不安
・受注者による資材購入費、下請代金などの未払い金発生への不安
〈受注者が抱える不安〉
・発注者の支払い能力への不安
・発注者が保有する現地の状況などの施工情報が入手できていない不安

（注4―1）「日本の建設産業」金本良嗣編（日本経済新聞社、1999年7月）は「このような建設業の特殊性の指摘は、『建設業界』中村賀光（教育社、1985年）などで、ほとんど枕詞のように語られている」としている。

（注4―2）「わが国建設業の成立と発展に関する研究――明治期より昭和戦後期」菊岡倶也（2004年、芝浦工業大学博士学位論文、2005年3月）には、中世、江戸時代、幕末、明治期の建築・土木工事における当事者間の関係、請負業の生成と発展が関係文書をもとに論述されている。

2　不完備契約

建設工事の契約に際しては、前述のとおり工事の個別性、契約履行の阻害要因発生のリスク、発注者と受注者間の情報ギャップ（情報の非対称性）に起因する多数の不確定要因を抱えるのであるが、あらかじめ契約書においてすべての施工条件をあげてリスク分担を決めておくことは不可能である。

したがって、リスク分担のルールや契約変更のルールを契約書において明確にする不完備契約の方法をとることになる。不完備契約の場合、契約締結後に規定外の施工条件が出来したときは、契約条項に示されたルールに従って契約当事者間の合意を形成する。

公共工事標準請負契約約款において、工事中に、①図面、仕様書、現場説明書などの不一致、②設計図書の誤謬、脱落、③設計図書の表示の不明確なこと、④設計図書と現場の不一致、⑤予期できない特別な状態によって、設計変更などが行われる手順は、第18条（条件変更）によれば、次のようになる。

・これらの事実を発見した受注者は、直ちに事実を監督員（発注者）に通知し確認を請求しなければならない。
・事実の確認を請求された監督員は、直ちに受注者立ち会いによる調査を行わなければならない。監督者が自ら事実を発見したときも同様である。
・発注者は、受注者の意見を聞いたうえで調査結果をとりまとめ、必要な指示内容とともに、契約書に定める日数（国土交通省の契約書では14日）以内に受注者に通知しなければならない。
・事実が確認された場合、発注者は、設計図書の訂正または変更を行わなければならない。前記の④または⑤による場合で工事目的物の変更を伴わないときは受注者との協議を要する（工事目的物の変更を伴うときは発注者が行う）。
・設計図書の訂正または変更により、必要があると認められるときは、発注者は工期もしくは請負代金額を変更し、または受注者に損害を及ぼしたときは必要な費用を負担しなければならない。

ＦＩＤＩＣ（国際コンサルティング・エンジニア連盟：Fédération Internationale des Ingénieurs Conseils）のレッドブック１９９９年版（設計・施工分離型施工契約条件書）における工事内容の変更条項の要点をみておこう。

工事進行中に工事内容の変更の必要性が生じることは一般的であり、このため、契約締結後に発注者は工事内容の変更ができる契約になっている。変更の必要性は、設計図書の不備、現場条件との不一致、予期できない事象の発生などのほかに、発注者の意図による場合など幅広い。

工事内容の変更は次の手順で行われる。

・工事内容変更の必要性が発生した場合、エンジニア（発注者が任命）は請負者に施工方法、工程表、工事金額に関する提案を求めることができる。
・これに対して請負者は、できるだけ速やかに対応する義務がある。
・請負者の提案に対してエンジニアは、できるだけ速やかに承認または否認を明らかにする義務がある。
・請負者が工事内容変更の必要性を発見したときは、エンジニアに対してクレーム手続きを開始する。
・以上のプロセスを経て、エンジニアは、変更指示書を請負者に交付する。同時に、変更に

伴う支払い金額の増減査定を行う（13・3条）
・請負者は、変更指示書に従って施工する（13・1条）。
・請負者は、単価、支払い金額に同意できないときは、紛争裁定委員会（ＤＡＢ：Dispute Adjudication Board）に付託する。
・請負者のクレーム（20・1条）については、事象に気づいた日から「できるだけ速やかに、かつ28日以内に」エンジニアに通知し、さらに「42日以内に」クレーム詳細書を提出する義務がある。
・バリューエンジニアリング条項（13・2条）により、請負者は、工事促進、コスト削減、その他発注者にとって有益な提案を行うことができる。工事内容変更に係る提案があれば前述の手順によってエンジニアが可否を決定する。

ＦＩＤＩＣ約款では、このように具体的な変更手順が示されている。

一方、日本で使用される建設工事請負契約約款では、リスク分担のルールや契約変更のルールが明確でない、あるいは片務的であるなど問題が多い。公共工事標準請負契約約款では、前述のように契約内容変更の必要性のいかんは発注者の判断にゆだねられていること（第18条）など約款の条項自体の片務性が指摘される。

また、あらかじめ予想される施工条件の変更に対する規定を用意することによって不完備事項を絞り込むことが可能であるが、日本の契約約款では不完備条項を幅広く規定している結果、当事者の協議による決定あるいは発注者による決定に多くをゆだねる傾向がみられる。

２０１０年７月に建設工事標準請負契約約款が改正され、発注者、受注者の協議段階から関与し得る「調停人」規定が整備された。

この標準約款の改正を受けて、国土交通省は13年７月に「公正・中立な第三者活用促進マニュアル」を公表したが、同マニュアルに参考資料として付せられている「公共工事標準請負契約約款の条項ごとのトラブル要因例と第三者の実施内容例（契約変更に係る条項）」に記された主なトラブル要因例のうち、不完備条項が内包するリスクと重なると認められる項目を次にあげる。

第16条：工事用地の確保等
・施工上必要な日までに工事用地が確保できない。
第18条：条件変更等
・設計図書等に示された自然的または人為的な施工条件と実際の現場の条件が一致しない。
第20条：工事の中止
・天災などにより工事目的物に損害が生じ、および／または工事現場の状態が変動し、工事ができなくなる。
第25条：賃金または物価の変動による請負代金の変更
・賃金水準または物価水準の変動により請負代金が不適当になる。
第29条：不可抗力による損害
・天災などの不可抗力によって工事目的物や資機材に損害が発生する。

〈インセンティブ条項〉

不完備契約においては、双務的で公正な契約履行が円滑になされるようなインセンティブを契約条項として用意することが有効である。

国際的に広く利用されるＦＩＤＩＣレッドブック１９９９年版では、バリューエンジニアリング条項があり、工期の短縮、工事費や維持管理費の低減など発注者の利益を増大させる提案をいつでも請負者が行うことを可能にしている。

このほか、次の事項に関してインセンティブ契約条項を考えることができる。

・発注者、請負者の双方が保有する施工情報の共有へのインセンティブ
・契約変更を工期への影響なく行うためのインセンティブ
・コンプライアンス順守のためのインセンティブ
・代金支払いをスムーズに行うためのインセンティブ

二章　工事請負契約約款

1　日本で使用される約款の特徴

現在、日本で広く使用される建設工事請負契約約款は、建築工事用として民間（旧四会）連合協定工事請負契約約款、民間建設工事標準請負契約約款（甲および乙）、公共工事用として公共工事標準請負契約約款、下請負契約用として建設工事標準下請契約約款をモデルにして契約当事者が作成している例が多い。それぞれ長い歴史を経て現在の形になった。日本の請負契約の環境・風土を色濃く映しており、次の特徴をあげることができる。

〔契約条項が簡素で少ない〕

公共工事標準請負契約約款（２０１０年改正）は55条からなり、国土交通省の工事請負契約書も同様である。民間建設工事標準請負契約約款（甲）（10年改正）は39条、民間建設工事標準請負契約約款（乙）（10年改正）は28条である。また、民間（旧四会）連合協定工事請負契約約款（07年改正）は35条からなっている。

これらの約款の最終条項には（補則）として「この契約に定めのない事項については、必要に応じて発注者・受注者（・監理者）が協議して定める」が置かれ、約款の各条項に規定されていない事態に対応することとしている。

米国の“General Condition of the Construction, AIA Document A201（1997 edition）”は条項数248を数える。

また、FIDICの「建設工事の契約条件書（レッドブック：Conditions of Contract for Construction for Building and Engineering Works Designed by the Employer）第1版1999年」は、163の条項からなる。

〔第三者の存在〕

発注者、受注者の当事者間で意見が異なる場合に、両当事者の意見を調整する海外約款にみられる第三者の存在がない状態が長く続いた。この状況を打開するために、2010年7月の公共工事標準請負契約約款の改正により、発注者、受注者の協議段階から関与しうる「調停人」規定が整備された。発注者、受注者の協議が整わない場合に、建設工事紛争審査会にゆだねる前に、現場における調停人の調停プロセスを用意し、紛争の迅速な解決を図ろうとするものである。

〔発注者、受注者の協議事項が多いこと。協議が整わない場合には発注者が決定〕

不完備条項などに関連して工期、請負金額を変更する場合（例えば公共工事標準請負契約約款第23条、第24条）、発注者、受注者の協議によることとなるが、協議が整わない場合には、発注者が決定し、受注者に通知することになる。

発注者の決定に対して受注者の側に不服があれば、調停人が置かれている場合には調停人の意見により、当事者間の合意形成が促されることになり、合意形成が困難であれば、建設工事紛争審査会などの紛争解決手続きに移ることになる。

調停人が置かれていなければ、直ちに紛争解決手続きに移行することができる。しかし、国または都道府県に設置される建設工事紛争審査会に対して、受注者から公共発注者を相手に紛争審査の申請が行われることはきわめて少なく、発注者の指示によって決着している実態がある。

なお、発注者、受注者の協議が整わない場合に発注者が決定するという公共工事標準請負契約約款の規定は、１９９７年の改正において新たに定められている。この改正以前は、発注者、受注者の協議によるものとされ、合意に至らなければ紛争解決手続きに移ることが想定されていた。これでは契約履行のうえで、あまりに非効率的であると考えられて、問題解決の一段階として「発注者の決定」を置いたものであるが、この結果、改正前に比べていっそう発注者優位の片務的な規定となった。

〔紛争解決の手法が画一的〕

調停人の関与により、当事者の合意形成が図られるケースのほかは、当事者が合意した仲裁人を置いて紛争処理をゆだねるか、国または都道府県に置く建設工事紛争審査会にゆだねることになる。

実際には契約約款において建設工事紛争審査会を明記するものが多い。とくに公共工事標準請負契約約款では建設業法に基づく建設工事紛争審査会を紛争解決機関として規定しているため、公共工事ではほとんど例外なく契約約款において建設工事紛争審査会を紛争解決機関として指定している。

前述のように、公共工事において受注者が発注者を被申請人とする紛争審査の申請を行うケースはきわめて少ないが、その理由の一つは、紛争解決機関が国または都道府県の発注者と同じ組織に属することであると考えられる。

2　現行約款の成立

請負契約約款以前

工事の請負には長い歴史がある。一式請負による建築工事の初期のものとして知られる岐阜県垂井町の南宮神社造営工事（1642年竣工）では、入札が行われ、落札者から発注者である造営奉行へ請書（御請状）が差し出されている。

そこには、工事途中で何があっても保証人が必ず仕上げるとされ、滞ることがあれば落札者および保証人の家屋財産を没収されたいとするなど、リスクはすべて請負側が負担する旨を誓約している。江戸期以前から明治半ばまで、こうした内容の請書によって工事の請負がなされてきたものと考えられる。

この「お上」から仕事をいただくという流れが会計法・会計規則に至り、注文者が圧倒的に有利な片務的内容の契約がなお続くなかで、契約当事者双方の権利義務を規定する民法制定にようやくたどり着いたということができそうである。

〔1889年の会計法・会計規則制定と1896年の民法制定〕

民法が公布され、請負契約の法的根拠が示されたのは1896（明治29）年であるが、会計法はこれに先立ち1889年に公布された。会計法の関係規定は物品や工事の調達手続きを中心にするものである。契約内容に関しては、会計規則第80条に簡単な規定がある。

会計規則
第80条　工事及物件ノ売買貸借契約書ニハ其契約セントスル事項ノ細密ナル設計、仕訳、落成期限、受渡期限、保証金額、契約違背ノトキ保証金ニ対スル処分、其他一切必要ナル条件ヲ掲クヘシ。

会計法は注文者である官庁の手続きを規定するものであるから、注文者にとって必要な事項を掲げており、注文者の契約上の責務、例えば、代金の支払い時期や支払い遅延金などの規定は存在しない。ここでは、「請負」という言葉も使用されていない。

現行民法の請負関係規定は次のとおりである。これらの条文は1896年に定められたが、これによって会計法関係規定や請負規則、工事請負契約書などに大きな変更はなかった。

民法
第632条　請負は当事者の一方がある仕事を完成することを約し、相手方がその仕事の結果に対してその報酬を支払うことを約することによって、その効果を生ずる。
第633条　報酬は、仕事の目的物の引渡しと同時に、支払わなければならない。ただし、物の引渡しを要しないときは、第624条の第1項の規定を準用する。
第634条　仕事の目的物に瑕疵があるときは、注文者は、請負人に対し、相当の期間を定めて、その瑕疵の修補を請求することができる。ただし、瑕疵が重要でない場合において、その修補に過分の費用を要するときは、この限りでない。
2　注文者は、瑕疵の修補に代えて、又はその修補とともに、損害賠償の請求をすることができる。
この場合においては、第533条の規定を準用する。

〔諸官庁の工事請負規則、工事請負契約書制定とその特徴〕
会計法ができた結果、官庁は、それぞれ工事請負規則および工事請負契約書を定めて使用するようになったが、それらはいずれも注文者に都合のよい片務的な内容が多いものであった。

片務的といわれる主な内容としては、
・請負人の過重な危険負担
・仕事の完成義務と代金支払い義務の不平など
・注文者による工事中止、変更、解除の場合の賠償規定の不備
・注文者が請負人に対して絶対的な命令、監督権を持ったこと
・契約上の疑義や紛争に関して注文者が一方的な決定権を持ったこと
などがあげられている（注4―3）。

また、川島・渡邊（注4―3）は、契約書に規定される「義務の性質」および「注文者の意思の優越的関係」を指摘している。

・「義務の性質」については、請負人の義務は「乙ハ…スヘシ」と規定され、一方、注文者の義務は「甲ハ…スルコトアルヘシ」と表現されることが多い。双務契約ならば甲の義務についても「スヘシ」と表現されるところ、注文者の義務は明確に義務として規定されていない。

・「注文者の意思の優越的関係」については、契約の具体的内容がしばしば注文者が「相当ト認ムル」ところにより決まることとされ、ときには請負人はこれに対して異議を申し立てられない。

日本土木建築請負業者連合会の設立と片務性是正運動

片務性の是正を目指す請負者側の運動は、もっぱら嘆願の形でその都度行われてきたが、組織的運動は１９１９（大正８）年に日本土木建築請負業者連合会が設立されて活発になされるようになった。

とくに重視した点は、契約時に納付する高額の保証金の問題、第三者による損害、天災による損害、物価変動による損失まですべての危険負担が無条件で請負人に課されていることなどであり、23年には改正案を決議して所管庁に提出している。その後も何度も危険負担、代金支払い問題などについて改正運動を繰り返してきた。前出の川島・渡邊によれば、次のとおりである。

・19年、日本土木建築請負業者連合会が設立された。

設立の目的として「我が業界には久しきにわたって、①片務契約の改善、②営業税の改廃、③議員被選挙権獲得の三大要望があり、業界発展のためにこれに対処する」としている。

「鉄道院の場合、契約時に契約金額の1割の保証金の納付が義務付けられていた。また、片務性にはその象徴というべき保証金問題のほか、現場内の事故のほか第三者による損害、天災による損害、物価変動による経済的損失まですべて請負業者の無条件の負担とされていたこと、部分払いは出来高の70％に制限されてその出来高留保金は工事引き渡し後何カ月も留め置かれたこと、中央省庁では、各省ごとに異なる請負業者資格制限が存在していたことなどである」（菊岡（**注4―2**）**193ページ参照**）。

・23年、改正案を決議し、所管官庁を歴訪した。

・26年、嘆願書を提出、陳情運動を実施した。

このときの改正要望の要点は「危険負担の条項改正の件にさらに一歩を進めたもので、単に不可抗力に対する責任免除にとどまらず契約の各項にわたり、双務の精神に基づき合理的改正を要求し、且、現行各省契約が区々として各省不統一をきわめ政府施行の各種工事施行機関として最も重要なる任務に服する請負業者を軽視する甚だしき点を指摘し、これの統一を希望した」とされ、「双務の精神」に基づく改正を求めた。

・その後も、しばしば危険負担、代金支払いなどの問題をめぐって要望書を提出している。32年にも危険負担につき哀願に努める請負人の動きがあった。

・支那事変勃発後、事情変更、違約金、損害賠償などをめぐって、陳情が繰り返された。40年の陳情書には「工事請負契約方法は依然として旧態のままにて困惑」と実情を訴えている。

〔建設業法制定と標準請負契約約款の成立以後、現行約款の成立まで〕

49（昭和24）年8月に建設業法が施行され、請負契約における片務性排除と不明確性の是正が示されたため、直ちに中央建設業審議会（中建審）がこの具体化のための公共工事標準請負契約約款制定に向けて審議に入った。そして、翌50年に2月の総会で決定の運びとなった（**注4—4**）。

当初の公共工事標準請負契約約款は全38条の簡素なものであるが、主要な内容をあげれば、次のとおりである。

・注文者の監督権限を明確にしたこと
・注文者による工事の変更または中止などの場合、注文者に損害賠償責任があると明確にしたこと
・請負人の責に帰し得ない事由などのときには注文者に対して工期の延長を求めることができるとしたこと
・注文者の検査期日と代金支払い期日を明確にしたこと
・注文者が契約解除権を行使し得る場合の明確化と一定の場合に請負人にも解除または中止をなす権利を認めたこと
・天災その他不可抗力による損害について重大と認めた場合には注文者の負担としたこと
・長期工事について物価変動による請負代金の変更、いわゆる事情変更の原則を認めたこと

・紛争解決の方法の規定を設けたこと
・その他契約内容を明確にするために、特許権などの使用、図面と自然状態の不一致、臨機の措置、一括下請負の禁止、下請負人の変更、仕様書不適合の場合の改造義務などの規定を整備したこと

以上により、片務性として長らく問題にされてきた事項について、それぞれの回答を示したことになる。

（注4―3）「土建請負契約論」川島武宜、渡邊洋三、日本評論社、1950年。
（注4―4）「改訂4版　公共工事標準請負契約約款の解説」建設業法研究会編著、大成出版社、2012年。

3　公共工事標準請負契約約款制定以後の片務性是正改正

公共工事標準請負契約約款は、1949年の制定以後数回の改正を経て、現行約款になっている。各回の改正のうち、片務性是正に関するものとしては、次があげられる。

〔54年改正〕図面と工事現場の状況が一致しない場合で発注者（甲）と請負者（乙）の協議が整わないときには請負者が工事の一時中止を申し出ることができること
〔62年改正〕いわゆるスライド条項の整備および第三者に及ぼした損害のうち、騒音・振動

などニューサンスについて原則として発注者の負担としたこと
〔72年改正〕契約条件の明確化および契約条件の適正化、そのほか全面改正
〔81年改正〕スライド条項の足切り率の引き下げ
〔95年改正〕甲乙協議手続き、そのほか手続き規定の明確化

各改正内容の詳細は、次のとおり。

〔54年改正〕
・図面と工事現場の状態が一致しない場合で、甲乙協議が整わないときは、請負者は工事の一時中止を申し出ることができ、このとき工事の継続によって請負者が重大な損害を受けるおそれがあるときは、請負者に解除権を与えることとした。さらに、請負者の発注者に対する異議申し出権の規定を新設し、また、請負者の現場代理人、労働者などに対する発注者からの交替請求権の規定を置いた。

〔56年改正〕
・建設業法に建設工事紛争審査会の規定が新設されたことをうけて、同審査会のあっせん、調停、仲裁に服することとした。

〔62年改正〕

・工事費内訳明細書および工程表の発注者承認制を改めた。

・下請負人について、請負者の通知義務から発注者の通知請求権へ改正した。

・賃金・物価変動に基づく請負代金額などの変更について、短期の契約と長期の契約を分けて、長期の場合には、いわゆるスライド条項を整備した。

・第三者に及ぼした損害、いわゆるニューサンスの問題に対し、原則として、損害賠償は起業者たる発注者が負担することとした。

・天災その他不可抗力による損害について、従前の「重大と認められる損害」を「請負代金の〇／１００以上に相当する損害」と明確にし、損害額算定方法、算定範囲について改正した。

・工事目的物の所有権について、可分部分についてのみ規定した。

・瑕疵担保責任の規定を整備した。

・紛争解決手段として建設工事紛争審査会の仲裁の活用を図るため、あっせん、調停の前置を廃止した。

〔72年の全面改正〕

・71年の建設業法改正をうけて全面改正され、名称を「公共工事標準請負契約約款」とされた。

・契約条件の明確化

①　用地の確保は発注者の本来的義務であることを明記した。

②　分離発注などの場合、相互に関連する工事について、発注者が必要な調整を行うこととした。

③　発注者が特別の理由により、工期を短縮する必要があるとき、または通常必要とされる工期に延長ができないときは、発注者は請負者と協議のうえ、工期を短縮し、または工期の延長を行わないことができることとし、この場合において、必要に応じて請負代金の変更をしなければならないことを明記した。

④　工事完成後の工事目的物の引き渡しについて、請負者の引き渡しの申し出を原則とした。

⑤　全般にわたって、発注者または請負者の意思表示は、原則として文書によらなければならないこととした。

・工事管理の合理化

①　特別の定めがある場合を除き、仮設、工法など工事目的物を完成するために必要な一切の手段については、請負者が定めることができることを確認的に規定した。

②　従来、工事材料の検査ならびに工事材料の調合および工事施工の立ち会いについては、すべて監督員が行うこととされていたが、これを改めて、発注者が設計図書において指定したものについてのみ、検査または立ち会いを行うこととした。

③　請負者の自主的な施工の促進と関連して、施工が設計図書に適合しないと認められる場合で必要があるときは、発注者は破壊検査を行うことができることとした。

・契約条件の適正化

① 工事の施工条件の変更理由として、設計図書と現場の状態との不一致、設計図書の表示の不明確、設計図書に示された自然的または人為的な施工条件と実際との相違および設計図書で明示されていない施工条件について予期し得ない事態が発生した場合を規定し、これらの場合に発注者、請負者の双方が条件変更を理由に、相手方に対して必要な工期または請負代金の変更を請求できることとした。

② 発注者が行う工事内容の変更または工事の中止に関する規定を整備。請負代金の変更について、内訳書を発注者が承認する場合にはこれを基準に算定。工事の一時中止により、生じた増加費用または損害は発注者が負担することをより明確に規定。工事用地の確保ができない場合と、天災その他不可抗力により工事が施工できない場合においては発注者が工事の中止を命ずるべきこととした。

③ 賃金または物価の変動に基づく請負代金額の変更規定について、従来の短期契約用と長期契約用の選択条項を一本化し、一般的な賃金または物価の変動に基づく請負代金額の変更については、請求できる時点を契約締結から12カ月経過後とし、この場合における相手方の負担額を残工事金額の3／100を超える額とすることとし、再度の賃金または物価の変動が生じた場合の扱いについても規定した。

④ 天災その他不可抗力による損害について、請負代金の2／100を超える部分について発注者の負担とした。また、天災その他不可抗力の範囲、損害額認定の範囲、算定方法などを明確にした。

⑤　その他支給材料または貸与品について、引き渡し後に瑕疵が発見された場合の措置、請負者の責に帰すべき理由で契約解除がなされた場合の請負者の違約金支払い義務などが規定された。

・その他

紛争解決手段として、新たに発注者および請負者が合意して定めた第三者によるあっせんまたは調停の制度を採用できることとした。

〔81年改正〕

・高度経済成長の時代が去り、建設投資は停滞の時代に入ったことなどを背景に、79年から中建審に法制小委員会が設置され、標準約款の見直しが行われた。81年2月に第21条および第25条について改正案を決定した。

・論点として、次があげられた。

①　第21条スライド条項の発動は契約締結後12カ月の据え置き期間を経過した後に行うこととしていることとの適否。

②　スライド条項の適用が残工事金額の3／100を超える額としている点、第25条（天災その他不可抗力）の足切り率が2／100となっていることの適否。

③　特定の資材の価格変動の場合の問題、いわゆる単品スライドの適否。

④　工事費の増減を簡便に把握し、請負代金の変更を簡便に行う方式の導入。

・改正内容
スライド条項の足切り率については、3／100から1・5／100へ引き下げ、また、第25条については、2／100から1／100へ引き下げた。さらに、単品スライド制度を規定した。スライド条項の発動12カ月の据え置き期間に関しては、現行予算制度などの問題があげられ、結論に至らなかった。

〔95年改正〕
・94年1月に「公共事業の入札契約手続の改善に関する行動計画」が閣議了解となり、WTO政府調達協定の施行をはじめ入札・契約制度の抜本改革が実施された。これをうけて標準約款の見直しが行われた。
・契約関係の明確化
①　甲乙協議（発注者・受注者協議）の手続きなどの明確化
工期、請負代金の変更などについては、甲乙協議を原則とするが、一定期間協議が整わない場合には、発注者が定めて請負者に通知することとした。協議開始の日についても、発注者が定めて請負者に通知することを明確にした。発注者が定めた内容に不服がある場合は、紛争解決手続きによって解決を図ることとなる。
②　手続き規定の明確化
現場調査にあたっての請負者の立ち会い、調査結果とりまとめに際して請負者の意見聴取を新たに規定。誤解、乱用のおそれがあるため、請負者の工事中止権が削除された。

「直ちに」「遅滞なく」という期間の表現を「〇日以内」と具体的な記述に改めた。

現場代理人または監督員の職務執行に関する紛争については、措置請求の手続きを経てから、あっせん、調停の手続きに進むことができるものとした。

③　契約基本事項の明確化（日本語使用、日本円使用、日本国法令の準拠など）
④　費用負担の明確化
⑤　基準の明確化
⑥　管理責任の明確化
⑦　文言などの明確化
⑧　履行報告に係る事項の明確化

〔２０１０年改正〕

・公共・民間の標準請負契約約款共通の事項として、
①　「甲」「乙」の呼称をやめ、「発注者」「受注者」、「元請負人」「下請負人」を使用する。
②　公正、中立な第三者である「調停人」を置く場合の規定を整備し、調停人は紛争が生じる前の発注者・受注者協議会の段階から関与し得るとした。

・このほか公共工事標準請負契約約款に関しては、
③　工期延長に伴う増加費用の発注者負担規定を整備した。
④　現場代理人の常駐義務を緩和するなどした。

・民間標準約款に関しては、
⑤　第三者損害について契約当事者間の負担を明確化するなどした。
・標準下請約款に関しては、
⑥　下請負人の実質的施工期間を工期とすることを明記した。

4　現行約款の片務性問題

現行の公共工事標準請負契約約款は、前述した経過をたどって片務的条項が改善されてきている。しかし、まだ約款としての問題が次のように多く残されている。

発注者の優越的決定権（発注者・受注者協議の問題）

〔契約内容と現地の状況が著しく異なる場合〕

この場合、契約約款第18条によって、まず受注者は発注者の監督員に通知して確認手続きに入る。状況が確認され、必要と認められる場合には発注者は設計図書の変更などを行わなければならず、さらに、必要と認められるときは工期もしくは請負代金額の変更または発注者に対する損害賠償がなされることになる。

発注者が変更の必要を認めない場合には、調停人が置かれていれば調停人が両当事者の合意形成を図ることになり、合意に至らない場合には、紛争解決手続きによって解決を図ることになろう。また、発注者があまりに不誠実であれば、受注者の契約解除権行使もあり得る。契約約款上はこのようになるが、ここでの問題は、発注者が変更の必要性の決定権を持っていることにある。

第23条（工期の変更方法）および第24条（請負代金額の変更方法等）に協議が整わない場合には、発注者が決定する規定があることから、さまざまな理由によって工期または請負代金額の変更がなされようとする場合に、この問題に直面することになる。

発注者・受注者協議が整わなかった場合に発注者が定め、受注者に不服があれば調停人の調停手続き、さらには紛争解決手続きにゆだねるという規定は、手続きの明確化を重視するものととらえることができる。

２０１０年の標準請負契約約款改正により、調停人の規定が加わり、発注者の優越的な決定権に対抗する手段を得た。公共発注者を相手の紛争審査の申請は簡単にはできないし、ほとんど例がないという現実からみて、調停人規定を活用することで大きな効果が期待できる。

公共工事標準請負契約約款

（条件変更等）

第18条　受注者は、工事の施工に当たり、次の各号のいずれかに該当する事実を発見したときは、その旨を直ちに監督員に通知し、その確認を請求しなければならない。

一　図面、仕様書、現場説明書及び現場説明に対する質問回答書が一致しないこと（これらの優先順位が定められている場合を除く。）

二　設計図書に誤謬又は脱漏があること。

三　設計図書の表示が明確でないこと。

四　工事現場の形状、地質、湧水等の状態、施工上の制約等設計図書に示された自然的又は人為的な施工条件と実際の工事現場が一致しないこと。
五　設計図書で明示されていない施工条件について予期することのできない特別な状態が生じたこと。
2　監督員は、前項の規定による確認を請求されたとき又は自ら前項各号に掲げる事実を発見したときは、受注者の立会いの上、直ちに調査を行わなければならない。ただし、受注者が立会いに応じない場合には、受注者の立会いを得ずに行うことができる。
3　発注者は、受注者の意見を聴いて、調査の結果（これに対してとるべき措置を指示する必要があるときは、当該指示を含む。）をとりまとめ、調査の終了後○日以内に、その結果を受注者に通知しなければならない。ただし、その期間内に通知できないやむを得ない理由があるときは、あらかじめ受注者の意見を聴いた上、当該期間を延長することができる。
4　前項の調査の結果において第1項の事実が確認された場合において、必要があると認められるときは、次の各号に掲げるところにより、設計図書の訂正又は変更を行わなければならない。
一　第1項第一号から第三号までのいずれかに該当し設計図書を訂正する必要があるもの　発注者が行う。
二　第1項第四号又は第五号に該当し設計図書を変更する場合で工事目的物の変更を伴うもの　発注者が行う。
三　第1項第四号又は第五号に該当し設計図書を変更する場合で工事目的物の変更を伴わないもの　発注者と受注者とが協議して発注者が行う。
5　前項の規定により設計図書の訂正又は変更が行われた場合において、発注者は、必要があると認められるときは工期若しくは請負代金額を変更し、又は受注者に損害を及ぼしたときは必要な費用を負担しなければならない。

〔「必要があると認められるとき」の判断の主体は誰か〕
例として標準約款第20条をみる。そこでは、第1項、第2項で発注者の工事中止権を規定し、同時に第3項で「発注者は、……必要があると認められるときは工期若しくは請負代金額を変更し、又は……工事の施工の一時中止に伴う増加費用を必要とし若しくは受注者に損害を及ぼしたときは必要な費用を負担しなければならない」とし、発注者がこの負担を拒否することはできないこととしている。増加費用もしくは損害額に関しては「必要があると認められるとき」という条件が付けられていない。

したがって、増加費用もしくは損害額の負担であれば発注者がこれを拒否することはできないが、請負代金額の変更に関してはその必要性が認められる場合に限られることになる。

この「必要があると認められる場合」という表現が第18条、第19条はじめ多く用いられているが、主語、すなわち必要があると認めるのは誰なのか明瞭でなく、結果として発注者の判断にゆだねられることになっている。

公共工事標準請負契約約款

（工事の中止）

第20条　工事用地等の確保ができない等のため又は暴風、豪雨、洪水、高潮、地震、地すべり、落盤、火災、騒乱、暴動その他の自然的又は人為的な事象（以下「天災等」という。）であって受注者の責に帰すことができないものにより工事目的物等に損害を生じ若しくは工事現場の状態が変動したため、受注者が工事を施工できないと認められるときは、発注者は、工事の中止内容を直ちに受注者に通知して、工事の全部又は一部の施工を一時中止させなければならない。

2　発注者は、前項の規定によるほか、必要があると認めるときは、工事の中止内容を受注者に通知して、工事の全部又は一部の施工を一時中止させることができる。

3　発注者は、前二項の規定により工事の施工を一時中止させた場合において、必要があると認められるときは工期若しくは請負代金額を変更し、又は受注者が工事の続行に備え工事現場を維持し若しくは労働者、建設機械器具等を保持するための費用その他の工事の施工の一時中止に伴う増加費用を必要とし若しくは受注者に損害を及ぼしたときは必要な費用を負担しなければならない。

工事の完成・受け渡しと請負代金支払いのタイムラグ

公共工事標準請負契約約款の工事完成から請負代金支払いに至る手続き規定は第31条、第32条にあり、本則は次の順となる。

・工事完成の通知　受注者→発注者
・完成検査の実施と結果の通知（工事完成通知から14日以内）　発注者→受注者
・工事目的物の引き渡し申し出と工事目的物の受領（直ちに）　受注者→発注者
・請負代金の支払い請求（完成検査に合格したとき）　受注者→発注者
・請負代金の支払い（請求受領の日から40日以内）　発注者→受注者

完成検査の日数14日と代金支払い期間（約定期間）40日を単純合計すれば、最大54日のタイムラグが工事の完成と代金支払いの間に許容されていることになる。

民法第６３３条には「報酬は、仕事の目的物の引渡しと同時に、支払わなければならない」と規定しており、標準請負契約約款は明らかに民法の趣旨と隔たりがある。

この大きなタイムラグは、１９４９年制定の「政府契約の支払遅延防止に関する法律」の規定をそのまま写した結果である。本法の趣旨は、第３条（政府契約の原則）に「……各々の対等な立場における合意に基いて公正な契約を締結し、信義に従って誠実にこれを履行しなければならない」とあり、戦後の混乱期に政府の支払い遅延が頻発した状況が背景にあると思われる。

戦前の各省庁の契約書では、内務省が10日の約定期間を置くなど「同時履行原則」からは外れているが、現行の標準請負契約約款よりは短期である。また、民間（旧四会）連合協定工事請負契約約款では引き渡しと支払いの同時履行を規定している。民法第６３３条は任意規定であって、当事者間の特約が可能であるが、公共約款と民間約款との差が著しい。

なお、第31条（検査及び引渡し）第５項には、受注者が「工事目的物の引渡しの申出」を行わないときの規定がある。この場合、発注者は代金の支払い完了と同時に目的物の引き渡しを請求でき、受注者はこれに応じなければならない。この規定の場合には「同時履行」がなされることとなる。

公共工事標準請負契約約款

（検査及び引渡し）

第31条　受注者は、工事を完成したときは、その旨を発注者に通知しなければならない。

2　発注者は、前項の規定による通知を受けたときは、通知を受けた日から14日以内に受注者の立会いの上、設計図書に定めるところにより、工事の完成を確認するための検査を完了し、当該検査の結果を受注者に通知しなければならない。この場合において、発注者は、必要があると認められるときは、その理由を受注者に通知して、工事目的物を最小限度破壊して検査することができる。
3　前項の場合において、検査又は復旧に直接要する費用は、受注者の負担とする。
4　発注者は、第2項の検査によって工事の完成を確認した後、受注者が工事目的物の引渡しを申し出たときは、直ちに当該工事目的物の引渡しを受けなければならない。
5　発注者は、受注者が前項の申出を行わないときは、当該工事目的物の引渡しを請負代金の支払の完了と同時に行うことを請求することができる。この場合においては、受注者は当該請求に直ちに応じなければならない。
6　受注者は、工事が第2項の検査に合格しないときは、直ちに修補して発注者の検査を受けなければならない。この場合においては、修補の完了を工事の完成とみなして前5項の規定を適用する。

その他契約条件の明確化、適正化など

契約条件の明確化、適正化に関しては、1972年改正、95年改正においてかなり措置されているが、なお問題点が残っている。

〔相当の期間〕

標準請負契約約款第43条（前払金等の不払に対する工事中止）第1項中および第47条（発注者の解除権）第1項第二号中にみられる「相当の期間」のあいまいさ。

公共工事標準請負契約約款
（前払金等の不払に対する工事中止）

第43条　受注者は、発注者が第34条、第37条又は第38条において準用される第32条の規定に基づく支払いを遅延し、相当の期間を定めてその支払いを請求したにもかかわらず支払いをしないときは、工事の全部又は一部の施工を一時中止することができる。この場合においては、受注者は、その理由を明示した書面により、直ちにその旨を発注者に通知しなければならない。

（発注者の解除権）

第47条　発注者は、受注者が次の各号のいずれかに該当するときは、契約を解除することができる。

一　正当な理由なく、工事に着手すべき期日を過ぎても工事に着手しないとき。

二　その責に帰すべき事由により工期内に完成しないとき又は工期経過後相当の期間内に工事を完成する見込みが明らかにないと認められるとき。

〔標準約款の使用促進〕

片務性に関する課題が残っているとしても、現行の標準請負契約約款は発注者と受注者の責任および権利を詳細に規定し、これに基づいた約款の規定によって契約管理がなされるならば、受注者の権利は十分に確保される可能性はある。したがって、標準約款の使用を拡大することが重要である。

少々古いデータであるが、1999年の社団法人日本土木工業協会による標準約款の採用状況調査（**注4―5**）の結果を引いておく。

①　平均採用率は、中央官庁等（16機関）96・3%、都道府県（47機関）96・9%、政令市（12機関）94・3%、市・区（448機関）84・7%、ただし、東京23区は64・7%。

② 条項別の問題点

第3条：請負代金内訳書の記述がない。中央官庁等2、都道府県12、政令市2

第4条：履行保証金額を「3／10」としている。中央官庁等2、都道府県2

第9条：書面の提出手続きに関する記述がない。都道府県2、市・区108

第14条：監督員の立ち会いなどの期日限定に関する記述がない。都道府県2、市・区121

第16条：工事用地等に関して「発注者の確保義務」の記述がない。市・区52

第21条：工期延長理由に「関連工事の調整への協力」の記述がない。市・区115

第28条：第三者損害の通常避けることができない理由に「騒音」または／および「振動」が含まれていない。中央官庁等1、都道府県2、政令市3、市・区90

第45条：履行遅延の損害金算出年利率が国の適用利率（注4―6）より高い。都道府県7、政令市3、市・区88

第45条：履行遅延の損害金算出基準が「請負代金額全体」となっている。政令市1、市・区44

（注4―5）「公共工事標準請負契約約款・土木工事共通仕様書の採用に関する調査結果報告書」日本土木工業協会、1999年7月。

（注4―6）政府契約の支払遅延防止等に関する法律第8条に基づき財務大臣が定める利率。2014年2月の改正で年利2・9％となっている。

5　海外で使用される建設工事請負契約約款との違い

不完備事項に対する問題解決方法

海外で使用される建設工事請負契約約款と日本の約款について、その内容にどのような相違があるか検証する。海外約款としてはＦＩＤＩＣレッドブック（建設工事契約条件書）を取り上げる。

ＦＩＤＩＣの契約条件書は、英国の建設工事請負契約条件書を基本としており、アジアをはじめ、世界的に受け入れられている。ＦＩＤＩＣは１９９９年に契約条件書の改定を行い、建設工事の契約条件書、プラントおよび設計・施工の契約条件書、ＥＰＣ／ターンキープロジェクトの契約条件書、簡易契約様式の四つの契約条件書を公表した。建設工事の契約条件書（レッドブック）は、設計・施工分離発注における施工のみの契約条件書である。発注者は設計書などを用意したうえで本条件書により工事施工の契約を行う。

契約履行の過程において当事者間に何らかの問題が発生したときの処理の方法に関して両者の差をみてみる。

〔ＦＩＤＩＣの契約条件書の場合〕

発注者から任命された「エンジニア」の存在と同時に受注者、請負者の合意のもとで工事ごとに設置される紛争裁定委員会（ＤＡＢ：Dispute Adjudication Board）によって、早期の問題解決と施工管理の円滑化を図っている。

エンジニアは、発注者に代わって契約管理上の承認、観察、証明、同意、検査、点検、指示、通知、提案、要請、試験またはその他の類似行為を行う。請負者は、問題発生を確認し、工期の延長および／または代金の追加支払いが必要になると判断した場合は、直ちに（28日以内に）エンジニアにクレームの通知をしなければならない。クレームに対するエンジニアの回答（通知到達から42日以内）を請負者が受け入れれば、追加支払い額、工期延長が決定して問題は解決する。

受け入れを拒否すれば、次はＤＡＢに対して紛争裁定を申請することになる。ＤＡＢの裁定を受け入れれば解決となるが、そうでなければ、問題は国際商業会議所（International Chamber of Commerce）による仲裁にゆだねられる。

請負者がエンジニアに対してクレームを通知できる不完備事項などとして、契約条件に明記されているものは、次の各項がある。

1・9　図面または指示の遅延
2・1　現場への立ち入り権
4・7　計画位置の設定
4・12　予見不可能な物理的条件
4・20　発注者の機器と無償供与資材
4・24　化石

7・4　試験
8・4　完成期限の延長
8・9　工事中断の結果
10・3　完成試験の阻害
13・7　法制の変更による調整
16・1　請負者の工事中断の権利
17・4　発注者のリスクの帰結
19・4　不可抗力の結果

このようにFIDICの契約条件書では、問題が発生しやすい具体的な不完備事項をあげて、クレームによる問題解決手続き（**注4—7**）が契約条件として明示されており、現場で早期の問題解決を目指している。

〔日本の公共工事標準請負契約約款の場合〕

発注者は監督員を置いて次の事項を行わせるほか、発注者が委任した事項を執行させることができる（第9条）。

・契約履行についての受注者に対する指示、承認または協議
・施工のための詳細図などの作成および交付または受注者作成の詳細図の承認

・工程の管理、立ち会い、施工状況の検査または工事材料の試験もしくは検査

設計図書の不備の把握、設計図書と現場条件の相違、予期できない特別な条件の発生など不完備条項に係る問題が発生したときには、監督員は受注者立ち会いのもとで状況を調査、確認し、発注者から必要な指示を出し、同時に必要な工期、請負金額の変更を行うことになる。

発注者の決定を受注者が受け入れない場合は、調停人が置かれていればその裁定を求め、これも合意に至らない場合は、契約条項に従って紛争解決手続きに移行し、裁判外紛争解決手続き（ADR）によるあっせん、調停または仲裁を求めることができる。

調停人を置かない場合は、ADRよる紛争解決を直接求めることができる。ADRとしては、建設業法が規定する建設工事紛争審査会が多く利用されている。

2010年7月の標準約款の改正により、工事施工段階から発注者と受注者の協議などに参加できる調停人の設置を可能とした。調停人は、中立、公平な第三者として発注者・受注者間の協議に立ち会い、契約履行のうえで必要な意見を述べるほか、求めに応じ裁定を行う。新しい調停人の規定が有効に機能するためには、時間はかかるが訓練された有能な人材を多数確保する必要がある。

〔国際的約款との整合性確保のための論点〕

以上にみてきたように、国内で多く使われる公共工事標準請負契約約款と海外で多く利用

されるFIDICの契約条件書との差は大きい。

国内の公共工事においても海外工事と同様の契約管理が必要になることで、契約管理の質を高めることができるとともに、海外工事に対する一種の慣れを手にすることができる。

国内の約款とFIDICの契約条件書との整合性を確保するための主要な論点として、次の2点をあげることができる（注4―8）。

①　発注者の優越的地位の排除

発注者の優越的地位が残る規定のなかに、発注者・受注者協議の規定がかなりある。この場合、協議が整わなかったときは発注者が決定し、受注者に不服があれば紛争解決手続きとなってしまい、解決まで時間がかかる。このため、発注者の決定を受け入れざるを得ない場合が多い。

FIDICの契約条件書では、エンジニアの査定、発注者に対するクレーム手続き（注4―7）および工事ごとに設置される紛争裁定委員会（DAB）による調停が手順として用意され、迅速な解決を図っている。

②　契約管理と紛争解決手順

FIDICの契約条件書では、発注者の代理人として工事を円滑に進めるための契約管理を担うエンジニアと紛争の迅速な解決のために工事ごとに設置される紛争裁定委員会（DAB）が用意されている。

日本の場合は、発注者の代理人としての監督員、中立的な立場で適正な契約管理を助言する調停人および紛争解決手続きとしてＡＤＲ（建設工事紛争審査会など）がある。

しかし、円滑な契約管理と紛争の早期解決に関しては、調停人の実績が十分ではないことや、ＡＤＲとして建設業法に基づく建設工事紛争審査会の利用が多く、多様性がないという欠陥がある。このため、公共工事については紛争事例が極端に少ないことが指摘される。

〈独立行政法人国際協力機構「片務的契約条件チェックリスト」〉

参考のために国際協力機構（ＪＩＣＡ）が作成している「片務的契約条件チェックリスト」を掲げる。

国際協力機構は、円借款によって実施される事業の効率と品質を確保するうえで、事業の実施に係る契約約款の明確かつ適正な権利義務の規定が不可欠であるとして、これをチェックするための「片務的契約条件チェックリスト」を作成し、２００６年12月に公表した。11年３月には、ＦＩＤＩＣの契約条件書国際開発金融機関調和（ＭＤＢ）版に適合する改訂版が公表された。改訂版は、過去の円借款プロジェクトの事例に基づいて作成されており、円借款供与国と入札に参加する建設会社双方に、これを活用するように注意を促している。

チェックリストは、51のチェックポイントからなり、「請負者の権利の制限」「請負者の義務の拡大または発注者の義務の縮小」「エンジニアの公平な決定の阻害」「紛争委員裁定の取得の阻害」という大きく四つのカテゴリーに分類されている。このうち、国内標準約款と比較するうえで有用な22項目を次の四つのカテゴリー別に掲げる。数字は51のチェックポイント番号である。

〔A：請負者の権利の制限〕

8：「図面・指示の遅延に対する請負者の工期延長・追加費用請求権が制限されていないか」

9：「現場の立ち入りと占有に係る請負者の工期延長・追加費用請求権が制限されていないか」

20：「予見不可能な物理的条件による請負者の工期延長・追加費用請求権が制限されていないか」

25：「請負者の完成期限延長に係る権利が制限されていないか」

27：「工事中断に係る請負者の権利が制限されていないか」

29：「工事の長期中断に係る請負者の契約終了の権利が制限されていないか」

36：「（法制の変更による）請負者の工期延長・追加費用請求権が制限されていないか」

41：「支払い期限を長期に設定するような、請負者の権利が制限されていないか」

42：「支払い遅延利息をなくすような、請負者の権利が制限されていないか」

43：「発注者に起因する工事終了・減速における請負者の工事中断の権利および中断に伴う工期延長・追加費用に係る権利が制限されていないか」

44：「請負者の契約終了ができる条件や、また、その手続きについて請負者の不利になるような変更がなされていないか」

46：「不可抗力の定義をせばめていないか。不可抗力に起因する請負者の工期延長・追加費用に係る権利が制限されていないか」

48：「（請負者の）クレームに係る手続きやクレームに関係する事項について、通知期間を短縮するような変更がされていないか」

〔B：請負者の義務の拡大または発注者の義務の縮小〕

16：「他者による設計責任が受注者の一般的義務に転嫁されるなど請負者の一般的義務が拡大されていないか」

19：「一般条件に示される以上に、現場データに係る責任を請負者に負担させていないか」

31：「欠陥の修復について請負者の責任範囲を拡大していないか」

45：「発注者のリスクを請負者に転嫁して請負者の義務を拡大していないか。このリスクに起因する請負者の工期延長・追加費用に係る権利が制限されていないか」

〔C：エンジニアの公平な決定の阻害〕

3：「エンジニアに指定されているのは、発注者組織とは別個の企業（コンサルタント）に属する専門家であるか」

12：「エンジニアが裁量行為を行使する際に、発注者の事前承認を必要とする対象範囲が明確に記載されているか。また、過大となっていないか」

13：「エンジニアの指示に関する権限、手順に、発注者の関与が付加されていないか」

15：「エンジニアの決定の、契約に基づく公平性が阻害されるような制限が課せられていないか」

〔D：紛争委員裁定の取得の阻害〕

51：「請負者が国外企業のため、国際仲裁となる場合、契約データに設定されるべき仲裁機関は、標準入札書どおりにInternational Chamber of Commerceとなっているか」

（注4—7）ＦＩＤＩＣの契約条件書（レッドブック99年版）における請負者からのクレーム手続き

・クレームの通知：請負者は該当事象を認知した場合、契約条項を確認のうえ、エンジニアにクレームの意思を通知する。通知期限は「できるだけ速やかに、かつ、請負者がその事象の発生を知った日または知るべきであった日から28日以内」とされている（20・1条）。

・クレーム詳細書の提出：請負者はクレームの正当性、損失または損害の程度、原因と結果を論理的に詳述したクレーム詳細書をエンジニアに提出する。提出期限は「請負者がその事象の発生を知った日または知るべきであった日から42日以内、または発注者が提案しエンジニアがそれを承認した期限内」とされている。事象が継続している場合は、本クレームは中間的なものとして扱われ、事象による影響が「終結してから28日以内、または発注者が提案しエンジニアがそれを承認した期限内」に最終クレームを提出する必要がある（20・1条）。

・エンジニアによる決定：クレーム詳細書の提出をうけて、発注者／エンジニアと請負者間の交渉が行われ、最終的にエンジニアは決定条項（3・5条）に従って、承認または不承認の決定を下す。決定までの期間は、クレーム詳細書の受領から42日以内とされている（20・1条）。

・請負者がエンジニアによる決定を受け入れない場合は、契約書に従って紛争解決手続きに移行する。

（注4—8）「『絶滅貴種』日本建設産業」クリス・アール・ニールセン著、草柳俊二翻訳監修、２００8年1月、英光社を参考にした。

三章　契約保証および瑕疵保証など

1　契約保証

建設工事の請負契約においては、入札・契約の履行リスクに対処するための履行保証条項が重要な意味を持つことになる。第一に、契約相手を決めるまでに長期の時間と多くの費用を投じていること、第二に、契約期間が長いため不履行による損害がきわめて大きいことなどから、入札後の不履行リスクに備える各種の保証措置がとられる。

公共工事の契約保証をめぐるこれまでの経緯

前述（202ページ参照）のとおり、1642年の南宮神社の普請にみられる工事の完成保証を基本とする保証人の考え方は、1889年制定の会計法が金銭保証を基本としているにもかかわらず、多くの公共工事の発注者に引き継がれた。

1949年に制定された建設業法は、第21条に前金払いの定めのある工事請負契約において、注文者は請負者に保証人を立てることを請求できるとして、請負者の選択肢としては、金銭保証人または工事の完成を保証する他の建設業者による保証人と規定した。

同年策定された公共工事標準請負契約約款においては、履行保証の選択肢として、金銭保証人または「自ら工事の完成を保証する他の建設業者を保証人として立てなければならない」との条項が置かれた。以後、公共工事に関しては、この工事完成保証人が多く採用されてきた。

しかし、工事完成保証人制度に関しては、保証人の負うリスクがきわめて大きいこと、最低入札価格の者が落札した工事を他の者が施工したときには赤字が発生する可能性が高いこと、同業者がお互いに工事完成保証人を引き受けることから談合組織が維持される側面があることなどの問題が指摘されてきた。

65年12月に中央建設業審議会（中建審）に提出された建設省資料「建設業法の当面する問題点」においても、この点を鋭く指摘している（注4―9）。この中建審の審議の結果は、71年の建設業法改正（建設業許可制度の導入など）に至るが、工事完成保証人制度の変更はなされなかった。

こうして工事完成保証人制度は、指名競争入札方式とともに入札談合システムを支えてきたが、80年代以降の市場の競争性に対する関心の高まり、日米建設協議（86年〜）、日米構造問題協議（89年）、ＧＡＴＴウルグアイ・ラウンドの進展などの情勢のなかで、埼玉土曜会談合事件やゼネコン汚職事件など重大事件が続発し、入札・契約制度の抜本見直しが行われるに至った。

中建審は、93年12月に公共工事入札・契約制度について透明性、競争性の確保、内外無差別の徹底など制度全般にわたる改革（「公共工事に関する入札・契約制度の改革について」）を建議した。

これをうけて翌94年1月に決定（閣議了解）した「公共事業の入札・契約手続の改善に関す

る行動計画」によって、一般競争入札の実施と工事完成保証人制度の廃止を含む公共工事の調達方式の抜本改革がなされた。

工事完成保証人に代わる新たな契約保証制度に関しては、94年6月、建設省に設置された履行保証制度研究会において検討され、一般競争入札方式の本格導入や国際化の進展に備えた多様な選択肢を持った履行保証制度を整備することとして、次のような骨子がとりまとめられた。

・現行会計法令に規定されている金銭的保証制度の採用を原則とする。
・多様な選択肢の一つとして履行ボンド（保証）制度を新たに導入する。
・履行ボンド制度は、ボンド引き受け機関が保証金額の範囲内で工事の完成（役務的保証）または金銭の支払い（金銭的保証）を保証。付保割合を高くすることで、これまで工事完成保証人が有していた役務的保証機能が期待できる。

建設省は1年間の準備期間を置いて、96年度から工事完成保証人の廃止と新たな履行保証制度への切り替えを実施した。

入札ボンドの導入

前述の履行保証制度研究会では、公共工事をめぐって頻発する不正を防止するため、入札ボンドの導入を検討した。しかし、発注者による恣意的な指名の排除や一般競争入札における審査事務の軽減などに関して入札ボンドの効果を検討した結果、大きな効果は期待できないとして導入を見送り、引き続き検討することとしている。

２００１年12月、国土交通省は「新たな保証制度に関する実務研究会」を組織して、翌02年7月に報告書をとりまとめた。ここでは主に入札ボンドを対象に検討された。

しかし、ボンド引き受け会社（損害保険会社などの金融機関）が、国際的な再保証の確保を含め与信枠の確保が困難であること、審査件数の激増に対応する処理体制を構築することが困難であることなどから、直ちに導入することは困難と結論づけている。

その後、発注者が関与する官製談合事件が相次ぎ、02年に官製談合防止法が制定され、05年には独占禁止法が改正され、課徴金の引き上げ、課徴金減免制度の導入などがなされ、06年1月から施行された。

06年秋には3県の知事が工事の発注をめぐって逮捕される事態が発生し、公共工事の発注手続きの透明性、公正性が再度大きな問題となった。

このような状況のなか、05年11月に中建審にワーキンググループ（WG）が組織され、再び入札ボンドが検討テーマとされるが、金融機関など第三者による企業の審査・評価を導入することにより、調達手続きの透明性を高めようとするねらいがあった。

このWGの中間とりまとめ（第1次）は、06年5月の中建審総会に報告され、5月23日に改定された「公共工事入札契約の適正化指針」において一般競争入札拡大のための条件整備の一環として入札ボンドの導入が位置づけられた。

国土交通省は、一般競争入札が実施されているWTO協定案件を対象に、06年度下半期から東北地方整備局および近畿地方整備局の発注案件について試行的な実施に踏み切り、翌07年度には全地方整備局に拡大した。これ以降、各省で導入が進んだ。都道府県においては、06年12月に宮城県および埼玉県で試行実施され、07年度以降、導入する団体が増加した。中間とりまとめ（第1次）の要旨は、**図表4―1**のとおりである。

入札ボンドの実施に至るまでには、その必要性が認識されてから以上のようにかなりの紆余曲折があった。応札企業の財務的・技術的施工能力の審査は、発注者の責務と認識されており、財務審査に関しても金融機関などの第三者に託すことについては、公共発注者において強い違和感が存在したものと考えられる。

現行の契約保証制度

・入札保証

与信枠の制約により与信企業を絞り込み、財務力に欠ける企業を排除し、ダンピング入札などの不適切な入札を防止するねらいがある。低価格入札案件に対しては付保割合を通常の10％から30％へ引き上げて厳しく審査する。

図表4―1　中央建設業審議会ワーキンググループ「中間とりまとめ（第１次）」要旨

次の枠組み案を踏まえ、当面の制度設計を速やかに行ったうえで、早期に導入を進め、その実施状況を踏まえながら、改善と拡充を図ること 日本型入札ボンド制度の枠組み（案） ・位置づけ：履行保証の予約的機能を有するもの ・審査内容：ボンド引き受け機関が入札前に建設業者の財務的な履行能力を中心に審査し、与信 ・対象工事：原則として一般競争入札案件 ・ボンド提出時期：発注者による資格審査開始時

図表4―2　会計法令の入札保証制度の体系と入札保証の関係一覧

現金（会計法第29条の4第1項）	
政令により納付を免除 （会計法第29条の4第1項ただし書）	・損害保険会社の入札保証保険（予決令第77条第一号） ・金融機関、保証事業会社の契約保証の予約 （予決令第77条第二号）
政令が定める担保 （会計法第29条の4第2項）	・金融機関の入札保証（契約事務取扱規則第5条） ・国債その他の有価証券（会計法第29条の4第2項）

会計法第29条の4において、一般競争入札、指名競争入札および随意契約に付す場合には、応札者の見積もり金額の100分の5以上の保証金の納付義務を規定している。

また、ただし書きにより、その必要がないと認められる場合は、政令で定めるところにより、その全部または一部を免除することができる。第2項では、政令により国債または確実と認められる有価証券その他の担保の提供をもって代えることができるとしている。この規定に従って、現行の入札保証制度は、**図表4―2**のように整理できる。

これらのうち損害保険会社の入札保証保険、金融機関、保証事業会社の契約保証の予約、金融機関の入札保証が入札ボンド（Bid Bond）として扱われる。

会計法

第29条の4　契約担当官等は、……競争に付そうとする場合においては、その競争に加わろうとする者をして、その者の見積もる契約金額の100分の5以上の保証金を納めさせなければならない。ただし、その必要がないと認められる場合においては、政令の定めるところにより、その全部又は一部を納めさせないことができる。

2　前項の保証金の納付は、政令の定めるところにより、国債又は確実と認められる有価証券その他の担保の提供をもって代えることができる。

・契約保証

会計法令が定める契約金額の100分の10以上の契約保証金の納付を基本とする契約保証（履行保証）は、金銭的保証措置と役務的保証措置に大別することができる。

発注者は、工事の途中で受注者が倒産するなどで工事を完成させることができなくなったときに、中断による損害額が補填されることを第一とするか、または工事の工期内完成を第一とするか選択することができる。工事の完成を優先する場合は、役務的保証を選択することになる。

工事完成保証人制度の廃止をうけて、1996年から導入された新たな契約保証制度は、金銭的保証を基本とするものであったが、損害保険会社が保証人となる履行ボンド（Performance Bond：公共工事履行保証証券）については、付保割合を高くすることにより役務的保証機能を持たせて、役務的保証の要求にも対処可能にした。

各種の契約保証を整理すると**図表4—3**のようになる。発

図表4—3　契約保証措置一覧

履行保証	金銭的保証措置	・契約保証金の納付（現金） ・有価証券など（国債、有価証券など） ・金融機関の保証（保証書） ・前払保証事業会社の保証（契約保証証書） ・履行保証保険 ・公共工事履行保証証券（履行ボンド、付保割合の低いもの）
	役務的保証措置	・公共工事履行保証証券（履行ボンド、付保割合の高いもの）
履行保証の免除		

注者は履行保証を要求するか、免除するかを選択し、さらに、金銭的保証措置または役務的保証措置を選択する。受注者は金銭的保証措置を要求された場合には、契約保証金の納付その他の保証措置を選択できる。

会計法

第29条の９　契約担当官等は、国と契約を結ぶ者をして、契約金額の１００分の10以上の契約保証金を納めさせなければならない。ただし、他の法令に基づき延納が認められている場合において、確実な担保が提供されるとき、その者が物品の売却代金を即納する場合その他政令で定める場合においては、その全部又は一部を納めさせないことができる。

２　第29条の４第２項の規定は、前項の契約保諸金の納付について、これを準用する。

（注４―９）「建設業法の当面する問題点」（建設省資料、１９６５年12月）の「契約の保証」に関する要点

建設業法第21条には、契約保証の方法として他の建設業者を工事完成保証人として立てることができる規定を置いている。会計法関係法令においても、地方自治法関係法令においても、明文の規定がないにもかかわらず、公共工事の請負契約の大部分に同業者による保証が付けられている。その理由としては、金銭保証だけでは万全でなく、注文者はあくまでも工事の完成を最終目的にしているので、施工能力のある建設業者による工事完成保証をもっとも信頼できる保証と考えるからである。しかし、この制度には次のような不合理な点がある。

・工事完成保証は、役務の提供による重大な保証を無償で行うことで、前近代的な制度の

名残であり、過重な負担を建設業者に負わせている。

・指名競争入札のもとでは、建設業者たる工事完成保証人はその後の指名などに影響することをおそれ、保証債務の引き受けの拒否および解除申し出をする自由が実質上存しない。

・指名競争入札に伴う談合の交渉手段の一つとして利用される面がある。

したがって、この同業者による保証制度に代わって、主にアメリカにおいて非常な発達をみせているボンドの制度などを参考として、近代的な保証の制度をつくり、現行の不合理な制度をやめる必要があると考えられる。

2　請負代金債権の保全

請負代金債権の保全の問題に関しては、諸外国にくらべて日本の制度基盤の不備がかねてから指摘されてきた。請負代金の保全について日本では、抵当権の設定、留置権、不動産工事の先取特権などの制度はあるが、実効性がわずかでも認められるのは民法、商法の留置権しかないのが実態である。

これらの制度は元請会社でも使いにくく、代金不払い事故が多い下請負契約の場合は発注者と直接契約関係がないこともあって、ほとんど使われることがないといわれる。

民事留置権と商事留置権

注文主と請負契約を締結して工事に着手した後、工事が完了したにもかかわらず、注文主が請負代金の支払い能力を喪失した場合、あるいは工事中途で支払い力不足から工事を中止した場合などにおいて、請負人が請負代金債権を回収する方法として民事留置権または商事留置権を使うことができる。

ただし、民事および商事留置権に関して、債権者が占有する「物」に請負契約の目的物たる建築物とその敷地である土地が含まれるかどうか判例などの判断は明確でない。

建築物は含まれるとして、敷地は含まれないが建築物占有の反射効として認められるとする判断もある。土地に抵当権を設定して注文主に融資を行った金融機関との間で債権回収の先後を争う事例は多い。

民法

（留置権の内容）

第２９５条　他人の物の占有者は、その物に関して生じた債権を有するときは、その債権の弁済を受けるまで、その物を留置することができる。ただし、その債権が弁済期にないときは、この限りでない。（第２項略）

商法

（商人間の留置権）

第５２１条　商人間においてその双方のために商行為となる行為によって生じた債権が弁済期にあるときは、債権者は、その債権の弁済を受けるまで、その債務者との間における商行為によって自己の占有に属した債務者の所有する物又は有価証券を留置することができる。ただし、当事者の別段の意思表示があるときは、この限りでない。

不動産工事の先取特権

不動産工事の先取特権は、民法第３２７条に工事の費用に関し存在すると規定し、第３３８条に工事が始まる前にその予算額を登記しなければならないとしている。登記は、登記権利者である請負人と登記義務者である注文主が共同で行う必要がある。

同一の不動産について抵当権と不動産工事の先取特権が競合した場合、民法第３３９条により、不動産工事の先取特権が抵当権に対して優先する。不動産工事の先取特権に関しては、第一に、下請代金の不払いに対しては適用できないこと、第二に、工事着手の前に注文主と請負人が共同で工事の予算額を登記しなければならないことが大きな問題として指摘できる。

民法の不動産工事の先取特権関係条文

第３２７条　不動産工事の先取特権は、工事の設計、施工又は監理する者が債務者の不動産に関してした工事の費用に関し、その不動産に関し存在する。

２　前項の先取特権は、工事によって生じた不動産の価格の増加が現存する限り、その増加額についてのみ存在する。

第３３８条　不動産工事の先取特権の効力を維持するためには、工事を始める前にその費用の予算額を登記しなければならない。この場合において、工事の費用が予算を超えるときは、先取特権は、その超過額については存在しない。（第２項略）

第３３９条　前２条の規定に従って登記した先取特権は、抵当権に先立って行使することができる。

不動産登記法（平成16年法律第１２３号）
（共同申請）
第60条　権利に関する登記の申請は、法令に別段の定めのある場合を除き、登記権利者及び登記義務者が共同してしなければならない。

下請代金債権の保全

下請代金債権の保全の問題に関して、諸外国の対応について次に簡単に述べる。

フランスでは１９７５年の下請法により、①元請会社は発注者に対して下請会社を提示して承認を求める、②元請会社は下請会社の代金債権のために銀行保証を得る義務がある、③発注者に承認された下請会社は発注者が元請会社に対して負っている債務の限度内で発注者に下請代金を支払わせる権利を持つなどが制定された。

また、韓国では建設産業基本法、下請取引公正化法によって、一定の条件のもとで発注者が下請代金を下請会社に対して直接支払うことができる仕組みが用意され、さらに、請負契約締結時に元請会社から下請会社に対して下請代金支払い保証を提出し、下請会社は元請会社に契約履行保証を提出するというたいへん整った制度を持っている。

米国では２００年を超える歴史を持つメカニクスリーエン法（**注4―10**）により、下請代金債権、資材供給代金債権の先取特権が確立している。同法が及ばない公共工事に関しては、１９３５年にミラー法が制定され、連邦の公共工事について契約履行保証（Performance Bond）および下請などの代金支払い保証（支払いボンド：Payment Bond）の提出を元請会社に義

図表4—4　下請債権保全支援事業の仕組み

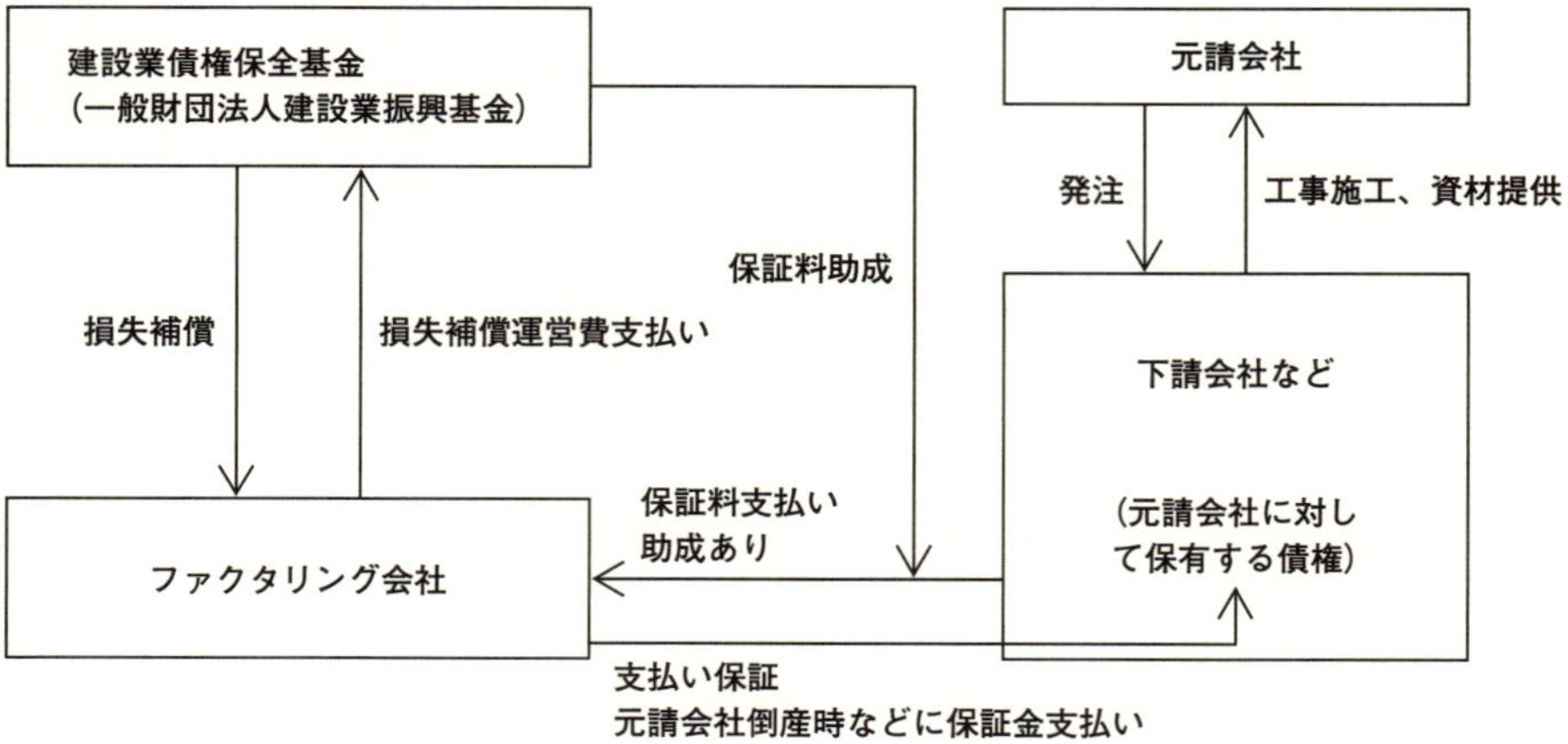

務づけた。

ほとんどの州でも同趣旨の立法がなされ、現在は公共工事全般にこの制度が及んでいる。また、民間工事についても、発注者は、下請代金の二重払いを回避するために支払いボンドを利用する。

09年度の第2次補正で国の助成金が確保され、下請代金債権の保全を行う緊急措置として下請債権保全支援事業が開始された。ファクタリング会社が下請代金などの債権の支払い保証を行うもので、下請会社などが支払う保証料に対する国の保証料負担助成金のほかに、債権回収困難時にファクタリング会社の損失を補償する建設業債権保全基金に対しても国が助成をする仕組みである（**図表4—4**）。

さらに、翌10年に国土交通省は「新たな下請代金債権保全策検討委員会」を設置して、恒久的な制度確立の方向性を議論した。同検討委員会の「中間とりまとめ」では今後の方向として、支払いボンド方式と信託方式の二つの方式を公共工事において早期試行実施のうえで、必要な改善と拡充を提言している。

下請債権保全支援事業は、国の助成による緊急措置として成立し、16年度まで1年ごとに延長してきており、このまま恒久化は難しい。

前述の検討委員会提言の支払いボンド方式プラス信託方式は有力な回答である。信託方式として元請会社による自己信託型と信託銀行活用型が提示されている。また、これらを実現するうえで、書面による下請契約締結の徹底など環境整備を進める必要がある。一方で、これらの下請代金債権保全措置の実施は、重層下請構造の改善、長期手形の排除や現金払いの推進といった効果が期待される。

現状をみれば、保証料あるいは信託手数料は工事のコストであるが、元請会社による不払い事故の損害を下請会社が被って負担してしまえば、発注者に損害が及ばない。発注者が優越的な立場にある現状では、下請代金債権の保全措置が制度として整備されて義務化していなければ、支払い保証のニーズが中途半端になってしまい、債権保全ビジネスが成立しない。

米国ではメカニクスリーエン法による工事代金債権の先取特権と、下請代金などの支払い保証を行うミラー法による支払いボンドの義務づけがあり、この両者によって下請代金の債権確保を図っている。フランス、韓国では、発注者による下請代金直接支払い制度がこの問題に対応している。

（注4―10）Mechanics Lien（不動産工事の先取特権）は、下請会社や資材会社を保護するための法制度。元請会社の適切な支払いが行われなかった場合に、仕事の対象である不動産に支払い

の優先権を担保する権利が発生する。連邦法と各州法がある。現在は全50州で立法。基本的に民間工事が対象であり、公共工事はミラー法およびこれに準拠する各州法に基づき支払いボンド提出が義務づけられている。ただし、ニューヨーク州においては、Public Improvement Lienと称する公共工事を対象とする不動産先取特権制度がある（「新たな下請代金債権保全策検討委員会」資料、国土交通省、２０１０年による）。

3 瑕疵保証

建設物の瑕疵担保責任に関しては、改正前の現行民法第６３４条で請負人の瑕疵担保責任を規定し、同第６３８条で瑕疵担保責任の存続期間を規定している。

瑕疵担保責任は、瑕疵の修補責任と損害賠償責任から構成されている。担保責任の存続期間は、工作物または地盤の瑕疵については引き渡しの後5年間として、ただし、石造、土造、れんが造、コンクリート造、金属造その他これに類する構造の工作物については、10年としている。

しかし、瑕疵担保期間は、当事者の合意によって定めることができるため、公共工事標準請負契約約款では、瑕疵担保条項を置いて担保責任の存続期間を民法の規定よりも短縮している。

公共工事標準請負契約約款（第44条）では、担保期間については選択できるものとしており、標準として、木造建物の場合は1年、コンクリート造の建物など、または土木工作物などの場合は2年、設備工事などの場合は1年として、その瑕疵が受注者の故意または重大な過失によって生じた場合は10年としている。

民間工事標準請負契約約款では、瑕疵担保期間について1年と規定しており、ただし、石造、土造、れんが造、金属造、コンクリート造およびこれに類する建物その他土地の工作物もしくは地盤の瑕疵については2年としている。

また、公共工事標準請負契約約款は、工作物が瑕疵により滅失またはき損したときは、瑕疵担保責任期間内で、かつ、滅失またはき損の日から6カ月以内に修補請求権または損害賠償請求権を行使しなければならないと規定している。

現行民法ではこの場合の規定が第638条第2項にあり、請求権の行使は滅失またはき損の日から1年とされており、ここでも標準約款の規定は権利行使期間を民法の規定から大幅に短縮して発注者を不利にしている。標準約款の瑕疵担保期間は、以上のように民法の規定と大きな隔たりがある。

住宅建築工事に関しては、住宅の品質確保の促進等に関する法律（1999年6月法律第81号）が制定され、建物の主要部分に関しては、10年間の瑕疵担保期間を設けた。

しかし、10年の間に請負会社の倒産その他の事情により、瑕疵保証が実行されないおそれがあり、この問題に対処するために2007年5月、特定住宅瑕疵担保責任の履行の確保等に関する法律（住宅瑕疵担保責任法）が成立した。これにより、国土交通大臣が指定する住宅瑕疵担保責任保険法人が瑕疵担保期間中の担保責任をカバーすることが可能になった。

建設工事に関する標準請負契約約款の瑕疵担保期間については、1962年の標準約款改正において導入され、以後、住宅建築を除いて改正されていない。標準約款策定以前の官庁請負契約書では、戦前の鉄道省請負契約書などで木造1年、石造など2年と瑕疵担保期間を置く例がみられるが、規定が一切ないものもあってさまざまである。

瑕疵担保責任は、当事者の契約に基づく権利と義務の関係の一環とされており、民法の規定を契約によって変えることは判例においても認められている。しかし、現在のように、消費者保護が重視される時代を迎えて、発注者の権利をより広く認める判例も出てきている。

事例として、瑕疵担保責任に基づき建物の建て替え費用相当額の損害賠償を請求できるかという問題をあげる。最高裁は２００２年９月24日の判決で建て替え費用相当額の損害賠償を請求できるとした。

これまで、民法第６３５条の「仕事の目的物に瑕疵があり、そのために契約をした目的を達することができないときは、注文者は、契約の解除をすることができる。ただし、建物その他の土地の工作物については、この限りでない」という規定から、契約解除に等しい建て替え相当額の損害賠償は認められないのではないかとする判断も存在したが、02年の最高裁判決でこの問題が決着したのであった。このような動向のなかで、瑕疵担保責任期間の規定については再度の検証を必要としていた。

・２００２年の最高裁判決要旨

本件は、建物の建築工事の注文者が請負人に対して、建物には重大な瑕疵があって建て替えるしかないとして、請負人の瑕疵担保責任などに基づき、損害賠償を請求する事案である。建て替え相当額の賠償請求が民法第６３５条ただし書の規定の趣旨に反して許されないかどうかが争われた。

請負契約の目的物が土地の工作物である場合に、目的物の瑕疵により、契約の目的を達成できないときに契約の解除を認めれば、何らかの利用価値があってもその工作物を除去しなければならず、請負人にとって過酷で、かつ、社会経済的な損失も大きいことから、第635条ただし書において、土地の工作物を目的とする請負契約については、瑕疵によって契約の解除はできないこととした。

しかし、目的物である建物に重大な瑕疵があるため、これを建て替えざるを得ない場合には、注文者は請負人に対し、建物の建て替えに要する費用相当額を損害として賠償請求できるというべきである。

2015年3月に国会提出の民法（債権関係）改正案による瑕疵責任制度などの見直し

民法が1896（明治29）年に制定されて以来、債権関係条文に関しては2004年に現代語化が行われたほか、改正されておらず、120年近く内容の変更がなされていない。今回の120年ぶりの改正項目に瑕疵責任と消滅時効が含まれている。

〔瑕疵責任制度の改正〕

改正にあたっては、民法に瑕疵の定義がないことから議論があり、売買契約に係る第562条に「目的物が種類、品質及び数量に関して契約の内容に適合しないものであるときは、買主は売主に対して目的物の修補、代替物の引渡し、又は不足分の引渡しによる履行の追完を請求することができる。ただし、売主は、買主に不相当な負担を課するものでないときは、買主が請求した方法と異なる方法で履行の追完をすることができる」と規定した。

そして、請負契約の瑕疵担保責任（修補請求権）および解除権に関しては、現行民法第634条および第635条を削除し、売買契約の目的物が契約の内容に適合しないときの修補などの追完請求権および解除権に統合することとした。

請負人への瑕疵担保責任追及は仕事の目的物の引き渡しから1年以内にしなければならないとする現行民法第637条の規定は、改正民法第566条の売買における「買主が事実を知った時から1年以内にしなければならない」を適用することとして、注文主の追完請求期間をより厚く保護している。

また、現行民法第638条は、請負人の瑕疵担保責任期間を目的物の引き渡しから5年ないし10年とする特例を規定している。しかし、改正民法第566条が「事実を知った時から1年以内」とする担保責任期間の規定を置いたことから、現行の第638条は削除されることとなる。

消滅時効の改正内容は、第166条に「行使できることを知った時から5年」「行使することができる時から10年」とされている。したがって、建設工事に係る契約目的不適合に関しては、注文主が事実を知った時から1年以内に請負人に通知することによって権利が保存され、消滅時効の規定に従って権利が消滅することになる。

なお、契約当事者の合意による特約が可能であり、今後、標準請負契約約款などの見直しが議論されることになろう。

4 不法行為責任

建設物の瑕疵担保責任に関しては、契約による瑕疵担保責任のほか、民法第709条に「故意又は過失によって他人の権利又は法律上保護される利益を侵害した者は、これによって生じた損害を賠償する責任を負う」と規定される不法行為責任がある。

近年の消費者保護に係る意識の高まりと同時に、制度の充実などの動きのなかで、不法行為としての建設物の瑕疵担保責任に関しても発注者・利用者保護の傾向が顕著にみられる。

まず、近年における建物の瑕疵に係る不法行為責任に関する最高裁判例として、次の最高裁2007年7月6日判決がある。

・最高裁07年7月6日判決要旨

原審（高裁）は「注文者は、建物の買主に対して著しい違法性がなければ不法行為責任は負わない」とした。これに対して最高裁は「建物としての基本的な安全性が損なわれる瑕疵がある場合には不法行為責任が成立する」とした。

基本的安全性を損なう例として、ベランダの手すりの取り付け不具合、外壁の剥離、亀裂、漏水など建築物の構造上の強度とは直接影響しない瑕疵をもあげている。

・11年7月21日最高裁（2次）判決

前述の判決により、差し戻された後の福岡高裁判決を原審とする第2次上告審では「建物としての基本的な安全性を損なう瑕疵」とは、居住者などの生命、身体、財産を危険にさらすような瑕疵をいい、現実的な危険のみならず、これを放置すれば、いずれは居住者などの危険が現実化することとなる場合を含めるのが相当としている。

放置した場合、鉄筋の腐食、劣化、コンクリートの耐力低下などを引き起こし、建物の構造耐力に関わる瑕疵はもとより、例えば、外壁が剥離して落下、開口部、ベランダ、階段などの瑕疵により利用者が転落するなどの危険や漏水、有害物質の発生などにより建物利用者の健康や財産が損なわれる危険があるときも「建物としての基本的な安全性」を損なう瑕疵に該当するというべきであるとしている。

〔建物の瑕疵に係る不法行為責任と損害賠償請求の特徴〕

まず指摘される点は、契約上の瑕疵担保責任と合わせて不法行為責任を追及するケースが多いことである。この理由としては次の点があげられる。

・以前には、建て替え相当額の損害賠償を請求する場合、瑕疵担保責任においては民法第635条ただし書（**256ページ参照**）が契約解除を認めていないことから、それと同等の効果をもたらす建て替え費用相当額の損害賠償請求が否定されることがあった。この場合に備えて、同時に不法行為責任を追及して損害賠償請求をするケースがあった。

・建物の売買契約において、瑕疵修補金および損害賠償金の負担力が契約の相手である売主に不足していると推測される場合、建物の買主が売主、仲介業者に加えて施工者に対しても損害賠償請求を行うために瑕疵担保責任に加えて不法行為責任を追及する。

・瑕疵担保責任の除斥期間（**注4―11**）が経過している可能性がある場合、同時に不法行為責任を追及することで除斥期間のリスクを減らす。

このように、建設請負の工作物の瑕疵担保責任および損害賠償責任に関して、無過失責任とされる瑕疵担保責任と故意または過失責任である不法行為責任のいずれも、発注者保護を重視する方向へ運用実態が動いてきた。

不法行為責任に関しては、基本的安全性を損なうものかどうかという基本点についても、論点が残されており、また、除斥期間が長いこともあって、施工者の責任が厳しく問われる状況にある。

民法改正案（契約内容の不適合）

（買主の追完請求権）

第５６２条　引き渡された目的物が種類、品質及び数量に関して契約の内容に適合しないものであるときは、買主は、売主に対し、目的物の修補、代替物の引渡し又は不足分の引渡しによる履行の追完を請求することができる。ただし、売主は、買主に不相当な負担を課するものでないときは、買主が請求した方法と異なる方法による履行の追完をすることができる。

２　前項の不適合が買主の責めに帰すべき事由によるものであるときは、買主は同項の規定による履行の追完の請求をすることができない。

（目的物の種類又は品質に関する担保責任の期間の制限）

第５６６条　売主が種類又は品質に関して契約の内容に適合しない目的物を買主に引き渡した場合において、買主がその不適合を知った時から1年以内にその旨を売主に通知しないときは、買主は、その不適合を理由として、履行の追完の請求、代金の減額の請求、損害賠償の請求及び契約の解除をすることができない。ただし、売主が引渡しの時にその不適合を知り又は重大な過失によって知らなかったときは、この限りでない。

（消滅時効）

第１６６条　債権は、次に掲げる場合には、時効によって消滅する。

一　債権者が権利を行使できることを知った時から5年間行使しないとき。
二　権利を行使することができる時から10年間行使しないとき。
（第2、3項略）

現行民法（瑕疵担保責任、不法行為責任）
（請負人の担保責任）
第634条　仕事の目的物に瑕疵があるときは、注文者は、請負人に対し、相当の期間を定めて、その瑕疵の修補を請求することができる。ただし、瑕疵が重要でない場合において、その修補に過分の費用を要するときは、この限りでない。
2　注文者は、瑕疵の修補に代えて、又はその修補とともに、損害賠償の請求をすることができる。この場合においては、第533条の規定を準用する。
第635条　仕事の目的物に瑕疵があり、そのために契約をした目的を達することができないときは、注文者は、契約の解除をすることができる。ただし、建物その他の土地の工作物については、この限りでない。
（請負人の担保責任の存続期間）
第637条　前3条の規定による瑕疵の修補又は損害賠償の請求及び契約の解除は、仕事の目的物を引き渡した時から1年以内にしなければならない。
2　仕事の目的物の引渡しを要しない場合には、前項の期間は、仕事が終了した時から起算する。
第638条　建物その他の土地の工作物の請負人は、その工作物又は地盤の瑕疵について、引渡しの後5年間その担保の責任を負う。ただし、この期間は、石造、土造、れんが造、コンクリート造、金属造その他これらに類する構造の工作物については、10年とする。
2　工作物が前項の瑕疵によって滅失し、又は損傷したときは、注文者は、その滅失又は損傷の時から1年以内に、第634条の規定による権利を行使しなければならない。

（担保責任の存続期間の伸長）
第６３９条　第６３７条及び前条第１項の期間は、第１６７条の規定による消滅時効の期間内に限り、契約で伸長することができる。
（債権等の消滅時効）
第１６７条　債権は、10年間行使しないときは、消滅する。
２　債権又は所有権以外の財産権は、20年間行使しないときは、消滅する。
（不法行為による損害賠償）
第７０９条　故意又は過失によって他人の権利又は法律上保護される利益を侵害した者は、これによって生じた損害を賠償する責任を負う。
（不法行為による損害賠償請求権の期間の制限）
第７２４条　不法行為による損害賠償の請求権は、被害者又はその法定代理人が損害及び加害者を知った時から３年間行使しないときは、時効によって消滅する。不法行為の時から20年を経過したときも、同様とする。

（注4―11） 除斥期間について

瑕疵担保責任に関しては、標準約款では、木造1年、石・コンクリート造2年、故意または重大な過失による場合は木造5年、石・コンクリート造10年である。現行の民法第６３８条では、建物その他の土地の工作物は5年、石・コンクリート造10年。瑕疵により滅失または損傷した時から1年以内に請求しなければならない。改正民法では、買主（注文主）は、契約内容の不適合を知った時から1年以内に売主（請負人）に通知しなければならない。

不法行為責任に関しては、民法第７２４条で不法行為による損害賠償の請求権は、被害者またはその法定代理人が損害および加害者を知った時から３年間行使しないときは時効によって消滅。不法行為の時から20年経過したときも同様と規定。

5　米国のメンテナンスボンド

米国では、通常の契約上の瑕疵担保期間1年間を超えて、長期の担保期間を確保するために、ボンド機関が発行するメンテナンスボンドが活用されるようになってきている。

発注者が請負会社にメンテナンスボンドの購入を要求するのであるが、瑕疵担保責任期間は5～20年とかなり長期になっている。

四章　紛争解決

1　建設業法が定める建設工事紛争処理機関の役割と問題

建設業法では、国（中央）および各都道府県に設置される建設工事紛争審査会が裁判外紛争解決手続き（ＡＤＲ）の機関として位置づけられている。建設工事契約の当事者は、契約に係る紛争に際して、あっせん、調停および仲裁機関として建設業法に規定される建設工事紛争審査会を利用することができる。

しかし、これは行政機関に設置されていることも影響して、公共工事で行政機関が当事者となる紛争審査の申請がきわめて少ないという問題がある。また、外国企業からみると、建設業法に規定され、国および都道府県に設置される建設工事紛争審査会は、公共工事の発注者でもある国および都道府県と一体の組織とみられるおそれがあるとの指摘がある（注4―12）。

新築住宅に関しては、住宅品質確保促進法による住宅性能評価を得たものについて、同法に定めるＡＤＲを利用することができる。

同法に基づき国が指定する指定住宅紛争処理機関は、全国52の単位弁護士会がそれにあたる。それぞれの単位弁護士会は、住宅紛争審査会を設置しており、住宅の発注者、買主、建築請負会社、販売会社が当事者となることができる。また、指定住宅紛争処理機関を支援する公益財団法人住宅リフォーム・紛争処理支援センターが設置されている。

（注4―12）「『絶滅貴種』日本建設産業」クリス・アール・ニールセン著、草柳俊二翻訳監修、英光社、2008年1月、55～56ページ。

2 諸契約約款における紛争解決手続き

日本の公共工事標準請負契約約款、FIDIC契約条件書1999年版、英国の土木関係標準請負契約約款NEC3（The New Engineering and Construction Contract 3 Ver.）、米国連邦調達規則の契約管理の遂行および紛争解決手法を比較してみると、日本の契約約款との著しい違いは、契約管理の遂行当事者として契約当事者以外の第三者が存在していることである。

FIDICの場合は、発注者と契約関係にあるエンジニア（The Engineer）が発注者のために行動しつつ、契約に従ってフェアな決定を下さなければならないとされている。英国のNEC3では、プロジェクトマネジャーが受注者から提出された各種クレームに対して裁定などを行う権限を与えられている。米国連邦調達規則では、発注者が任命し、中立的な立場をとる契約官（Contracting Officer）が存在する。

これら（プロジェクトマネジャーまたは契約官）の裁定に不服がある場合には、それぞれの約款に規定するADRに解決をゆだねることになる。

FIDIC契約条件書1999年版では、これまでエンジニアが直面してきた発注者の代理人と中立的な第三者という矛盾する二面性に対処して、あらたに工事ごとに紛争裁定委員会（ＤＡＢ：Dispute Adjudication Board）を設置する規定を置いた。

エンジニアは発注者の立場に立ちながら、契約条項に忠実に裁定する。この裁定で合意に至らない場合は、裁定権限をＤＡＢに移して裁定を下す。これでも裁定に服さない場合には国際商業会議所（International Chamber of Commerce）の仲裁手続きに入ることになる。

この形は、英国、米国も類似しており、プロジェクトマネジャー（英国ＮＥＣ３）あるいは契約官（米国連邦調達規則）の裁定に不服があれば、英国では紛争裁定委員会（ＤＡＢ）、米国では契約提訴委員会（Agency Boards of Contract Appeals）の裁定手続きに入る。この裁定にも服さない場合は、提訴または仲裁申し立てとなる。

なお、日本では公共工事標準請負契約約款において、あらかじめ調停人を選任し、紛争に発展したときは、調停人の裁定（あっせんまたは調停）によることを選択することができたが、調停人は契約管理に関与する立場ではなかった。２０１０年7月の公共工事標準請負契約約款の改正により、施工管理の遂行過程で当事者協議に加わって第三者の立場から意見を述べる権限を有する調停人の設置を規定した（注4—13）。

この場合、調停人の裁定に服さない場合は、建設業法が規定する建設工事紛争審査会などＡＤＲ機関の調停、あっせん、さらには仲裁手続きとなる。ただし、第三者の立場から意見を述べる権限を有する調停人の設置を規定する標準約款改正からまだ日が浅く、ほとんど活用されていない。この標準約款の改正をうけて、国土交通省は13年7月に「公正・中立な第三者活用促進マニュアル」を公表している。

日本の建設工事標準請負契約約款のうち、民間工事標準請負契約約款など主として建築工事を対象とするものは、発注者、受注者および監理者（監理技師）の3者による契約管理を規定している。

施工の過程では受注者は監理者の指示に従い、必要があれば監理者と協議して問題を処理する。請負金額の変更、工期の変更など重要な契約変更は、発注者、受注者に監理者を加えた3者による協議によることとしている。協議が整わないなど紛争解決が必要なときには、建設工事紛争審査会などADR機関の調停、あっせん、さらには仲裁手続きとなる。

（注4―13）1972年の公共工事標準請負契約約款改正で、契約当事者の合意により選任する調停人があっせんまたは調停を行うことができるようになった。2010年の改正では、発注者と受注者の協議に第三者として加わり、意見を述べる権能を持つ調停人の規定が加わった。

・2010年7月の公共工事標準請負契約約款の改正点

（あっせん又は調停）

第52条（A）この約款の各条項において発注者と受注者とが協議して定めるものにつき協議が整わなかった場合、その他この契約に関して発注者と受注者の間に紛争を生じた場合には、発注者及び受注者は、契約書記載の調停人の調停又はあっせんにより解決を図る。（以下略）

（第2、3項略）

4　発注者又は受注者は、申出により、この約款の各条項の規定により行う発注者と受注者の間の協議に第1項の調停人を立ち会わせ、当該協議が円滑に整うよう必要な助言又は意見を求めることができる。（以下略）

5　前項の規定により調停人の立会いのもとで行われた協議が整わなかったときに発注者が定めたも

のに受注者が不服である場合で、発注者又は受注者の一方又は双方が第１項の調停人のあっせん又は調停により紛争を解決する見込みがないと認めたときは、同項の規定にかかわらず、発注者及び受注者は、審査会のあっせん又は調停によりその解決を図る。

終編　新たな建設市場を拓くための四つの課題

一章　入札談合システムにどう向き合うか

1　入札談合と公共調達制度の密接な関係

入札談合に関しては、第三編はじめ各編でさまざまな角度から触れてきた。現在に至る公共調達制度と建設市場の動きを観察すると、発注者および司法などと入札談合との付き合い方によって公共工事の調達制度が変わってきたことがわかる。

このことをいい換えるとすれば、入札談合は公共調達システムの重要な一部を形成していたといってもよいのではないか。繰り返しになるが、入札談合が調達制度を動かしたと理解できる事例をあげてみる。

明治会計法令の制定と指名競争入札の定着

江戸期には職人同業者組合（座、株仲間）が価格を決めるだけの力を持っていた。幕末から同業者組合を解散する命令が何度か出されるものの、効果が上がらなかった。

請負人が次第に成長して同業者組合の力が弱まると、今度は談合屋が暗躍して談合金を配り、談合を仕切った。談合屋は発注組織に内通して工事価格を探り、談合参加者の信用を得た。

1889（明治22）年に会計法が制定され、一般競争入札の原則が立てられた。同時に予定価格制度ができたが、落札価格の上限拘束性を導入した理由の一つに、談合による損害を小さくすることがあったと考えられる。

一般競争入札を実施した結果、施工能力に欠ける業者の参入により、不良工事、契約不履行が蔓延して、やがて指名競争入札が定着する。発注者が資格者のなかから裁量により、競争参加者を指名することで、工事の品質が確保された。それとともに、談合組織と発注組織との癒着も定着することになった。

刑法による入札談合の扱いと談合システムの成立

刑法の制定以来、詐欺罪を適用して有罪とされた例もあるものの、談合金が介在しない場合は概ね無罪とされた。１９４１（昭和16）年の刑法改正により、談合罪が規定されたが、「公正なる価格」を害し、「不正の利益」を得る目的を持った談合を対象としたため、「公正なる価格」をめぐって判例が分かれることになった。

公正・自由な競争により成立した価格を「公正なる価格」と考える競争価格説が最高裁判決（53年、57年）でとられていたが、68年の大津地裁判決で適正利潤価格説が確定判決となった。

この結果、談合金の介在しない談合、赤字回避のための談合は合法とする理解が広まり、公平な受注機会を得るための業界団体による入札談合が談合システムとして定着することになった。

発注者は、談合システムの存在により、業界の秩序が保たれ、発注者優位の契約条項が順守され、何らの問題が生じないことから、談合システムに対して少なくとも暗黙の理解（場合によっては指示ないし了解）を与えており、また、工事完成保証人の存在も談合システムを強化するものであった。

独占禁止法の運用強化による談合システムの弱体化

刑法および発注者との請負契約に関しては、入札談合はほとんど問題にならなかったが、制定以来、動かなかった独占禁止法が外圧によって動き始めた。

１９９０（平成２）年に日米構造協議が合意に至り、独占禁止法の改正（課徴金の大幅引き上げ、罰則強化）と運用強化によって入札談合事件の摘発が急増した。

94年度からは工事完成保証人は国の契約では廃止された。発注者が関与する談合事件が多い実態も明らかにされ、２００２年に官製談合防止法が制定された。

06年からは独占禁止法の改正により情報提供者に対する制裁減免（リーニエンシー）制度、公正取引委員会の犯則調査権、課徴金など罰則強化などが施行され、談合システムは大きく傷んで、談合事件の摘発件数も07年以降、激減した。

しかし、07年2件、08年1件、09年0件の後、10年から13年の4年間に16件の入札談合事件に対して独占禁止法による法的措置が講じられており、しかも、これらのうち7件は官製談合防止法を適用されている。談合システムは弱体化しながらも、各地で動いているものとみられる。

2　入札談合が行われる理由

第一には、受注側における赤字工事の回避である。価格競争の結果は、意図的な赤字もあり、意図せざる赤字もあり、赤字受注に陥る可能性は高い。公共工事のように1件の金額が大きく、受注機会が限られている場合、受注意欲が強い者が入札参加者として数多く集まるため、とくに赤字受注の可能性が高い。ゲーム理論でいう「勝者の呪い」である。赤字回避、適正利潤の確保を目的とする談合は、1968年の大津地裁判決で刑法の処罰の対象ではないとされた。談合金の介在がなく、予定価格の範囲内であれば不当な利得を得たことにはならないと理解されてきた。

第二には、発注者の教唆によるものであり、教唆の理由は、安値落札による品質への不安、下請への低価格のしわ寄せなど不適切な施工のおそれのほか、発注者の優位性のもとで施工上のリスクの多くを受注者に押し付けることができることなどがあげられ、指名した入札参加者に予定価格の情報を漏らして談合を黙認することが多いとされる。低入札価格調査制度、総合評価落札方式など安値入札の問題への対応策がとられてはいるが、発注者の負担が大きくて発注者の事務処理能力を超える場合も多い。

第三として、談合屋による不当な利得を得ることを目的とする談合金が動く談合があるが、これは刑法の談合罪の対象になることが明白である。

3　なぜ入札談合と決別すべきか

入札談合が行われる第一の理由と第二の理由が重なる形で談合システムが成立してきた。不正な利得があるわけでなく、発注者も受注者も問題なく受け入れているのだから、これを無理に排除する必要はないのではないかという考え方もあり得る。刑法による規制の時代に存在した考え方ともいえよう。

しかし、自由市場経済を理念とする現在の商取引において、このような統制経済の残滓のような考え方は受け入れられない。

独占禁止法の法益は、第一義的には「公正かつ自由な競争秩序の促進」にあり、究極的には「一般消費者の利益を確保するとともに、国民経済の民主的で健全な発達を促進すること」といえる。抽象的ではあるが、すでに共有されているこのような価値観のもとで、談合への拒否の姿勢を明確にすべきである。

談合があっても、契約価格は予定価格の範囲内であるから、不当な利得を得ようとするものではないとの主張に対して、談合がなされずに競争が行われていれば、さらに低い価格で契約できているはずだから、納税者に対して損害を与えているという批判もある。

予定価格はかなり厳密な積算のもとで作成されているから、談合によって大きな利得を得ることは難しい。しかし、談合が決める価格に正当性はなく、納税者に損害を与えていることは否定できない。

競争入札は透明性、競争性、公正性などの面で優れた方式であるが、前述のように安値入札に伴ういくつもの問題を抱える。発注者責任の基本とされる「良質なものを低廉な価格で」という理念に向かう発注者のインセンティブが存在しないという問題もある。

談合を絶滅することは困難である。しかし、発注者が談合を受け入れる素地をなくすことは可能である。

第一に、発注組織の共同化や事務委任、あるいは東日本大震災の復興事業で行われている地方公共団体の発注業務の外部委託やＣＭ方式の採用によって、発注・契約・契約管理能力の強化を図ることが必要である。

第二に、調達方式に関しては、一般競争入札・総合評価落札方式を原則として、段階選抜方式、技術提案・交渉方式など事案によってさまざまな調達方式を選択する能力を高めることが有効であると考える。

このような望ましい調達方式の選択を行う実務のなかで、発注者責任の実現へのインセンティブを形成することが可能ではないだろうか。

二章　現場労働力不足に対応できるか

1　建設技能労働者数の将来予測

建設業就業者数は、国勢調査によれば２０１０年には４４７万人であったが、コーホート分析を用いた将来予測（「建設経済レポート（日本経済と公共投資）」№61、建設経済研究所、13年10月）では、05～15年の10年間の減少傾向が続くとすれば、25年は２４１万人で10年比54％と半減に近い。

労働力調査によると、建設業就業者数は10年を底にして増加傾向にあり、この傾向を将来予測に反映させるための増加補正を行っているが、そのうちの若年層（15～24歳）の入職率が00年のレベルまで回復するという仮定による予測値では、25年の建設業就業者数は２９８万人（10年比67％）で、若年層の入職状況改善の効果は大きい。

建設技能労働者数のコーホート分析による将来予測（「建設経済レポート（日本経済と公共投資）」№63、建設経済研究所、14年10月）では、10年国勢調査の２６６万人（建設作業者と電気工事作業者等の計）が、ケース①の悲観的仮定（**注5―1**）による予測では、25年に２２６万人と10年比85％となる。ケース②の楽観的な仮定（**注5―2**）による予測では、25年には２６８万人とほぼ10年の同水準を予測している。これをみても技能労働者数を維持することの困難さが理解できる。

この予測データで注目すべきは職種別のコーホート分析結果である。ケース①において、25年の予測値の10年比は、とび職のみが増加しており、その他の職種は、左官（64％）、大工（72％）など大幅に減少している。とび職の年齢構成は13年の25～34歳をピークとしており、中高年齢層に偏る他の職種とは異なる。

東日本大震災の復興事業に加えて、東京オリンピック・パラリンピックに向けた施設整備により、20年までの建設需要は堅調に推移する可能性が高い。さらに、インフラストック、建築ストックの更新、維持・修繕などの需要を考慮すれば、建設市場の規模が20年以降に急減するとは考えられず、さきの予測値を考慮すれば、多くの職種で建設技能労働者の不足があらわになるおそれがある。

（注5―1）若年層の入職率は伸びない。25～64歳の年齢層は労働力調査10～13年の増加率が２０１５年まで続くなど。

（注5―2）若年層の入職率は13年から10年間で倍増し、その後も下がらない。25～64歳の年齢層は労働力調査の10～13年の増加率が18年まで続くなど。

2　建設業が若者に嫌われる理由

若者が建設業への入職を敬遠する理由として、アンケート調査（「建設技能労働力の確保に関する調査報告書」建設産業専門団体連合会、２００７年）によれば、収入の低さ、仕事のきつさ、休日の少なさ、作業環境の厳しさ、職業イメージの悪さ、社会保険など福利の未整備などが上位にあげられている。

また、理想的な仕事に関する世論調査（「国民生活に関する世論調査」内閣府、15年）では、収入が安定している仕事、自分にとって楽しい仕事、自分の専門知識や能力が生かせる仕事、健康を損なう心配がない仕事、失業の心配がない仕事が上位にある。

若者のなかに「建設ものづくり」の仕事に楽しさを感じたり、自分の能力が生かせる仕事としてとらえている者は少なくないはずである。しかし、収入面、就労環境面などから入職に踏み切れずにいる者も多いのではないだろうか。さらに、入職後、短期間で建設業から出ていってしまう若者も少なくない。

ここにあげられた建設業への入職を敬遠する理由をみると、①生涯収入を含む賃金水準の問題、②休日を含む勤務時間の問題、③雇用関係の明確化（社会保険加入を含む）の問題、④現場就労環境の改善整備の問題などが浮かび上がる。これらの問題の解決に向けて着実に進まなければならない。

3　建設技能労働者の正社員化

前述の①〜④の問題は、いずれも建設技能労働者の雇用関係のあいまいさに起因するところが大きい。

技能労働者の雇用関係などについて一般財団法人建設経済研究所が行ったアンケート調査（「建設経済レポート（日本経済と公共投資）」No.63、２０１４年10月）をみると、技能労働者は元請会社にはほとんどいない。１次下請会社では、事務職員、技術職員は正社員で社会保険に加入している。また、大都市圏では技能労働者を正社員として直接雇用する会社は少ないが、正社員であれば当然、社会保険に加入している。地方圏では技能労働者を正社員として雇用し、社会保険に加入している会社が多い。

現場作業に従事する技能労働者のほとんどは、2次下請以下の会社または個人事業主に所属するか一人親方である。大都市圏の場合は技能労働者で社会保険に加入する者は少ないが、地方圏では2次下請会社が技能労働者を直接雇用し、社会保険に加入している例が多くみられる。大都市圏の技能労働者は、条件のよいところがあれば移動することが多く、これも雇用関係をあいまいにしている背景をなしている。

賃金の支払い方法、社会保険への加入、勤務時間、現場就労環境の改善整備などは、雇用関係がはっきりしている正社員であれば問題とならず、なったとしても解決できる。

技能労働者の場合は、職人としてのキャリア（見習い、職人、一人親方、親方）を積み上げていくという生涯をかけた思いがあるため、雇用関係を重視しない傾向があるといわれる。日当としての手取りの多寡を重視するため、社会保険を軽視するともいわれることがある。

しかし、現代の若者は、普通の収入、普通の勤務時間と休日、普通の厚生福利制度への加入、安全・安心な職場を欲している。

これを実現するわかりやすい道は、雇用関係の明確化、すなわち正社員化である。すでに地方圏では、1次下請および2次下請の会社において技能労働者の正社員化が進んでいる。難しいことではなく、1次・2次下請会社と技能労働者本人が、これまでの先入観を覆せば実現できる「正社員職人」への道である。

4　外国人労働力に期待できるか

日本の国内における外国人の就労は、出入国管理及び難民認定法で基本的に専門的・技術的分野に限定されている。技能労働者に関しては、発展途上国への技術移転による国際協力を目的とする技能実習などに限って在留資格を認めている。

現行の外国人技能実習制度は、当初の1年目にまず2カ月の座学による語学などの講習があり、その後、受け入れ企業で技能実習を行う。これを技能実習1号という。

1年目終了時点で技能検定基礎2級に合格すると2年目、3年目の技能実習2号に進むことができる。技能実習2号は、受け入れ企業における実習であり、対象職種は建設業関係で21職種、31作業に分かれている。当初の講習期間を除き、技能実習期間は労働関係法令が適用され、社会保険に加入する。

２０１３年末の技能実習生の総数は15万５２１４人で、建設業が受け入れている人数はこのうちの約1割である。中国からの技能実習生が約7割を占め、次いでベトナム、インドネシア、フィリピンが多くの技能実習生を送り出している。

20年度までの緊急措置として、外国人建設就労者受け入れ事業が15年4月に開始された。東京オリンピック・パラリンピックなどによる建設需要の急増に対処するため、技能実習2号を終えた外国人技能実習生の再入国を認める制度に基づいて、1年ごとの更新により2年間、また、帰国後1年以上経過した者は3年間の再入国が可能になる。

20年度までの短期間ではあるが、この制度が活用されると建設業における外国人技能労働者の在留人数は4万人を超える可能性がある。これが関東ブロックにとどまるとすれば、建設技能労働者の不足をかなり埋めることとなり、その効果は大きいものとなる。

しかし、大きな問題がある。前述したように、建設技能労働者の不足の大きな原因は若年層の薄さであり、その背後には若者に嫌われる建設業という現実があり、収入の低さ、休日を含む就労時間など就労条件の悪さなどの改善が急がれている。

外国人技能労働者の活用にあたってもっとも留意すべきは、技能労働者不足の逼迫感が薄れることによって、賃金水準、就労条件などの改善努力が損なわれる懸念である。外国人技能労働者の雇用管理に手抜きがあれば、建設技能労働者の賃金水準など労働条件のいっそうの悪化さえ招きかねない。

14年から法務省、厚生労働省を中心に外国人技能実習制度の見直し作業が行われ、15年3月に「外国人の技能実習の適正な実施及び技能実習生の保護に関する法律案」が国会に提出された。本法案では、優良な実習生については技能実習3号として実習期間を2年延長できることとしている。

この見直し作業の検討事項として重視していることに、監理団体、実習実施機関の適正化、人権侵害などの防止および対策などがある。人数が増えるに従って監視が不十分になり、賃金、就労時間、実習内容などが当初と異なって劣悪化し、あるいは実習効果があがらない単純作業を押し付けるなどの問題が指摘されている。

少子高齢化の時代にあって、若者を取り込むにしてもその数は限られ、外国人の技術、技能に頼らざるを得ないことになるのは目にみえている現実である。

国内の技能労働者の就労条件の改善を着実に進める一方、外国人労働者に対しても同様の適正な処遇ができる環境を整備して、受け入れの門戸を広げるべきである。

三章　建設市場の国際標準化
――国内市場のガラパゴス化を回避するには

1　アジア市場で生きるための国際競争力の強化

日本の建設市場は、人口減少と高齢化というこれまでにどの国も経験したことのない状況のもとにある。建設会社は、将来的には国内市場に多くを期待するわけにはいかず、企業として成長を目指そうとすれば、海外市場を視野に入れざるを得ない。

これまでに大手・中堅ゼネコンにみられた海外受注額の激しい増減は、国内の受注が安定していたから、経営上の深刻な問題にならなかったのであって、今後は海外受注を安定して伸ばすことが目標になる。海外市場における競争力が企業の存立と発展を決めることになる可能性が高い。

これまでの海外建設受注は、ＯＤＡ無償援助プロジェクトや日本企業の工場はじめ海外生産拠点の建設など発注者が日本の政府機関または企業であるケースが多くみられた。この場合は、国内建設受注で培った技術的・事務的施工力で十分に対応可能であった。

一方で、円借款プロジェクトでも民間プロジェクトでも、発注者が現地政府機関や現地企業の場合、契約管理上のトラブルから巨額の損失が生じるケースも少なくなかった。

第四編二章５（２３０ページ参照）に引用した独立行政法人国際協力機構の「片務的契約条

件チェックリスト」では、円借款プロジェクトの契約における実例をもとに、51項目にわたり発注者優位の契約条件に注意を促している。

内容としては「受注者の権利の制限」「受注者の義務の拡大または発注者の義務の縮小」「エンジニアの公平な決定の阻害」「紛争委員裁定の取得の阻害」という大きく四つのカテゴリーに分類されている。

受注者が片務的契約条件を押し付けられることなく、発注者に対しても適切にクレームを行うことができるようにするためには、FIDIC（国際コンサルティング・エンジニア連盟）約款など現地で使用される契約条件書の運用に十分に慣れることが必要である。発注者の代理人として契約管理を担うエンジニアと工事ごとに設置される紛争裁定委員会（DAB）によるトラブルの早期解決の仕組みを熟知し、活用しなければならない。

2　国内の建設請負契約におけるFIDIC約款の活用

この問題に対処するためには、契約管理の基盤が海外と日本国内で違いがあることを認識する必要がある。

FIDIC約款など海外で使用される契約条件書の場合は「相互不信頼」の基盤があって、厳密に文書化された内容を当事者相互が誠実に履行することが基本となる。

一方、日本国内では契約条件には基本的な条件のみ文書化されていて、細部は「相互信頼」の基盤のもとで解釈、履行される。問題が生じれば当事者間の協議によって解決を図るが、発注者優位の結果になることが多い（注5—3）。

このような契約管理の考え方、手法の違いをなくし、国内の建設契約であっても海外の建設契約と同様の契約管理が行われることにより、海外の契約管理に熟達できる環境を国内につくることが日本企業の国際競争力を高めることになる。同時に、発注者優位の片務的な契約条件の是正にも大きな効果を持つことになる。

２０１０年度から国土交通省の直轄工事において、ＦＩＤＩＣ約款などを参考にした公共工事の発注・契約の試行が行われている。目的は、海外の標準的な契約約款といえるＦＩＤＩＣ約款などに慣れることにより、日本のゼネコンの国際競争力を強化することにある。

試行工事では、ＦＩＤＩＣ約款における「エンジニア」の機能を持つ第三者の技術者を配置して、監督、検査、設計変更協議などの契約管理に関わる。15年度まで毎年この試行が同様の内容で行われてきたが、ＦＩＤＩＣ約款の特徴である工事ごとに置くＤＡＢおよび詳細な契約条件書については、まだ試行の対象になっていない。

日本企業が慣れて活用しなければならないのは、まず、詳細な契約条項と契約管理であり、次いでエンジニアの活用とＤＡＢによる紛争解決手法であり、これらを含めた試行を急ぐべきであろう。

公共工事標準請負契約約款はじめ各種の標準約款と国際的な契約条件書とのすり合わせを急ぐとともに、10年の標準約款改正によって新たに設置可能になった公正、中立な第三者である「調停人」を一定規模以上の工事契約において原則的に置くことなどにより、その活用を図るべきである。

この調停人は、現場においてＤＡＢと同様の紛争裁定機能を持つことができ、契約当事者

図表５—１　アジア・太平洋地域の建設投資額

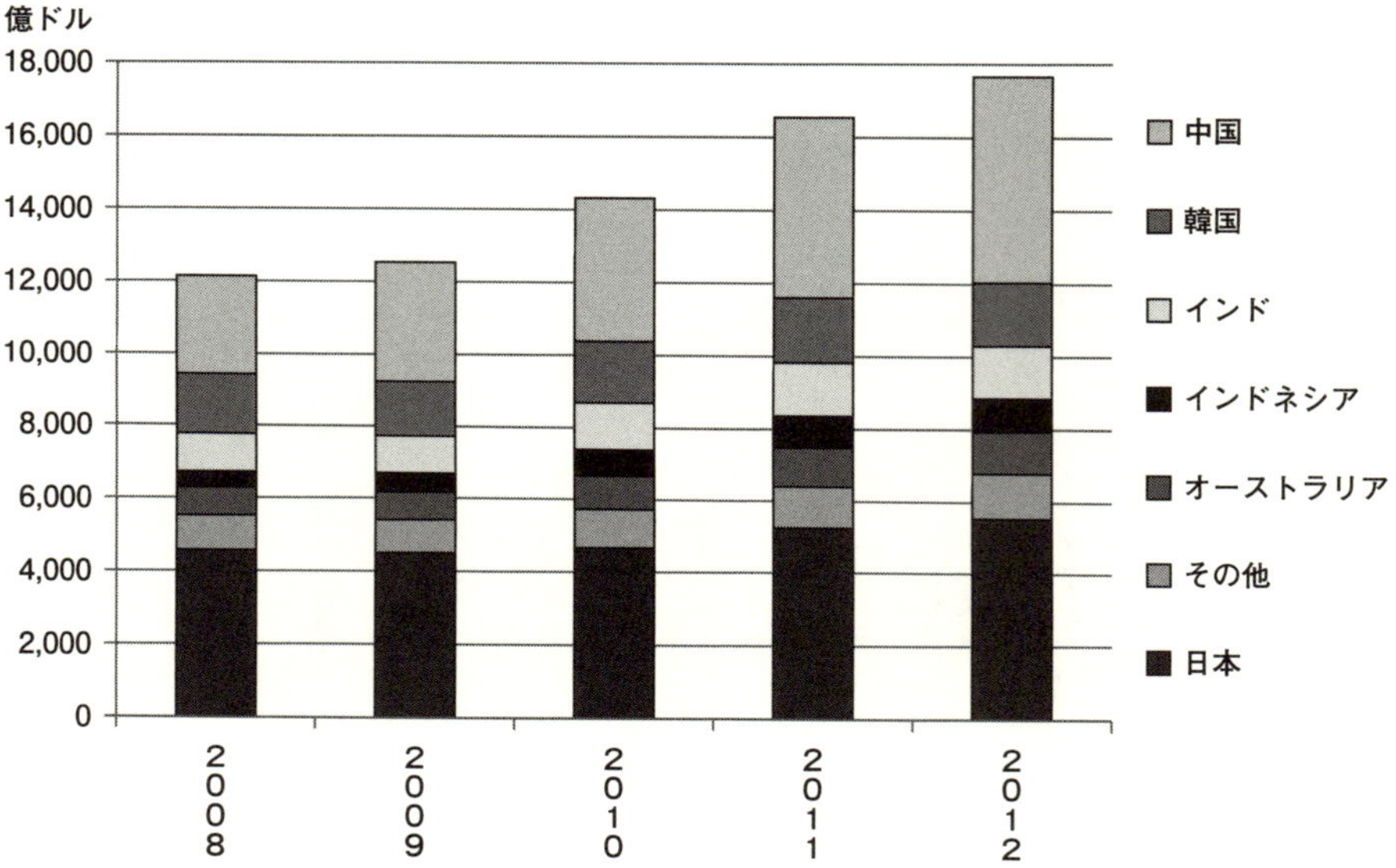

「その他」は香港、台湾、マレーシア、フィリピン、シンガポール、タイ、スリランカ、ベトナム、ニュージーランド
「建設経済レポート（日本経済と公共投資）」No.63、建設経済研究所、2014年10月

間のトラブルの迅速な解決に有効である。まず、ＷＴＯ政府調達協定が適用される大規模公共工事において、ＦＩＤＩＣ約款に準じた契約約款を適用することとし、同時に、ＤＡＢに代わる調停人を配置することが望ましいと考える。

アジア・太平洋地域の建設市場は、**図表５—１**に示した建設投資額の最近の伸びをみても、その成長のスピードに驚かされる。横ばいに近い状況にある日本の位置が見る間もなく小さくなっている。アジアの企業を目指す日本の建設会社に残された時間は限られている。

（注５—３）「『絶滅貴種』日

本建設産業」クリス・アール・ニールセン著、草柳俊二翻訳監修、英光社、２００８年１月を参考にした。

四章　ＩＣＴ（情報通信技術）の活用による生産性改革

東日本大震災の復興事業、国土強靭化政策あるいは東京オリンピック・パラリンピック開催に向けた都市整備事業などが日本経済の立ち直りを牽引しつつ民間投資に結びつき、建設市場条件は改善しつつある。

就業者構造の高齢化という大きな困難を抱えながらも、建設生産システムの生産性引き上げに取り組まなければならないときである。

生産性引き上げの要点は、生産システム構成員相互間における情報共有を核にした双務的なパートナーシップ、つまり有機的な関係をつくりだすことである。

近年、国の公共工事では、発注者主導による3者協議、設計変更協議会、ワンデーレスポンスなど情報共有、コミュニケーション重視を掲げる対策が効果をあげている。

さらに、設計・施工プロセスにおいては、ＢＩＭ（Building Information Modeling）を使い、3次元設計情報を生産システム構成員が共有することにより、品質と生産性を抜本的に高めようとする動きが大きくなってきている。

土木分野においては、ＣＩＭ（Construction Information Modeling）への取り組みが国土交通省などにより試行されている。

ＢＩＭを情報基盤として生産システムを構築することで、生産性を抜本的に引き上げようとする試みがＩＰＤ（Integrated Project Delivery）であり、従来型の生産システムと比較すると、

図表５―２　従来型生産システムとIPD生産システム

	従来型生産システム	IPD 生産システム
チーム	個々に必要に応じ、または必要最小限に構成。重層的管理	プロジェクトの中核的ステークホルダーで早期に構成。オープンで協働的
プロセス	リニアで区分的。知識は必要な都度集め、集積される	併進的で多面的。知識・専門性の早期活用。情報はオープンで共有。ステークホルダー間は信頼と尊重
リスク	個々に管理。できる限り広範囲に転嫁	全体的に管理。適切なシェア
報償、賞与	個々の業績。最小の努力で最大の利益。初期コストベース	チームの成功とプロジェクトの成功が一体化。バリューベース
コミュニケーション	ペーパーベース。２次元アナログ情報	デジタルベース。バーチャル。BIM（3、4または5次元）
合意	単独個別。リスクは転嫁、シェアしない	多数間でオープン、共有、協働を促進し支援する。リスクはシェアする

“IPD A Guide” AIA（American Institute of Architects）、2007年による

図表５―２のように著しい差がみられる。

ＩＰＤにおいては、発注者、設計者、監理者、施工者の相互間でパートナリングのような有機的関係を構築し、ＢＩＭによって３次元（場合によっては４次元、５次元）の設計情報を共有して施工のパフォーマンスを高める。さらに、施工データを加えたビッグデータは、後工程である維持・修繕で活用され、ライフサイクルトータルの品質、価格における成果を高めることができる。

ＩＰＤチームは、できるだけ早期に構成され、設計段階でＢＩＭの構築に参加するため、どのようにしてチームを早期につくるかが、もっとも重要なステップになる。

このようなＩＣＴに係る新たな技術開発は急ピッチで進もうとしており、産学官が協力して、建設生産システムの改革につなげていく必要がある。

五章　おわりに

筆者の建設業とのお付き合いは、１９７６年に建設省計画局建設振興課（現在の国土交通省建設市場整備課にあたる）の金融専門官を1年半ほど務めたときに始まった。

設立間もない財団法人建設業振興基金の業務立ち上げに関わったり、数多い建設専門工事業者団体の事務所を片端から訪ねて、業界の現状や行政への注文をメモして歩いた。こうして生活と経済の場づくり、ものづくり産業としての建設業のおもしろさに次第に引き込まれていったのである。

93年に財団法人建設経済研究所の常務理事となって、建設業を調査研究の対象とする幸運を手にした。国内もずいぶん歩いたが、日韓建設経済ワークショップ、アジアコンストラクト会議、ユーロコンストラクト会議あるいは海外調査などを重ねることで、各国の建設業や公共投資政策などに関して興味深い実態を知ることができた。

以後、勤労者退職金共済機構、財団法人建設業情報管理センターと勤務先は変わったが、建設業とのご縁はつながり、就労環境、財務指標などさまざまな観点から建設業をみる日々が続いた。

この間、建設業や公共投資をテーマに新聞、専門誌への寄稿や連載あるいは研究会などの講演を通じて、拙い所見を披露させていただいており、時間ができればもう少しまとまりのある形にしておきたいと考えるようになった。

２００９年に常勤職を辞して少々時間を得たので、10年4月から自宅に近い東京経済大学の大学院研究生となって、1年間、最新の経済政策論や産業組織論などに触れる機会を得た。その昔、聴いたり読んだりした経済学とはずいぶん違っており、とても有意義でおもしろい1年だった。

そして、この困難な作業を開始したのだった。

本書の執筆にあたって、もっとも参考になった先行研究としてあげなければならないものは、菊岡倶也氏の芝浦工業大学博士学位論文「わが国建設業の成立と発展に関する研究――明治期より昭和戦後期」および岩松準氏の東京大学博士論文「建設業の産業組織論的研究」である。参考とした具体的な内容は該当個所に注書きしている。どちらも他に類をみない緻密な検証作業をもとにした独創的で優れた論文であり、ここに記して感謝する次第である。

菊岡倶也氏は、この論文を完成させた翌２００６年1月に逝去された。当時感じた強い喪失感を10年を経た今日も変わりなく強く感じている。

最後になったが、本書の出版については株式会社日刊建設通信新聞社の西山英勝顧問、株式会社コム・ブレインの井上比佐史顧問、近藤あかねさんをはじめ多くの方々に大変お世話になった。心から厚く謝意を表する次第である。

関連法令条文（抜粋）

会計法（昭和22年法律第35号）

第29条の3　契約担当官及び支出負担行為担当官（以下「契約担当官等」という。）は、売買、貸借、請負その他の契約を締結する場合においては、第3項及び第4項に規定する場合を除き、公告して申込みをさせることにより競争に付さなければならない。

2　前項の競争に加わろうとする者に必要な資格及び同項の公告の方法その他同項の競争について必要な事項は、政令でこれを定める。

3　契約の性質又は目的により競争に加わるべき者が少数で第1項の競争に付する必要がない場合及び同項の競争に付することが不利と認められる場合においては、政令の定めるところにより、指名競争に付するものとする。

4　契約の性質又は目的が競争を許さない場合、緊急の必要により競争に付することができない場合及び競争に付することが不利と認められる場合においては、政令の定めるところにより、随意契約によるものとする。

5　契約に係る予定価格が少額である場合その他政令で定める場合においては、第1項及び第3項の規定にかかわらず、政令の定めるところにより、指名競争に付し又は随意契約によることができる。

第29条の4（第四編239ページに記載）

第29条の5　第29条の3第1項、第3項又は第5項の規定による競争（以下「競争」という。）は、特に必要がある場合においてせり売りに付するときを除き、入札の方法をもってこれを行なわなければならない。

2　前項の規定により入札を行なう場合においては、入札者は、その提出した入札書の引換え、変更又は取消しをすることができない。

第29条の6　契約担当官等は、競争に付する場合においては、政令の定めるところにより、契約の目的に応じ、予定価格の制限の範囲内で最高又は最低の価格をもって申込みをした者を契約の相手方とするものとする。ただし、国の支払の原因となる契約のうち政令で定めるものについて、相手方となるべき者の申込みに係る価格によっては、その者により当該契約の内容に適合した履行がされないおそれがあると認められるとき、又はその者と契約を締結することが公正な取引の秩序を乱すこととなるおそれがあって著しく不適当であると認められるときは、政令の定めるところにより、予定価格の制限の範囲内の価格をもって申込みをした他の者のうち最低の価格をもって申込みをした者を当該契約の相手方とすることができる。

２　国の所有に属する財産と国以外の者の所有する財産との交換に関する契約その他その性質又は目的から前項の規定により難い契約については、同項の規定にかかわらず、政令の定めるところにより、価格及びその他の条件が国にとって最も有利なもの（同項ただし書の場合にあっては、次に有利なもの）をもって申込みをした者を契約の相手方とすることができる。

第29条の９　（第四編２４１ページに記載）

予算決算及び会計令

（昭和22年勅令第１６５号）

（予定価格の作成）

第79条　（第三編１３７ページに記載）

（予定価格の決定方法）

第80条　（第三編１３７ページに記載）

（最低価格の入札者を落札者としないことができる契約）

第84条　会計法第29条の６第１項　ただし書に規定する国の支払の原因となる契約のうち政令で定めるものは、予定価格が一千万円（各省各庁の長が財務大臣と協議して一千万円を超える金額を定めたときは、当該金額）を超える工事又は製造その他についての請負契約とする。

（契約内容に適合した履行がされないおそれがあるため最低価格の入札者を落札者としない場合の手続）

第85条　各省各庁の長は、会計法第29条の６第１項ただし書の規定により、必要があるときは、前条に規定する契約について、相手方となるべき者の申込みに係る価格によっては、その者により当該契約の内容に適合した履行がされないこととなるおそれがあると認められる場合の基準を作成するものとする。

第86条　契約担当官等は、第84条に規定する契約に係る競争を行なった場合において、契約の相手方となるべき者の申込みに係る価格が、前条の基準に該当することとなったときは、その者により当該契約の内容に適合した履行がされないおそれがあるかどうかについて調査しなければならない。

２　契約担当官等は、前項の調査の結果、その者により当該契約の内容に適合した履行がされないおそれがあると認めたときは、その調査の結果及び自己の意見を記載し、又は記録した書面を契約審査委員に提出し、その意見を求めなければならない。

地方自治法（昭和22年法律第67号）

（契約の締結）

第234条　売買、貸借、請負その他の契約は、一般競争入札、指名競争入札、随意契約又はせり売りの方法により締結するものとする。

2　前項の指名競争入札、随意契約又はせり売りは、政令で定める場合に該当するときに限り、これによることができる。

3　普通地方公共団体は、一般競争入札又は指名競争入札（以下この条において「競争入札」という。）に付する場合においては、政令の定めるところにより、契約の目的に応じ、予定価格の制限の範囲内で最高又は最低の価格をもって申込みをした者を契約の相手方とするものとする。ただし、普通地方公共団体の支出の原因となる契約については、政令の定めるところにより、予定価格の制限の範囲内の価格をもって申込みをした者のうち最低の価格をもって申込みをした者以外の者を契約の相手方とすることができる。

（第4～6項省略）

地方自治法施行令（昭和22年政令第16号）

（一般競争入札において最低価格の入札者以外の者を落札者とすることができる場合）

第167条の10　普通地方公共団体の長は、一般競争入札により工事又は製造その他についての請負の契約を締結しようとする場合において、予定価格の制限の範囲内で最低の価格をもって申込みをした者の当該申込みに係る価格によってはその者により当該契約の内容に適合した履行がされないおそれがあると認めるとき、又はその者と契約を締結することが公正な取引の秩序を乱すこととなるおそれがあって著しく不適当であると認めるときは、その者を落札者とせず、予定価格の制限の範囲内の価格をもって申込みをした他の者のうち、最低の価格をもって申込みをした者を落札者とすることができる。

2　普通地方公共団体の長は、一般競争入札により工事又は製造その他についての請負の契約を締結しようとする場合において、当該契約の内容に適合した履行を確保するため特に必要があると認めるときは、あらかじめ最低制限価格を設けて、予定価格の制限の範囲内で最低の価格をもって申込みをした者を落札者とせず、予定価格の制限の範囲内の価格で最低制限価格以上の価格をもって申込みをした者のうち最低の価格をもって申込みをした者を落札者とすることができる。

第167条の10の2　普通地方公共団体の長は、一般競争入札により当該普通地方公共団体の支出の原因となる契約を締結しようとする場合において、当該契約がその性質又は目的から地方自治法第234条第3項本文又は前条の規定により難いものであるときは、これらの規定にかかわらず、予定価格の制限の範囲内の価格をもって申込みをした者のうち、価格その他の条件が当該普通地方公共団体にとって最も有利なものをもって申込みをした者を落札者とすることができる。

2　普通地方公共団体の長は、前項の規定により工事又は製造その他についての請負の契約を締結しようとする場合において、落札者となるべき者の当該申込みに係る価格によってはその者により当該契約の内容に適合した履行がされないおそれがあると認めるとき、又はその者と契約を締結することが公正な取引の秩序を乱すこととなるおそれがあって著しく不適当であると認めるときは、同項の規定にかかわらず、その者を落札者とせず、予定価格の制限の範囲内の価格をもって申込みをした他の者のうち、価格その他の条件が当該普通地方公共団体にとって最も有利なものをもって申込みをした者を落札者とすることができる。

3　普通地方公共団体の長は、前二項の規定により落札者を決定する一般競争入札（以下「総合評価一般競争入札」という。）を行おうとするときは、あらかじめ、当該総合評価一般競争入札に係る申込みのうち価格その他の条件が当該普通地方公共団体にとって最も有利なものを決定するための基準（以下「落札者決定基準」という。）を定めなければならない。

公共工事の入札及び契約の適正化の促進に関する法律　（平成12年法律第127号）

（公共工事の入札及び契約の適正化の基本となるべき事項）

第3条　公共工事の入札及び契約については、次に掲げるところにより、その適正化が図られなければならない。

一　入札及び契約の過程並びに契約の内容の透明性が確保されること。

二　入札に参加しようとし、又は契約の相手方になろうとする者の間の公正な競争が促進されること。

三　入札及び契約からの談合その他の不正行為の排除が徹底されること。

四　その請負代金の額によっては公共工事の適正な施工が通常見込まれない契約の締結が防止されること。

五　契約された公共工事の適正な施工が確保されること。

（公正取引委員会への通知）

第10条　各省各庁の長、特殊法人等の代表者又は地方公共団体の長（以下「各省各庁の長等」という。）は、それぞれ国、特殊法人等又は地方公共団体（以下「国等」という。）が発注する公共工事の入札及び契約に関し、私的独占の禁止及び公正取引の確保に関する法律（昭和22年法律第54号）第3条又は第8条第一号の規定に違反する行為があると疑うに足りる事実があるときは、公正取引委員会に対し、その事実を通知しなければならない。

（入札金額の内訳の提出）

第12条　建設業者は、公共工事の入札に係る申込みの際に、入札金額の内訳を記載した書類を提出しなければならない。

（一括下請負の禁止）

第14条　公共工事については、建設業法第22条第3項の規定は、適用しない。

（適正化指針の策定等）

第17条　国は、各省各庁の長等による公共工事の入札及び契約の適正化を図るための措置（…省略…）に関する指針（以下「適正化指針」という。）を定めなければならない。

（第2項以下省略）

公共工事の品質確保の促進に関する法律

（平成17年法律第18号）

（基本理念）

第3条　公共工事の品質は、公共工事が現在及び将来における国民生活及び経済活動の基盤となる社会資本を整備するものとして社会経済上重要な意義を有することに鑑み、国及び地方公共団体並びに公共工事の発注者及び受注者がそれぞれの役割を果たすことにより、現在及び将来の国民のために確保されなければならない。

2　公共工事の品質は、建設工事が、目的物が使用されて初めてその品質を確認できること、その品質が受注者の技術的能力に負うところが大きいこと、個別の工事により条件が異なること等の特性を有することに鑑み、経済性に配慮しつつ価格以外の多様な要素をも考慮し、価格及び品質が総合的に優れた内容の契約がなされることにより、確保されなければならない。

3　公共工事の品質は、施工技術の維持向上が図られ、並びにそれを有する者等が公共工事の品質確保の担い手として中長期的に育成され、及び確保されることにより、将来にわたり確保されなければならない。

4　公共工事の品質は、公共工事の発注者（第24条を除き、以下「発注者」という。）の能力及び体制を考慮しつつ、工事の性格、地域の実情等に応じて多様な入札及び契約の方法の中から適切な方法が選択されることにより、確保されなければならない。

5　公共工事の品質は、これを確保する上で工事の効率性、安全性、環境への影響等が重要な意義を有することに鑑み、より適切な技術又は工夫により、確保されなければならない。

6　公共工事の品質は、完成後の適切な点検、診断、維持、修繕その他の維持管理により、将来にわたり確保されなければならない。

7　公共工事の品質は、地域において災害時における対応を含む社会資本の維持管理が適切に行われるよう、地域の実情を踏まえ地域における公共工事の品質確保の担い手の育成及び確保について配慮がなされることにより、将来にわたり確保されなければならない。

8　公共工事の品質確保に当たっては、入札及び契約の過程並びに契約の内容の透明性並びに競争の公正性が確保されること、談合、入札談合等関与行為その他の不正行為の排除が徹底されること、その請負代金の額によっては公共工事の適正な施工が通常見込まれない契約の締結が防止されること並びに契約された公共工事の適正な施工が確保されることにより、受注者としての適格性を有しない建設業者が排除されること等の入札及び契約の適正化が図られるように配慮されなければならない。

9　公共工事の品質確保に当たっては、民間事業者の能力が適切に評価され、並びに入札及び契約に適切に反映されること、民間事業者の積極的な技術提案（公共工事に関する技術又は工夫についての提案をいう。以下同じ。）及び創意工夫が活用されること等により民間事業者の能力が活用されるように配慮されなければならない。

10　公共工事の品質確保に当たっては、公共工事の受注者のみならず下請負人及びこれらの者に使用される技術者、技能労働者等がそれぞれ公共工事の品質確保において重要な役割を果たすことに鑑み、公共工事における請負契約（下請契約を含む。）の当事者が各々の対等な立場における合意に基づいて公正な契約を適正な額の請負代金で締結し、その請負代金をできる限り速やかに支払う等信義に従って誠実にこれを履行するとともに、公共工事に従事する者の賃金その他の労働条件、安全衛生その他の労働環境が改善されるように配慮されなければならない。

11　公共工事の品質確保に当たっては、公共工事に関する調査（点検及び診断を含む。以下同じ。）及び設計の品質が公共工事の品質確保を図る上で重要な役割を果たすものであることに鑑み、前各項の趣旨を踏まえ、公共工事に準じ、その業務の内容に応じて必要な知識又は技術を有する者の能力がその者の有する資格等により適切に評価され、及びそれらの者が十分に活用されること等により、公共工事に関する調査及び設計の品質が確保されるようにしなければならない。

（発注者の責務）

第7条　発注者は、基本理念にのっとり、現在及び将来の公共工事の品質が確保されるよう、公共工事の品質確保の担い手の中長期的な育成及び確保に配慮しつつ、仕様書及び設計書の作成、予定価格の作成、入札及び契約の方法の選択、契約の相手方の決定、工事の監督及び検査並びに工事中及び完成時の施工状況の確認及び評価その他の事務（以下「発注関係事務」という。）を、次に定めるところによる等適切に実施しなければならない。

一　公共工事を施工する者が、公共工事の品質確保の担い手が中長期的に育成され及び確保されるための適正な利潤を確保することができるよう、適切に作成された仕様書及び設計書に基づき、経済社会情勢の変化を勘案し、市場における労務及び資材等の取引価格、施工の実態等を的確に反映した積算を行うことにより、予定価格を適正に定めること。

二　入札に付しても定められた予定価格に起因して入札者又は落札者がなかったと認める場合において更に入札に付するときその他必要があると認めるときは、当該入札に参加する者から当該入札に係る工事の全部又は一部の見積書を徴することその他の方法により積算を行うことにより、適正な予定価格を定め、できる限り速やかに契約を締結するよう努めること。

三　その請負代金の額によっては公共工事の適正な施工が通常見込まれない契約の締結を防止するため、その入札金額によっては当該公共工事の適正な施工が通常見込まれない契約となるおそれがあると認められる場合の基準又は最低制限価格の設定その他の必要な措置を講ずること。

四　計画的に発注を行うとともに、適切な工期を設定するよう努めること。

五　設計図書（仕様書、設計書及び図面をいう。以下この号において同じ。）に適切に施工条件を明示するとともに、設計図書に示された施工条件と実際の工事現場の状態が一致しない場合、設計図書に示されていない施工条件について予期することができない特別な状態が生じた場合その他の場合において必要があると認められるときは、適切に設計図書の変更及びこれに伴い必要となる請負代金の額又は工期の変更を行うこと。

六 必要に応じて完成後の一定期間を経過した後において施工状況の確認及び評価を実施するよう努めること。

2 発注者は、公共工事の施工状況の評価に関する資料その他の資料が将来における自らの発注に、及び発注者間においてその発注に相互に、有効に活用されるよう、その評価の標準化のための措置並びにこれらの資料の保存のためのデータベースの整備及び更新その他の必要な措置を講じなければならない。

3 発注者は、発注関係事務を適切に実施するため、必要な職員の配置その他の体制の整備に努めるとともに、他の発注者と情報交換を行うこと等により連携を図るように努めなければならない。

（受注者の責務）

第8条 公共工事の受注者は、基本理念にのっとり、契約された公共工事を適正に実施し、下請契約を締結するときは、適正な額の請負代金での下請契約の締結に努めなければならない。

2 公共工事の受注者（受注者となろうとする者を含む。）は、契約された又は将来施工することとなる公共工事の適正な実施のために必要な技術的能力の向上並びに技術者、技能労働者等の育成及び確保並びにこれらの者に係る賃金その他の労働条件、安全衛生その他の労働環境の改善に努めなければならない。

（基本方針）

第9条 政府は、公共工事の品質確保の促進に関する施策を総合的に推進するための基本的な方針（以下「基本方針」という。）を定めなければならない。

（第2～5項省略）

（多様な入札及び契約の方法の中からの適切な方法の選択）

第14条 発注者は、入札及び契約の方法の決定に当たっては、その発注に係る公共工事の性格、地域の実情等に応じ、この節に定める方式その他の多様な方法の中から適切な方法を選択し、又はこれらの組合せによることができる。

（競争参加者の技術提案を求める方式）

第15条 発注者は、競争に参加する者に対し、技術提案を求めるよう努めなければならない。ただし、発注者が、当該公共工事の内容に照らし、その必要がないと認めるときは、この限りではない。

2　発注者は、前項の規定により技術提案を求めるに当たっては、競争に参加する者の技術提案に係る負担に配慮しなければならない。

3　発注者は、競争に付された公共工事につき技術提案がされたときは、これを適切に審査し、及び評価しなければならない。この場合において、発注者は、中立かつ公正な審査及び評価が行われるようこれらに関する当事者からの苦情を適切に処理することその他の必要な措置を講ずるものとする。

4　発注者は、競争に付された公共工事を技術提案の内容に従って確実に実施することができないと認めるときは、当該技術提案を採用しないことができる。

5　発注者は、競争に参加する者に対し技術提案を求めて落札者を決定する場合には、あらかじめその旨及びその評価の方法を公表するとともに、その評価の後にその結果を公表しなければならない。ただし、公共工事の入札及び契約の適正化の促進に関する法律第4条から第8条までに定める公共工事の入札及び契約に関する情報の公表がなされない公共工事についての技術提案の評価の結果については、この限りではない。

（段階的選抜方式）

第16条　発注者は、競争に参加する者に対し技術提案を求める方式による場合において競争に参加する者の数が多数であると見込まれるときその他必要があると認めるときは、必要な施工技術を有する者が新規に競争に参加することが不当に阻害されることのないように配慮しつつ、当該公共工事に係る技術的能力に関する事項を評価すること等により一定の技術水準に達した者を選抜した上で、これらの者の中から落札者を決定することができる。

（技術提案の改善）

第17条　発注者は、技術提案をした者に対し、その審査において、当該技術提案についての改善を求め、又は改善を提案する機会を与えることができる。この場合において、発注者は、技術提案の改善に係る過程について、その概要を公表しなければならない。

2　第15条第5項ただし書の規定は、技術提案の改善に係る過程の概要の公表について準用する。

（技術提案の審査及び価格等の交渉による方式）

第18条　発注者は、当該公共工事の性格等により当該工事の仕様の確定が困難である場合において自らの発注の実績等を踏まえ必要があると認めるときは、技術提案を公募の上、その審査の結果を踏まえて選定した者と工法、価格等の交渉を行うことにより仕様を確定した上で契約することができる。この場合において、発注者は、技術提案の審査及び交渉の結果を踏まえ、予定価格を定めるものとする。

2　発注者は、前項の技術提案の審査に当たり、中立かつ公正な審査が行われるよう、中立の立場で公正な判断をすることができる学識経験者の意見を聴くとともに、当該審査に関する当事者からの苦情を適切に処理することその他の必要な措置を講ずるものとする。

3　発注者は、第1項の技術提案の審査の結果並びに審査及び交渉の過程の概要を公表しなければならない。この場合においては、第15条第5項ただし書の規定を準用する。

（高度な技術等を含む技術提案を求めた場合の予定価格）

第19条　発注者は、前条第1項の場合を除くほか、高度な技術又は優れた工夫を含む技術提案を求めたときは、当該技術提案の審査の結果を踏まえて、予定価格を定めることができる。この場合において、発注者は、当該技術提案の審査に当たり、中立の立場で公正な判断をすることができる学識経験者の意見を聴くものとする。

（地域における社会資本の維持管理に資する方式）

第20条　発注者は、公共工事の発注に当たり、地域における社会資本の維持管理の効率的かつ持続的な実施のために必要があると認めるときは、地域の実情に応じ、次に掲げる方式等を活用するものとする。

一　工期が複数年度にわたる公共工事を一の契約により発注する方式

二　複数の公共工事を一の契約により発注する方式

三　複数の建設業者により構成される組合その他の事業体が競争に参加することができることとする方式

（発注関係事務の運用に関する指針）

第22条　国は、基本理念にのっとり、発注者を支援するため、地方公共団体、学識経験者、民間事業者その他の関係者の意見を聴いて、公共工事の性格、地域の実情等に応じた入札及び契約の方法の選択その他の発注関係事務の適切な実施に係る制度の運用に関する指針を定めるものとする。

入札談合等関与行為の排除及び防止並びに職員による入札等の公正を害すべき行為の処罰に関する法律

（平成14年法律第１０１号）

（各省各庁の長等に対する改善措置の要求等）

第3条　公正取引委員会は、入札談合等の事件についての調査の結果、当該入札談合等につき入札談合等関与行為があると認めるときは、各省各庁の長等に対し、当該入札談合等関与行為を排除するために必要な入札及び契約に関する事務に係る改善措置（以下単に「改善措置」という。）を講ずべきことを求めることができる。

2　公正取引委員会は、入札談合等の事件についての調査の結果、当該入札談合等につき入札談合等関与行為があったと認めるときは、当該入札談合等関与行為が既になくなっている場合においても、特に必要があると認めるときは、各省各庁の長等に対し、当該入札談合等関与行為が排除されたことを確保するために必要な改善措置を講ずべきことを求めることができる。

（第3～7項省略）

（職員に対する損害賠償の請求等）

第4条　各省各庁の長等は、前条第1項又は第2項の規定による求めがあったときは、当該入札談合等関与行為による国等の損害の有無について必要な調査を行わなければならない。

2　各省各庁の長等は、前項の調査の結果、国等に損害が生じたと認めるときは、当該入札談合等関与行為を行った職員の賠償責任の有無及び国等に対する賠償額についても必要な調査を行わなければならない。

3　各省各庁の長等は、前二項の調査を行うため必要があると認めるときは、公正取引委員会に対し、資料の提供その他必要な協力を求めることができる。

4　各省各庁の長等は、第1項及び第2項の調査の結果を公表しなければならない。

5　各省各庁の長等は、第2項の調査の結果、当該入札談合等関与行為を行った職員が故意又は重大な過失により国等に損害を与えたと認めるときは、当該職員に対し、速やかにその賠償を求めなければならない。

（職員による入札等の妨害）

第8条　職員が、その所属する国等が入札等により行う売買、貸借、請負その他の契約の締結に関し、その職務に反し、事業者その他の者に談合を唆すこと、事業者その他の者に予定価格その他の入札等に関する秘密を教示すること又はその他の方法により、当該入札等の公正を害すべき行為を行ったときは、5年以下の懲役又は250万円以下の罰金に処する。

私的独占の禁止及び公正取引の確保に関する法律

（昭和22年法律第54号）

第2条　この法律において「事業者」とは、商業、工業、金融業その他の事業を行う者をいう。事業者の利益のためにする行為を行う役員、従業員、代理人その他の者は、次項又は第三章の規定の適用については、これを事業者とみなす。

2　この法律において「事業者団体」とは、事業者としての共通の利益を増進することを主たる目的とする二以上の事業者の結合体又はその連合体をいい、次に掲げる形態のものを含む。ただし、二以上の事業者の結合体又はその連合体であって、資本又は構成事業者の出資を有し、営利を目的として商業、工業、金融業その他の事業を営むことを主たる目的とし、かつ、現にその事業を営んでいるものを含まないものとする。

一　二以上の事業者が社員（社員に準ずるものを含む。）である社団法人その他の社団

二　二以上の事業者が理事又は管理人の任免、業務の執行又はその存立を支配している財団法人その他の財団

三　二以上の事業者を組合員とする組合又は契約による二以上の事業者の結合体

3　この法律において「役員」とは、理事、取締役、執行役、業務を執行する社員、監事若しくは監査役若しくはこれらに準ずる者、支配人又は本店若しくは支店の事業の主任者をいう。

4　この法律において「競争」とは、二以上の事業者がその通常の事業活動の範囲内において、かつ、当該事業活動の施設又は態様に重要な変更を加えることなく次に掲げる行為をし、又はすることができる状態をいう。

一　同一の需要者に同種又は類似の商品又は役務を供給すること

二　同一の供給者から同種又は類似の商品又は役務の供給を受けること

5　この法律において「私的独占」とは、事業者が、単独に、又は他の事業者と結合し、若しくは通謀し、その他いかなる方法をもってするかを問わず、他の事業者の事業活動を排除し、又は支配することにより、公共の利益に反して、一定の取引分野における競争を実質的に制限することをいう。

6　この法律において「不当な取引制限」とは、事業者が、契約、協定その他何らの名義をもってするかを問わず、他の事業者と共同して対価を決定し、維持し、若しくは引き上げ、又は数量、技術、製品、設備若しくは取引の相手方を制限する等相互にその事業活動を拘束し、又は遂行することに

より、公共の利益に反して、一定の取引分野における競争を実質的に制限することをいう。

（第7、8項省略）

9　この法律において「不公正な取引方法」とは、次の各号のいずれかに該当する行為をいう。

一　正当な理由がないのに、競争者と共同して、次のいずれかに該当する行為をすること。

イ　ある事業者に対し、供給を拒絶し、又は供給に係る商品若しくは役務の数量若しくは内容を制限すること。

ロ　他の事業者に、ある事業者に対する供給を拒絶させ、又は供給に係る商品若しくは役務の数量若しくは内容を制限させること。

二　不当に、地域又は相手方により差別的な対価をもって、商品又は役務を継続して供給することであって、他の事業者の事業活動を困難にさせるおそれがあるもの

三　正当な理由がないのに、商品又は役務をその供給に要する費用を著しく下回る対価で継続して供給することであって、他の事業者の事業活動を困難にさせるおそれがあるもの

四　自己の供給する商品を購入する相手方に、正当な理由がないのに、次のいずれかに掲げる拘束の条件を付けて、当該商品を供給すること。

イ　相手方に対しその販売する当該商品の販売価格を定めてこれを維持させることその他相手方の当該商品の販売価格の自由な決定を拘束すること。

ロ　相手方の販売する当該商品を購入する事業者の当該商品の販売価格を定めて相手方をして当該事業者にこれを維持させることその他相手方をして当該事業者の当該商品の販売価格の自由な決定を拘束させること。

五　自己の取引上の地位が相手方に優越していることを利用して、正常な商慣習に照らして不当に、次のいずれかに該当する行為をすること。

イ　継続して取引する相手方（新たに継続して取引しようとする相手方を含む。ロにおいて同じ。）に対して、当該取引に係る商品又は役務以外の商品又は役務を購入させること。

ロ　継続して取引する相手方に対して、自己のために金銭、役務その他の経済上の利益を提供させること。

ハ　取引の相手方からの取引に係る商品の受領を拒み、取引の相手方から取引に係る商品を受領した後当該商品を当該取引の相手方に引き取らせ、取引の相手方に対して取引の対価の支払を遅らせ、若しくはその額を減じ、その他取引の相手方に不利益となるように取引の条件を設定し、若しくは変更し、又は取引を実施すること。

六　前各号に掲げるもののほか、次のいずれかに該

当する行為であって、公正な競争を阻害するおそれがあるもののうち、公正取引委員会が指定するもの

イ　不当に他の事業者を差別的に取り扱うこと。

ロ　不当な対価をもって取引すること。

ハ　不当に競争者の顧客を自己と取引するように誘引し、又は強制すること。

ニ　相手方の事業活動を不当に拘束する条件をもって取引すること。

ホ　自己の取引上の地位を不当に利用して相手方と取引すること。

ヘ　自己又は自己が株主若しくは役員である会社と国内において競争関係にある他の事業者とその取引の相手方との取引を不当に妨害し、又は当該事業者が会社である場合において、その会社の株主若しくは役員をその会社の不利益となる行為をするように、不当に誘引し、唆し、若しくは強制すること。

第3条　事業者は、私的独占又は不当な取引制限をしてはならない。

第6条　事業者は、不当な取引制限又は不公正な取引方法に該当する事項を内容とする国際的協定又は国際的契約をしてはならない。

第7条　第3条又は前条の規定に違反する行為があるときは、公正取引委員会は、第八章第二節に規定する手続に従い、事業者に対し、当該行為の差止め、事業の一部の譲渡その他これらの規定に違反する行為を排除するために必要な措置を命ずることができる。

2　公正取引委員会は、第3条又は前条の規定に違反する行為が既になくなつている場合においても、特に必要があると認めるときは、第八章第二節に規定する手続に従い、次に掲げる者に対し、当該行為が既になくなっている旨の周知措置その他当該行為が排除されたことを確保するために必要な措置を命ずることができる。ただし、当該行為がなくなって日から五年を経過したときは、この限りでない。

一　当該行為をした事業者

二　当該行為をした事業者が法人である場合において、当該法人が合併により消滅したときにおける合併後存続し、又は合併により設立された法人

三　当該行為をした事業者が法人である場合において、当該法人から分割により当該行為に係る事業の全部又は一部を承継した法人

四　当該行為をした事業者から当該行為に係る事業の全部又は一部を譲り受けた事業者

第7条の2　事業者が、不当な取引制限又は不当な取引制限に該当する事項を内容とする国際的協定若しくは国際的契約で次の各号のいずれかに該当

するものをしたときは、公正取引委員会は、…（省略）…当該事業者に対し、当該行為の実行としての事業活動を行った日から当該行為の実行としての事業活動がなくなる日までの期間（当該期間が3年を超えるときは、…（省略）…3年間とする。）における当該商品又は役務の政令で定める方法により算定した売上額…（省略）…に100分の10（小売業については100分の3、卸売業については100分の2とする。）を乗じて得た額に相当する額の課徴金を国庫に納付することを命じなければならない。ただし、その額が100万円未満であるときは、その納付を命ずることができない。

一　商品又は役務の対価に係るもの

二　商品又は役務について次のいずれかを実質的に制限することによりその対価に影響することとなるもの

イ　供給量又は購入量

ロ　市場占有率

ハ　取引の相手方

（第2～27項省略）

第8条　事業者団体は、次の各号のいずれかに該当する行為をしてはならない。

一　一定の取引分野における競争を実質的に制限すること。

二　第6条に規定する国際的協定又は国際的契約をすること。

三　一定の事業分野における現在又は将来の事業者の数を制限すること。

四　構成事業者（事業者団体の構成員である事業者をいう。以下同じ。）の機能又は活動を不当に制限すること。

五　事業者に不公正な取引方法に該当する行為をさせるようにすること。

第8条の2　前条の規定に違反する行為があるときは、公正取引委員会は、第八章第二節に規定する手続に従い、事業者団体に対し、当該行為の差止め、当該団体の解散その他当該行為の排除に必要な措置を命ずることができる。

（第2、3項省略）

第8条の3　第7条の2第1項の規定…（省略）…は、第8条第一号（不当な取引制限に相当する行為をする場合に限る。）又は第二号（不当な取引制限に該当する事項を内容とする国際的協定又は国際的契約をする場合に限る。）の規定に違反する行為が行われた場合に準用する。

第19条　事業者は、不公正な取引方法を用いてはならない。

第20条　前条の規定に違反する行為があるときは、公正取引委員会は、第八章第二節に規定する手続に従い、事業者に対し、当該行為の差止め、契約条項の削除その他当該行為を排除するために必要な措置を命ずることができる。

2　第7条第2項の規定は、前条の規定に違反する行為に準用する。

第20条の2～6　第19条違反に係る課徴金の規定（省略）

刑法（明治40年4月24日法律第45号）

第96条の6（公契約関係競売等妨害）　第三編16４ページ（注3―19）に記載

民法（明治29年4月27日法律第89号）

第１６７条（債権等の消滅時効）　第四編２５７ページに記載

第２９５条（留置権の内容）　第四編２４３ページに記載

第３２７条（不動産工事の先取特権）　第四編２４４ページに記載

第３３８条（不動産工事の先取特権の登記）　第四編２４４ページに記載

第３３９条（登記をした不動産保存又は不動産工事の先取特権）　第四編２４４ページに記載

第６３２条（請負）　第四編２０３ページに記載

第６３３条（報酬の支払時期）　第四編２０３ページに記載

第６３４条（請負人の担保責任）　第四編２０３、２５６ページに記載

第６３５条（請負人の担保責任）　第四編２５６ページに記載

第６３７条（請負人の担保責任の存続期間）　第四編２５６ページに記載

第６３８条（請負人の担保責任の存続期間）　第四編２５６ページに記載

第６３９条（担保責任の存続期間の伸長）　第四編２５７ページに記載

第７０９条（不法行為による損害賠償）　第四編２５７ページに記載

第７２４条（不法行為による損害賠償請求権の期間の制限）　第四編２５７ページに記載

建設業法

（昭和24年5月24日法律第１００号）

（建設業の許可）

第３条　建設業を営もうとする者は、次に掲げる区分により、この章で定めるところにより、二以上の都道府県の区域内に営業所（本店又は支店若しくは政令で定めるこれに準ずるものをいう。以下同じ。）を設けて営業をしようとする場合にあっては国土交通大臣の、一の都道府県の区域内にのみ営業所を設けて営業をしようとする場合にあっては当該営業所の所在地を管轄する都道府県知事の許可を受けなければならない。ただし、政令で定める軽微な建設工事のみを請け負うことを営業とする者は、この限りでない。

一　建設業を営もうとする者であって、次号に掲げる者以外のもの

二　建設業を営もうとする者であって、その営業にあたって、その者が発注者から直接請け負う1件の建設工事につき、その工事の全部又は一部を、下請代金の額（その工事に係る下請契約が二以上あるときは、下請代金の額の総額）が政令で定める金額以上となる下請契約を締結して施工しようとするもの

（第2～5項省略）

６　第1項第一号に掲げる者に係る同項の許可（第3項の許可の更新を含む。以下「一般建設業の許可」という。）を受けた者が、当該許可に係る建設業について、第1項第二号に掲げる者に係る同項の許可（第3項の許可の更新を含む。以下「特定建設業の許可」という。）を受けたときは、その者に対する当該建設業に係る一般建設業の許可は、その効力を失う。

（許可の基準）

第７条　国土交通大臣又は都道府県知事は、許可を受けようとする者が次に掲げる基準に適合していると認めるときでなければ、許可をしてはならない。

一　法人である場合においてはその役員（業務を執行する社員、取締役、執行役又はこれらに準ずる者をいう。以下同じ。）のうち常勤であるものの一人が、個人である場合においてはその者又はその支配人のうち一人が次のいずれかに該当する者であること。

イ　許可を受けようとする建設業に関し5年以上経営業務の管理責任者としての経験を有する者

ロ　国土交通大臣がイに掲げる者と同等以上の能力を有するものと認定した者

二　その営業所ごとに、次のいずれかに該当する者で専任のものを置く者であること。

イ　許可を受けようとする建設業に係る建設工事に関し学校教育法（昭和22年法律第26号）による高等学校（旧中等学校令（昭和18年勅令第36号）による実業学校を含む。以下同じ。）若しくは中等

教育学校を卒業した後5年以上又は同法による大学（旧大学令（大正7年勅令第388号）による大学を含む。以下同じ。）若しくは高等専門学校（旧専門学校令（明治36年勅令第61号）による専門学校を含む。以下同じ。）を卒業した後3年以上実務の経験を有する者で在学中に国土交通省令で定める学科を修めたもの

ロ　許可を受けようとする建設業に係る建設工事に関し10年以上実務の経験を有する者

ハ　国土交通大臣がイ又はロに掲げる者と同等以上の知識及び技術又は技能を有するものと認定した者

三　法人である場合においては当該法人又はその役員等若しくは政令で定める使用人が、個人である場合においてはその者又は政令で定める使用人が、請負契約に関して不正又は不誠実な行為をするおそれが明らかな者でないこと。

四　請負契約（第3条第1項ただし書の政令で定める軽微な建設工事に係るものを除く。）を履行するに足りる財産的基礎又は金銭的信用を有しないことが明らかな者でないこと。

（許可の基準）

第15条　国土交通大臣又は都道府県知事は、特定建設業の許可を受けようとする者が次に掲げる基準に適合していると認めるときでなければ、許可をしてはならない。

一　第7条第一号及び第三号に該当する者であること。

二　その営業所ごとに次のいずれかに該当する者で専任のものを置く者であること。ただし、施工技術（設計図書に従って建設工事を適正に実施するために必要な専門の知識及びその応用能力をいう。以下同じ。）の総合性、施工技術の普及状況その他の事情を考慮して政令で定める建設業（以下「指定建設業」という。）の許可を受けようとする者にあっては、その営業所ごとに置くべき専任の者は、イに該当する者又はハの規定により国土交通大臣がイに掲げる者と同等以上の能力を有するものと認定した者でなければならない。

イ　第27条第1項の規定による技術検定その他の法令の規定による試験で許可を受けようとする建設業の種類に応じ国土交通大臣が定めるものに合格した者又は他の法令の規定による免許で許可を受けようとする建設業の種類に応じ国土交通大臣が定めるものを受けた者

ロ　第7条第二号イ、ロ又はハに該当する者のうち、許可を受けようとする建設業に係る建設工事で、発注者から直接請け負い、その請負代金の額が政令で定める金額以上であるものに関し2年以上指導監督的な実務の経験を有する者

ハ　国土交通大臣がイ又はロに掲げる者と同等以上の能力を有するものと認定した者

三　発注者との間の請負契約で、その請負代金の額が政令で定める金額以上であるものを履行するに足りる財産的基礎を有すること。

（下請契約の締結の制限）

第16条　特定建設業の許可を受けた者でなければ、その者が発注者から直接請け負った建設工事を施工するための次の各号の一に該当する下請契約を締結してはならない。

一　その下請契約に係る下請代金の額が、1件で、第3条第1項第二号の政令で定める金額以上である下請契約

二　その下請契約を締結することにより、その下請契約及びすでに締結された当該建設工事を施工するための他のすべての下請契約に係る下請代金の額の総額が、第3条第1項第二号の政令で定める金額以上となる下請契約

（建設工事の請負契約の内容）

第19条　建設工事の請負契約の当事者は、前条の趣旨に従って、契約の締結に際して次に掲げる事項を書面に記載し、署名又は記名押印をして相互に交付しなければならない。

一　工事内容

二　請負代金の額

三　工事着手の時期及び工事完成の時期

四　請負代金の全部又は一部の前金払又は出来形部分に対する支払の定めをするときは、その支払の時期及び方法

五　当事者の一方から設計変更又は工事着手の延期若しくは工事の全部若しくは一部の中止の申出があった場合における工期の変更、請負代金の額の変更又は損害の負担及びそれらの額の算定方法に関する定め

六　天災その他不可抗力による工期の変更又は損害の負担及びその額の算定方法に関する定め

七　価格等（物価統制令（昭和21年勅令第118号）第2条に規定する価格等をいう。）の変動若しくは変更に基づく請負代金の額又は工事内容の変更

八　工事の施工により第三者が損害を受けた場合における賠償金の負担に関する定め

九　注文者が工事に使用する資材を提供し、又は建設機械その他の機械を貸与するときは、その内容及び方法に関する定め

十　注文者が工事の全部又は一部の完成を確認するための検査の時期及び方法並びに引渡しの時期

十一　工事完成後における請負代金の支払の時期及び方法

十二　工事の目的物の瑕疵を担保すべき責任又は当

該責任の履行に関して講ずべき保証保険契約の締結その他の措置に関する定めをするときは、その内容

十三　各当事者の履行の遅滞その他債務の不履行の場合における遅延利息、違約金その他の損害金

十四　契約に関する紛争の解決方法

2　請負契約の当事者は、請負契約の内容で前項に掲げる事項に該当するものを変更するときは、その変更の内容を書面に記載し、署名又は記名押印をして相互に交付しなければならない。

（第3項省略）

（現場代理人の選任等に関する通知）

第19条の2　請負人は、請負契約の履行に関し工事現場に現場代理人を置く場合においては、当該現場代理人の権限に関する事項及び当該現場代理人の行為についての注文者の請負人に対する意見の申出の方法（第3項において「現場代理人に関する事項」という。）を、書面により注文者に通知しなければならない。

2　注文者は、請負契約の履行に関し工事現場に監督員を置く場合においては、当該監督員の権限に関する事項及び当該監督員の行為についての請負人の注文者に対する意見の申出の方法（第4項において「監督員に関する事項」という。）を、書面により請負人に通知しなければならない。

（第3、4項省略）

（不当に低い請負代金の禁止）

第19条の3　注文者は、自己の取引上の地位を不当に利用して、その注文した建設工事を施工するために通常必要と認められる原価に満たない金額を請負代金の額とする請負契約を締結してはならない。

（不当な使用資材等の購入強制の禁止）

第19条の4　注文者は、請負契約の締結後、自己の取引上の地位を不当に利用して、その注文した建設工事に使用する資材若しくは機械器具又はこれらの購入先を指定し、これらを請負人に購入させて、その利益を害してはならない。

（発注者に対する勧告）

第19条の5　建設業者と請負契約を締結した発注者（私的独占の禁止及び公正取引の確保に関する法律（昭和22年法律第54号）第2条第1項に規定する事業者に該当するものを除く。）が前二条の規定に違反した場合において、特に必要があると認めるときは、当該建設業者の許可をした国土交通大臣又は都道府県知事は、当該発注者に対して必要な勧告をすることができる。

（一括下請負の禁止）

第22条　建設業者は、その請け負った建設工事を、いかなる方法をもってするかを問わず、一括して

他人に請け負わせてはならない。

2　建設業を営む者は、建設業者から当該建設業者の請け負った建設工事を一括して請け負ってはならない。

3　前二項の建設工事が多数の者が利用する施設又は工作物に関する重要な建設工事で政令で定めるもの以外の建設工事である場合において、当該建設工事の元請負人があらかじめ発注者の書面による承諾を得たときは、これらの規定は、適用しない。

4　発注者は、前項の規定による書面による承諾に代えて、政令で定めるところにより、同項の元請負人の承諾を得て、電子情報処理組織を使用する方法その他の情報通信の技術を利用する方法であって国土交通省令で定めるものにより、同項の承諾をする旨の通知をすることができる。この場合において、当該発注者は、当該書面による承諾をしたものとみなす。

（下請負人の意見の聴取）

第24条の2　元請負人は、その請け負った建設工事を施工するために必要な工程の細目、作業方法その他元請負人において定めるべき事項を定めようとするときは、あらかじめ、下請負人の意見をきかなければならない。

（下請代金の支払）

第24条の3　元請負人は、請負代金の出来形部分に対する支払又は工事完成後における支払を受けたときは、当該支払の対象となった建設工事を施工した下請負人に対して、当該元請負人が支払を受けた金額の出来形に対する割合及び当該下請負人が施工した出来形部分に相応する下請代金を、当該支払を受けた日から1月以内で、かつ、できる限り短い期間内に支払わなければならない。

2　元請負人は、前払金の支払を受けたときは、下請負人に対して、資材の購入、労働者の募集その他建設工事の着手に必要な費用を前払金として支払うよう適切な配慮をしなければならない。

（検査及び引渡し）

第24条の4　元請負人は、下請負人からその請け負った建設工事が完成した旨の通知を受けたときは、当該通知を受けた日から20日以内で、かつ、できる限り短い期間内に、その完成を確認するための検査を完了しなければならない。

2　元請負人は、前項の検査によって建設工事の完成を確認した後、下請負人が申し出たときは、直ちに、当該建設工事の目的物の引渡しを受けなければならない。ただし、下請契約において定められた工事完成の時期から20日を経過した日以前の一定の日に引渡しを受ける旨の特約がされている場合には、この限りでない。

（特定建設業者の下請代金の支払期日等）

第24条の5　特定建設業者が注文者となった下請契約（下請契約における請負人が特定建設業者又は資本金額が政令で定める金額以上の法人であるものを除く。以下この条において同じ。）における下請代金の支払期日は、前条第2項の申出の日（同項ただし書の場合にあっては、その一定の日。以下この条において同じ。）から起算して50日を経過する日以前において、かつ、できる限り短い期間内において定められなければならない。

2　特定建設業者が注文者となった下請契約において、下請代金の支払期日が定められなかったときは前条第2項の申出の日が、前項の規定に違反して下請代金の支払期日が定められたときは同条第2項の申出の日から起算して50日を経過する日が下請代金の支払期日と定められたものとみなす。

3　特定建設業者は、当該特定建設業者が注文者となった下請契約に係る下請代金の支払につき、当該下請代金の支払期日までに一般の金融機関（預金又は貯金の受入れ及び資金の融通を業とする者をいう。）による割引を受けることが困難であると認められる手形を交付してはならない。

4　特定建設業者は、当該特定建設業者が注文者となった下請契約に係る下請代金を第1項の規定により定められた支払期日又は第2項の支払期日までに支払わなければならない。当該特定建設業者がその支払をしなかったときは、当該特定建設業者は、下請負人に対して、前条第2項の申出の日から起算して50日を経過した日から当該下請代金の支払をする日までの期間について、その日数に応じ、当該未払金額に国土交通省令で定める率を乗じて得た金額を遅延利息として支払わなければならない。

（下請負人に対する特定建設業者の指導等）

第24条の6　発注者から直接建設工事を請け負った特定建設業者は、当該建設工事の下請負人が、その下請負に係る建設工事の施工に関し、この法律の規定又は建設工事の施工若しくは建設工事に従事する労働者の使用に関する法令の規定で政令で定めるものに違反しないよう、当該下請負人の指導に努めるものとする。

2　前項の特定建設業者は、その請け負った建設工事の下請負人である建設業を営む者が同項に規定する規定に違反していると認めたときは、当該建設業を営む者に対し、当該違反している事実を指摘して、その是正を求めるように努めるものとする。

3　第1項の特定建設業者が前項の規定により是正を求めた場合において、当該建設業を営む者が当該違反している事実を是正しないときは、同項の特定建設業者は、当該建設業を営む者が建設業者であるときはその許可をした国土交通大臣若しくは都道府県知事又は営業としてその建設工事の行われる区域を管轄する都道府県知事に、その他の建設業を営む者であるときはその建設工事の現場を管轄する都道府県知事に、速やかに、その旨を通報しなければならない。

（施工体制台帳及び施工体系図の作成等）

第24条の7　特定建設業者は、発注者から直接建設工事を請け負った場合において、当該建設工事を施工するために締結した下請契約の請負代金の額（当該下請契約が二以上あるときは、それらの請負代金の額の総額）が政令で定める金額以上になるときは、建設工事の適正な施工を確保するため、国土交通省令で定めるところにより、当該建設工事について、下請負人の商号又は名称、当該下請負人に係る建設工事の内容及び工期その他の国土交通省令で定める事項を記載した施工体制台帳を作成し、工事現場ごとに備え置かなければならない。

（第2～4項省略）

（建設工事紛争審査会の設置）

第25条　建設工事の請負契約に関する紛争の解決を図るため、建設工事紛争審査会を設置する。

2　建設工事紛争審査会（以下「審査会」という。）は、この法律の規定により、建設工事の請負契約に関する紛争（以下「紛争」という。）につきあっせん、調停及び仲裁（以下「紛争処理」という。）を行う権限を有する。

3　審査会は、中央建設工事紛争審査会（以下「中央審査会」という。）及び都道府県建設工事紛争審査会（以下「都道府県審査会」という。）とし、中央審査会は、国土交通省に、都道府県審査会は、都道府県に置く。

（主任技術者及び監理技術者の設置等）

第26条　建設業者は、その請け負った建設工事を施工するときは、当該建設工事に関し第7条第二号イ、ロ又はハに該当する者で当該工事現場における建設工事の施工の技術上の管理をつかさどるもの（以下「主任技術者」という。）を置かなければならない。

2　発注者から直接建設工事を請け負った特定建設業者は、当該建設工事を施工するために締結した下請契約の請負代金の額（当該下請契約が二以上あるときは、それらの請負代金の額の総額）が第3条第1項第二号の政令で定める金額以上になる場合においては、前項の規定にかかわらず、当該建設工事に関し第15条第二号イ、ロ又はハに該当する者（当該建設工事に係る建設業が指定建設業である場合にあっては、同号イに該当する者又は同号ハの規定により国土交通大臣が同号イに掲げる者と同等以上の能力を有するものと認定した者）で当該工事現場における建設工事の施工の技術上の管理をつかさどるもの（以下「監理技術者」という。）を置かなければならない。

3　公共性のある施設若しくは工作物又は多数の者が利用する施設若しくは工作物に関する重要な建設工事で政令で定めるものについては、前二項の規定により置かなければならない主任技術者又は監理技術者は、工事現場ごとに、専任の者でなければならない。

4　前項の規定により専任の者でなければならない監理技術者は、第27条の18第1項の規定による監理技術者資格者証の交付を受けている者であって、第26条の4から第26条の6までの規定により国土交通大臣の登録を受けた講習を受講したもののうちから、これを選任しなければならない。

5　前項の規定により選任された監理技術者は、発注者から請求があったときは、監理技術者資格者証を提示しなければならない。

（経営事項審査）

第27条の23　公共性のある施設又は工作物に関する建設工事で政令で定めるものを発注者から直接請け負おうとする建設業者は、国土交通省令で定めるところにより、その経営に関する客観的事項について審査を受けなければならない。

2　前項の審査（以下「経営事項審査」という。）は、次に掲げる事項について、数値による評価をすることにより行うものとする。

一　経営状況

二　経営規模、技術的能力その他の前号に掲げる事項以外の客観的事項

3　前項に定めるもののほか、経営事項審査の項目及び基準は、中央建設業審議会の意見を聴いて国土交通大臣が定める。

（指示及び営業の停止）

第28条　国土交通大臣又は都道府県知事は、その許可を受けた建設業者が次の各号のいずれかに該当する場合又はこの法律の規定（第19条の3、第19条の4及び第24条の3から第24条の5までを除き、公共工事の入札及び契約の適正化の促進に関する法律（平成12年法律第１２７号。以下「入札契約適正化法」という。）第15条第1項の規定により読み替えて適用される第24条の7第1項、第2項及び第4項を含む。第4項において同じ。）、入札契約適正化法第15条第2項若しくは第3項の規定若しくは特定住宅瑕疵担保責任の履行の確保等に関する法律（平成19年法律第66号。以下この条において「履行確保法」という。）第3条第6項、第4条第1項、第7条第2項、第8条第1項若し

くは第2項若しくは第10条の規定に違反した場合においては、当該建設業者に対して、必要な指示をすることができる。特定建設業者が第41条第2項又は第3項の規定による勧告に従わない場合において必要があると認めるときも、同様とする。

一　建設業者が建設工事を適切に施工しなかったために公衆に危害を及ぼしたとき、又は危害を及ぼすおそれが大であるとき。

二　建設業者が請負契約に関し不誠実な行為をしたとき。

三　建設業者（建設業者が法人であるときは、当該法人又はその役員等）又は政令で定める使用人がその業務に関し他の法令（入札契約適正化法及び履行確保法並びにこれらに基づく命令を除く。）に違反し、建設業者として不適当であると認められるとき。

四　建設業者が第22条の規定に違反したとき。

五　第26条第1項又は第2項に規定する主任技術者又は監理技術者が工事の施工の管理について著しく不適当であり、かつ、その変更が公益上必要であると認められるとき。

六　建設業者が、第3条第1項の規定に違反して同項の許可を受けないで建設業を営む者と下請契約を締結したとき。

七　建設業者が、特定建設業者以外の建設業を営む者と下請代金の額が第3条第1項第二号の政令で定める金額以上となる下請契約を締結したとき。

八　建設業者が、情を知って、第3項の規定により営業の停止を命ぜられている者又は第29条の4第1項の規定により営業を禁止されている者と当該停止され、又は禁止されている営業の範囲に係る下請契約を締結したとき。

九　履行確保法第3条第1項、第5条又は第7条第1項の規定に違反したとき。

（第2～7項省略）

（許可の取消し）

第29条　国土交通大臣又は都道府県知事は、その許可を受けた建設業者が次の各号のいずれかに該当するときは、当該建設業者の許可を取り消さなければならない。

一　一般建設業の許可を受けた建設業者にあっては第7条第一号又は第二号、特定建設業者にあっては同条第一号又は第15条第二号に掲げる基準を満たさなくなった場合

二　第8条第一号又は第七号から第十三号まで（第17条において準用する場合を含む。）のいずれかに該当するに至った場合

二の二　第9条第1項各号（第17条において準用する場合を含む。）のいずれかに該当する場合において一般建設業の許可又は特定建設業の許可を受

けないとき。

三　許可を受けてから1年以内に営業を開始せず、又は引き続いて1年以上営業を休止した場合

四　第12条各号（第17条において準用する場合を含む。）のいずれかに該当するに至った場合

五　不正の手段により第3条第1項の許可（同条第3項の許可の更新を含む。）を受けた場合

六　前条第1項各号のいずれかに該当し情状特に重い場合又は同条第3項若しくは第5項の規定による営業の停止の処分に違反した場合

2　国土交通大臣又は都道府県知事は、その許可を受けた建設業者が第3条の2第1項の規定により付された条件に違反したときは、当該建設業者の許可を取り消すことができる。

（公正取引委員会への措置請求等）

第42条　国土交通大臣又は都道府県知事は、その許可を受けた建設業者が第19条の3、第19条の4、第24条の3第1項、第24条の4又は第24条の5第3項若しくは第4項の規定に違反している事実があり、その事実が私的独占の禁止及び公正取引の確保に関する法律第19条の規定に違反していると認めるときは、公正取引委員会に対し、同法の規定に従い適当な措置をとるべきことを求めることができる。

2　国土交通大臣又は都道府県知事は、中小企業者（中小企業基本法（昭和38年法律第154号）第2条第1項に規定する中小企業者をいう。次条において同じ。）である下請負人と下請契約を締結した元請負人について、前項の規定により措置をとるべきことを求めたときは、遅滞なく、中小企業庁長官にその旨を通知しなければならない。

公共工事標準請負契約約款

（昭和25年2月21日中央建設業審議会決定）

最終改正　平成22年7月26日

建設工事請負契約書

一　工事名

二　工事場所

三　工期　自　平成　年　月　日
　　　　　至　平成　年　月　日

四　請負代金額
（うち取引に係る消費税及び地方消費税の額）

五　契約保証金

注　第4条（B）を使用する場合には、「免除」と記入する。

六　調停人

注　調停人を活用することが望ましいが、発注者及

び受注者が調停人をあらかじめ定めない場合は削除。

（七　解体工事に要する費用等）（省略）

（八　住宅建設瑕疵担保責任保険）（省略）

上記の工事について、発注者と受注者は、各々の対等な立場における合意に基づいて、別添の条項によって公正な請負契約を締結し、信義に従って誠実にこれを履行するものとする。

また、受注者が共同企業体を結成している場合には、受注者は、別紙の共同企業体協定書により契約書記載の工事を共同連帯して請け負う。

本契約の証として本書　通を作成し、発注者及び受注者が記名押印の上、各自1通を保有する。

平成　年　月　日

発注者　住所

氏名　印

受注者　住所

氏名　印

注　受注者が共同企業体を結成している場合においては、受注者の住所及び氏名の欄には、共同企業体の名称並びに共同企業体の代表者及びその他の構成員の住所及び氏名を記入する。

（総則）

第1条　発注者及び受注者は、この約款（契約書を含む。以下同じ。）に基づき、設計図書（別冊の図面、仕様書、現場説明書及び現場説明に対する質問回答書をいう。以下同じ。）に従い、日本国の法令を遵守し、この契約（この約款及び設計図書を内容とする工事の請負契約をいう。以下同じ。）を履行しなければならない。

2　受注者は、契約書記載の工事を契約書記載の工期内に完成し、工事目的物を発注者に引き渡すものとし、発注者は、その請負代金を支払うものとする。

3　仮設、施工方法その他工事目的物を完成するために必要な一切の手段（以下「施工方法等」という。）については、この約款及び設計図書に特別の定めがある場合を除き、受注者がその責任において定める。

（第4～12項省略）

（関連工事の調整）

第2条　（省略）

（請負代金内訳書及び工程表）

第3条（A）　受注者は、設計図書に基づいて請負代金内訳書（以下「内訳書」という。）及び工程表を作成し、発注者に提出し、その承認を受けなければならない。

2　内訳書及び工程表は、この約款の他の条項において定める場合を除き、発注者及び受注者を拘束するものではない。

注 （A）は、契約の内容に不確定要素の多い契約等に使用する。

第3条（B） 受注者は、この契約締結後○日以内に設計図書に基づいて、請負代金内訳書（以下「内訳書」という。）及び工程表を作成し、発注者に提出しなければならない。

2 内訳書及び工程表は、発注者及び受注者を拘束するものではない。

注 発注者が内訳書を必要としない場合は、内訳書に関する部分を削除する。

（契約の保証）

第4条（A） 受注者は、この契約の締結と同時に、次の各号のいずれかに掲げる保証を付さなければならない。ただし、第五号の場合においては、履行保証保険契約の締結後、直ちにその保険証券を発注者に寄託しなければならない。

一 契約保証金の納付

二 契約保証金に代わる担保となる有価証券等の提供

三 この契約による債務の不履行により生ずる損害金の支払いを保証する銀行又は発注者が確実と認める金融機関等の保証

四 この契約による債務の履行を保証する公共工事履行保証証券による保証

五 この契約による債務の不履行により生ずる損害をてん補する履行保証保険契約の締結

2 前項の保証に係る契約保証金の額、保証金額又は保険金額（第4項において「保証の額」という。）は、請負代金額の10分の○以上としなければならない。

3 第1項の規定により、受注者が同項第二号又は第三号に掲げる保証を付したときは、当該保証は契約保証金に代わる担保の提供として行われたものとし、同項第四号又は第五号に掲げる保証を付したときは、契約保証金の納付を免除する。

4 請負代金額の変更があった場合には、保証の額が変更後の請負代金額の10分の○に達するまで、発注者は、保証の額の増額を請求することができ、受注者は、保証の額の減額を請求することができる。

注 （A）は、金銭的保証を必要とする場合に使用することとし、○の部分には、たとえば、1と記入する。

第4条（B） 受注者は、この契約の締結と同時に、この契約による債務の履行を保証する公共工事履行保証証券による保証（瑕疵担保特約を付したものに限る。）を付さなければならない。

2 前項の場合において、保証金額は、請負代金額の10分の○以上としなければならない。

3　請負代金額の変更があった場合には、保証金額が変更後の請負代金額の10分の○に達するまで、発注者は、保証金額の増額を請求することができ、受注者は、保証金額の減額を請求することができる。

注　（B）は、役務的保証を必要とする場合に使用することとし、○の部分には、たとえば、３と記入する。

（権利義務の譲渡等）

第5条　受注者は、この契約により生ずる権利又は義務を第三者に譲渡し、又は承継させてはならない。ただし、あらかじめ、発注者の承諾を得た場合は、この限りでない。

注　ただし書の適用については、たとえば、受注者が工事に係る請負代金債権を担保として資金を借り入れようとする場合（受注者が、「下請セーフティネット債務保証事業」（平成11年1月28日建設省経振発第八号）又は「地域建設業経営強化融資制度」（平成20年10月17日国総建第１９７号、国総建整第１５４号）により資金を借り入れようとする等の場合）が該当する。

（第2項省略）

（一括委任又は一括下請負の禁止）

第6条　受注者は、工事の全部若しくはその主たる部分又は他の部分から独立してその機能を発揮する工作物の工事を一括して第三者に委任し、又は請け負わせてはならない。

注　公共工事の入札及び契約の適正化の促進に関する法律（平成12年法律第１２７号）の適用を受けない発注者が建設業法施行令（昭和31年政令第２７３号）第6条の3に規定する工事以外の工事を発注する場合においては、「ただし、あらかじめ、発注者の承諾を得た場合は、この限りではない。」とのただし書を追記することができる。

（下請負人の通知）

第7条　発注者は、受注者に対して、下請負人の商号又は名称その他必要な事項の通知を請求することができる。

（特許権等の使用）

第8条　（省略）

（監督員）

第9条　発注者は、監督員を置いたときは、その氏名を受注者に通知しなければならない。監督員を変更したときも同様とする。

2　監督員は、この約款の他の条項に定めるもの及びこの約款に基づく発注者の権限とされる事項のうち発注者が必要と認めて監督員に委任したもののほか、設計図書に定めるところにより、次に掲げる権限を有する。

一　この契約の履行についての受注者又は受注者の

現場代理人に対する指示、承諾又は協議

二　設計図書に基づく工事の施工のための詳細図等の作成及び交付又は受注者が作成した詳細図等の承諾

三　設計図書に基づく工程の管理、立会い、工事の施工状況の検査又は工事材料の試験若しくは検査（確認を含む。）

（第3～6項省略）

（現場代理人及び主任技術者等）

第10条　受注者は、次の各号に掲げる者を定めて工事現場に設置し、設計図書に定めるところにより、その氏名その他必要な事項を発注者に通知しなければならない。これらの者を変更したときも同様とする。

一　現場代理人

二　（A）［　］主任技術者

（B）［　］監理技術者

三　専門技術者（建設業法（昭和24年法律第100号）第26条の2に規定する技術者をいう。以下同じ。）

注　（B）は、建設業法第26条第2項の規定に該当する場合に、（A）は、それ以外の場合に使用する。

［　］の部分には、同法第26条第3項の工事の場合に「専任の」の字句を記入する。

（第2～5項省略）

（履行報告）

第11条　受注者は、設計図書に定めるところにより、この契約の履行について発注者に報告しなければならない。

（工事関係者に関する措置請求）

第12条　発注者は、現場代理人がその職務（主任技術者（監理技術者）又は専門技術者と兼任する現場代理人にあっては、それらの者の職務を含む。）の執行につき著しく不適当と認められるときは、受注者に対して、その理由を明示した書面により、必要な措置をとるべきことを請求することができる。

（第2～5項省略）

（工事材料の品質及び検査等）

第13条　工事材料の品質については、設計図書に定めるところによる。設計図書にその品質が明示されていない場合にあっては、中等の品質を有するものとする。

（第2～5項省略）

（監督員の立会い及び工事記録の整備等）

第14条　受注者は、設計図書において監督員の立会いの上調合し、又は調合について見本検査を受けるものと指定された工事材料については、当該立会いを受けて調合し、又は当該見本検査に合格したものを使用しなければならない。

2　受注者は、設計図書において監督員の立会いの上施工するものと指定された工事については、当該立会いを受けて施工しなければならない。

（第3～6項省略）

（支給材料及び貸与品）

第15条　発注者が受注者に支給する工事材料（以下「支給材料」という。）及び貸与する建設機械器具（以下「貸与品」という。）の品名、数量、品質、規格又は性能、引渡場所及び引渡時期は、設計図書に定めるところによる。

2　監督員は、支給材料又は貸与品の引渡しに当たっては、受注者の立会いの上、発注者の負担において、当該支給材料又は貸与品を検査しなければならない。この場合において、当該検査の結果、その品名、数量、品質又は規格若しくは性能が設計図書の定めと異なり、又は使用に適当でないと認めたときは、受注者は、その旨を直ちに発注者に通知しなければならない。

3　受注者は、支給材料又は貸与品の引渡しを受けたときは、引渡しの日から○日以内に、発注者に受領書又は借用書を提出しなければならない。

（第4～11項省略）

（工事用地の確保等）

第16条　発注者は、工事用地その他設計図書において定められた工事の施工上必要な用地（以下「工事用地等」という。）を受注者が工事の施工上必要とする日（設計図書に特別の定めがあるときは、その定められた日）までに確保しなければならない。

2　受注者は、確保された工事用地等を善良な管理者の注意をもって管理しなければならない。

（第3～5項省略）

（設計図書不適合の場合の改造義務及び破壊検査等）

第17条　受注者は、工事の施工部分が設計図書に適合しない場合において、監督員がその改造を請求したときは、当該請求に従わなければならない。この場合において、当該不適合が監督員の指示によるときその他発注者の責めに帰すべき事由によるときは、発注者は、必要があると認められるときは工期若しくは請負代金額を変更し、又は受注者に損害を及ぼしたときは必要な費用を負担しなければならない。

2　監督員は、受注者が第13条第2項又は第14条第1項から第3項までの規定に違反した場合において、必要があると認められるときは、工事の施工部分を破壊して検査することができる。

3　前項に規定するほか、監督員は、工事の施工部分が設計図書に適合しないと認められる相当の理由がある場合において、必要があると認められるときは、当該相当の理由を受注者に通知して、工事の施工部分を最小限度破壊して検査することができる。

4　前二項の場合において、検査及び復旧に直接要する費用は受注者の負担とする。

（条件変更等）

第18条　受注者は、工事の施工に当たり、次の各号のいずれかに該当する事実を発見したときは、その旨を直ちに監督員に通知し、その確認を請求しなければならない。

一　図面、仕様書、現場説明書及び現場説明に対する質問回答書が一致しないこと（これらの優先順位が定められている場合を除く。）。

二　設計図書に誤謬又は脱漏があること。

三　設計図書の表示が明確でないこと。

四　工事現場の形状、地質、湧水等の状態、施工上の制約等設計図書に示された自然的又は人為的な施工条件と実際の工事現場が一致しないこと。

五　設計図書で明示されていない施工条件について予期することのできない特別な状態が生じたこと。

2　監督員は、前項の規定による確認を請求されたとき又は自ら同項各号に掲げる事実を発見したときは、受注者の立会いの上、直ちに調査を行わなければならない。ただし、受注者が立会いに応じない場合には、受注者の立会いを得ずに行うことができる。

3　発注者は、受注者の意見を聴いて、調査の結果（これに対してとるべき措置を指示する必要があるときは、当該指示を含む。）をとりまとめ、調査の終了後○日以内に、その結果を受注者に通知しなければならない。ただし、その期間内に通知できないやむを得ない理由があるときは、あらかじめ受注者の意見を聴いた上、当該期間を延長することができる。

4　前項の調査の結果において第1項の事実が確認された場合において、必要があると認められるときは、次の各号に掲げるところにより、設計図書の訂正又は変更を行わなければならない。

一　第1項第一号から第三号までのいずれかに該当し設計図書を訂正する必要があるもの　発注者が行う。

二　第1項第四号又は第五号に該当し設計図書を変更する場合で工事目的物の変更を伴うもの　発注者が行う。

三　第1項第四号又は第五号に該当し設計図書を変更する場合で工事目的物の変更を伴わないもの　発注者と受注者とが協議して発注者が行う。

5　前項の規定により設計図書の訂正又は変更が行われた場合において、発注者は、必要があると認められるときは工期若しくは請負代金額を変更し、又は受注者に損害を及ぼしたときは必要な費用を負担しなければならない。

（設計図書の変更）

第19条 発注者は、必要があると認めるときは、設計図書の変更内容を受注者に通知して、設計図書を変更することができる。この場合において、発注者は、必要があると認められるときは工期若しくは請負代金額を変更し、又は受注者に損害を及ぼしたときは必要な費用を負担しなければならない。

（工事の中止）

第20条 工事用地等の確保ができない等のため又は暴風、豪雨、洪水、高潮、地震、地すべり、落盤、火災、騒乱、暴動その他の自然的又は人為的な事象（以下「天災等」という。）であって受注者の責めに帰すことができないものにより工事目的物等に損害を生じ若しくは工事現場の状態が変動したため、受注者が工事を施工できないと認められるときは、発注者は、工事の中止内容を直ちに受注者に通知して、工事の全部又は一部の施工を一時中止させなければならない。

2 発注者は、前項の規定によるほか、必要があると認めるときは、工事の中止内容を受注者に通知して、工事の全部又は一部の施工を一時中止させることができる。

3 発注者は、前二項の規定により工事の施工を一時中止させた場合において、必要があると認められるときは工期若しくは請負代金額を変更し、又は受注者が工事の続行に備え工事現場を維持し若しくは労働者、建設機械器具等を保持するための費用その他の工事の施工の一時中止に伴う増加費用を必要とし若しくは受注者に損害を及ぼしたときは必要な費用を負担しなければならない。

（受注者の請求による工期の延長）

第21条 受注者は、天候の不良、第2条の規定に基づく関連工事の調整への協力その他受注者の責めに帰すことができない事由により工期内に工事を完成することができないときは、その理由を明示した書面により、発注者に工期の延長変更を請求することができる。

2 発注者は、前項の規定による請求があった場合において、必要があると認められるときは、工期を延長しなければならない。発注者は、その工期の延長が発注者の責めに帰すべき事由による場合においては、請負代金額について必要と認められる変更を行い、又は受注者に損害を及ぼしたときは必要な費用を負担しなければならない。

（発注者の請求による工期の短縮等）

第22条 発注者は、特別の理由により工期を短縮する必要があるときは、工期の短縮変更を受注者に請求することができる。

２　発注者は、この約款の他の条項の規定により工期を延長すべき場合において、特別の理由があるときは、延長する工期について、通常必要とされる工期に満たない工期への変更を請求することができる。

３　発注者は、前二項の場合において、必要があると認められるときは請負代金額を変更し、又は受注者に損害を及ぼしたときは必要な費用を負担しなければならない。

（工期の変更方法）

第23条　工期の変更については、発注者と受注者とが協議して定める。ただし、協議開始の日から○日以内に協議が整わない場合には、発注者が定め、受注者に通知する。

注　○の部分には、工期及び請負代金額を勘案して十分な協議が行えるよう留意して数字を記入する。

２　前項の協議開始の日については、発注者が受注者の意見を聴いて定め、受注者に通知するものとする。ただし、発注者が工期の変更事由が生じた日（第21条の場合にあっては発注者が工期変更の請求を受けた日、前条の場合にあっては受注者が工期変更の請求を受けた日）から○日以内に協議開始の日を通知しない場合には、受注者は、協議開始の日を定め、発注者に通知することができる。

注　○の部分には、工期を勘案してできる限り早急に通知を行うよう留意して数字を記入する。

（請負代金額の変更方法等）

第24条（A）　請負代金額の変更については、数量の増減が内訳書記載の数量の１００分の○を超える場合、施工条件が異なる場合、内訳書に記載のない項目が生じた場合若しくは内訳書によることが不適当な場合で特別な理由がないとき又は内訳書が未だ承認を受けていない場合にあっては変更時の価格を基礎として発注者と受注者とが協議して定め、その他の場合にあっては内訳書記載の単価を基礎として定める。ただし、協議開始の日から○日以内に協議が整わない場合には、発注者が定め、受注者に通知する。

注　（A）は、第３条（A）を使用する場合に使用する。

「１００分の○」の○の部分には、たとえば、20と記入する。「○日」の○の部分には、工期及び請負代金額を勘案して十分な協議が行えるよう留意して数字を記入する。

第24条（B）　請負代金額の変更については、発注者と受注者とが協議して定める。ただし、協議開始の日から○日以内に協議が整わない場合には、発注者が定め、受注者に通知する。

注 （B）は、第3条（B）を使用する場合に使用する。

○の部分には、工期及び請負代金額を勘案して十分な協議が行えるよう留意して数字を記入する。

2 前項の協議開始の日については、発注者が受注者の意見を聴いて定め、受注者に通知するものとする。ただし、請負代金額の変更事由が生じた日から○日以内に協議開始の日を通知しない場合には、受注者は、協議開始の日を定め、発注者に通知することができる。

注 ○の部分には、工期を勘案してできる限り早急に通知を行うよう留意して数字を記入する。

3 この約款の規定により、受注者が増加費用を必要とした場合又は損害を受けた場合に発注者が負担する必要な費用の額については、発注者と受注者とが協議して定める。

（賃金又は物価の変動に基づく請負代金額の変更）

第25条 発注者又は受注者は、工期内で請負契約締結の日から12月を経過した後に日本国内における賃金水準又は物価水準の変動により請負代金額が不適当となったと認めたときは、相手方に対して請負代金額の変更を請求することができる。

2 発注者又は受注者は、前項の規定による請求があったときは、変動前残工事代金額（請負代金額から当該請求時の出来形部分に相応する請負代金額を控除した額をいう。以下この条において同じ。）と変動後残工事代金額（変動後の賃金又は物価を基礎として算出した変動前残工事代金額に相応する額をいう。以下この条において同じ。）との差額のうち変動前残工事代金額の１０００分の15を超える額につき、請負代金額の変更に応じなければならない。

3 変動前残工事代金額及び変動後残工事代金額は、請求のあった日を基準とし、（内訳書及び）

（A）［　］に基づき発注者と受注者とが協議して定める。

（B） 物価指数等に基づき発注者と受注者とが協議して定める。

ただし、協議開始の日から○日以内に協議が整わない場合にあっては、発注者が定め、受注者に通知する。

注 （内訳書及び）の部分は、第3条（B）を使用する場合には削除する。

（A）は、変動前残工事代金額の算定の基準とすべき資料につき、あらかじめ、発注者及び受注者が具体的に定め得る場合に使用する。

［　］の部分には、この場合に当該資料の名称（たとえば、国又は国に準ずる機関が作成して定期的に公表する資料の名称）を記入する。

○の部分には、工期及び請負代金額を勘案して十分な協議が行えるよう留意して数字を記入する。

4　第1項の規定による請求は、この条の規定により請負代金額の変更を行った後再度行うことができる。この場合において、同項中「請負契約締結の日」とあるのは、「直前のこの条に基づく請負代金額変更の基準とした日」とするものとする。

5　特別な要因により工期内に主要な工事材料の日本国内における価格に著しい変動を生じ、請負代金額が不適当となったときは、発注者又は受注者は、前各項の規定によるほか、請負代金額の変更を請求することができる。

6　予期することのできない特別の事情により、工期内に日本国内において急激なインフレーション又はデフレーションを生じ、請負代金額が著しく不適当となったときは、発注者又は受注者は、前各項の規定にかかわらず、請負代金額の変更を請求することができる。

7　前二項の場合において、請負代金額の変更額については、発注者と受注者とが協議して定める。ただし、協議開始の日から○日以内に協議が整わない場合にあっては、発注者が定め、受注者に通知する。

注　○の部分には、工期及び請負代金額を勘案して十分な協議が行えるよう留意して数字を記入する。

8　第3項及び前項の協議開始の日については、発注者が受注者の意見を聴いて定め、受注者に通知しなければならない。ただし、発注者が第1項、第5項又は第6項の請求を行った日又は受けた日から○日以内に協議開始の日を通知しない場合には、受注者は、協議開始の日を定め、発注者に通知することができる。

注　○の部分には、工期を勘案してできる限り早急に通知を行うよう留意して数字を記入する。

（臨機の措置）

第26条　受注者は、災害防止等のため必要があると認めるときは、臨機の措置をとらなければならない。この場合において、必要があると認めるときは、受注者は、あらかじめ監督員の意見を聴かなければならない。ただし、緊急やむを得ない事情があるときは、この限りでない。

2　前項の場合においては、受注者は、そのとった措置の内容を監督員に直ちに通知しなければならない。

3　監督員は、災害防止その他工事の施工上特に必要があると認めるときは、受注者に対して臨機の措置をとることを請求することができる。

4　受注者が第1項又は前項の規定により臨機の措置をとった場合において、当該措置に要した費用のうち、受注者が請負代金額の範囲において負担することが適当でないと認められる部分については、発注者が負担する。

（一般的損害）

第27条 工事目的物の引渡し前に、工事目的物又は工事材料について生じた損害その他工事の施工に関して生じた損害（次条第1項若しくは第2項又は第29条第1項に規定する損害を除く。）については、受注者がその費用を負担する。ただし、その損害（第51条第1項の規定により付された保険等によりてん補された部分を除く。）のうち発注者の責めに帰すべき事由により生じたものについては、発注者が負担する。

（第三者に及ぼした損害）

第28条 工事の施工について第三者に損害を及ぼしたときは、受注者がその損害を賠償しなければならない。ただし、その損害（第51条第1項の規定により付された保険等によりてん補された部分を除く。以下この条において同じ。）のうち発注者の責めに帰すべき事由により生じたものについては、発注者が負担する。

2 前項の規定にかかわらず、工事の施工に伴い通常避けることができない騒音、振動、地盤沈下、地下水の断絶等の理由により第三者に損害を及ぼしたときは、発注者がその損害を負担しなければならない。ただし、その損害のうち工事の施工につき受注者が善良な管理者の注意義務を怠ったことにより生じたものについては、受注者が負担する。

3 前二項の場合その他工事の施工について第三者との間に紛争を生じた場合においては、発注者及び受注者は協力してその処理解決に当たるものとする。

（不可抗力による損害）

第29条 工事目的物の引渡し前に、天災等（設計図書で基準を定めたものにあっては、当該基準を超えるものに限る。）発注者と受注者のいずれの責めにも帰すことができないもの（以下この条において「不可抗力」という。）により、工事目的物、仮設物又は工事現場に搬入済みの工事材料若しくは建設機械器具に損害が生じたときは、受注者は、その事実の発生後直ちにその状況を発注者に通知しなければならない。

2 発注者は、前項の規定による通知を受けたときは、直ちに調査を行い、同項の損害（受注者が善良な管理者の注意義務を怠ったことに基づくもの及び第51条第1項の規定により付された保険等によりてん補された部分を除く。以下この条において「損害」という。）の状況を確認し、その結果を受注者に通知しなければならない。

3 受注者は、前項の規定により損害の状況が確認されたときは、損害による費用の負担を発注者に請求することができる。

4　発注者は、前項の規定により受注者から損害による費用の負担の請求があったときは、当該損害の額（工事目的物、仮設物又は工事現場に搬入済みの工事材料若しくは建設機械器具であって第13条第2項、第14条第1項若しくは第2項又は第37条第3項の規定による検査、立会いその他受注者の工事に関する記録等により確認することができるものに係る額に限る。）及び当該損害の取片付けに要する費用の額の合計額（第6項において「損害合計額」という。）のうち請負代金額の100分の1を超える額を負担しなければならない。

5　損害の額は、次の各号に掲げる損害につき、それぞれ当該各号に定めるところにより、（内訳書に基づき）算定する。

注（内訳書に基づき）の部分は、第3条（B）を使用する場合には、削除する。

一　工事目的物に関する損害
　損害を受けた工事目的物に相応する請負代金額とし、残存価値がある場合にはその評価額を差し引いた額とする。

二　工事材料に関する損害
　損害を受けた工事材料で通常妥当と認められるものに相応する請負代金額とし、残存価値がある場合にはその評価額を差し引いた額とする。

三　仮設物又は建設機械器具に関する損害
　損害を受けた仮設物又は建設機械器具で通常妥当と認められるものについて、当該工事で償却することとしている償却費の額から損害を受けた時点における工事目的物に相応する償却費の額を差し引いた額とする。ただし、修繕によりその機能を回復することができ、かつ、修繕費の額が上記の額より少額であるものについては、その修繕費の額とする。

6　数次にわたる不可抗力により損害合計額が累積した場合における第2次以降の不可抗力による損害合計額の負担については、第4項中「当該損害の額」とあるのは「損害の額の累計」と、「当該損害の取片付けに要する費用の額」とあるのは「損害の取片付けに要する費用の額の累計」と、「請負代金額の100分の1を超える額」とあるのは「請負代金額の100分の1を超える額から既に負担した額を差し引いた額」として同項を適用する。

（請負代金額の変更に代える設計図書の変更）

第30条　発注者は、第8条、第15条、第17条から第22条まで、第25条から第27条まで、前条又は第33条の規定により請負代金額を増額すべき場合又は費用を負担すべき場合において、特別の理由があるときは、請負代金額の増額又は負担額の全部又は一部に代えて設計図書を変更することができる。この場合において、設計図書の変更内容は、発注者と受注者とが協議して定める。ただし、協議開始の日から○日以内に協議が整わない場合には、発注者が定め、受注者に通知する。

注 ○の部分には、工期及び請負代金額を勘案して十分な協議が行えるよう留意して数字を記入する。

2 前項の協議開始の日については、発注者が受注者の意見を聴いて定め、受注者に通知しなければならない。ただし、発注者が請負代金額を増額すべき事由又は費用を負担すべき事由が生じた日から○日以内に協議開始の日を通知しない場合には、受注者は、協議開始の日を定め、発注者に通知することができる。

注 ○の部分には、工期を勘案してできる限り早急に通知を行うよう留意して数字を記入する。

（検査及び引渡し）

第31条 受注者は、工事を完成したときは、その旨を発注者に通知しなければならない。

2 発注者は、前項の規定による通知を受けたときは、通知を受けた日から14日以内に受注者の立会いの上、設計図書に定めるところにより、工事の完成を確認するための検査を完了し、当該検査の結果を受注者に通知しなければならない。この場合において、発注者は、必要があると認められるときは、その理由を受注者に通知して、工事目的物を最小限度破壊して検査することができる。

3 前項の場合において、検査又は復旧に直接要する費用は、受注者の負担とする。

4 発注者は、第2項の検査によって工事の完成を確認した後、受注者が工事目的物の引渡しを申し出たときは、直ちに当該工事目的物の引渡しを受けなければならない。

5 発注者は、受注者が前項の申出を行わないときは、当該工事目的物の引渡しを請負代金の支払いの完了と同時に行うことを請求することができる。この場合においては、受注者は、当該請求に直ちに応じなければならない。

6 受注者は、工事が第2項の検査に合格しないときは、直ちに修補して発注者の検査を受けなければならない。この場合においては、修補の完了を工事の完成とみなして前五項の規定を適用する。

（請負代金の支払い）

第32条 受注者は、前条第2項（同条第6項後段の規定により適用される場合を含む。第3項において同じ。）の検査に合格したときは、請負代金の支払いを請求することができる。

2 発注者は、前項の規定による請求があったときは、請求を受けた日から40日以内に請負代金を支払わなければならない。

３　発注者がその責めに帰すべき事由により前条第2項の期間内に検査をしないときは、その期限を経過した日から検査をした日までの期間の日数は、前項の期間（以下この項において「約定期間」という。）の日数から差し引くものとする。この場合において、その遅延日数が約定期間の日数を超えるときは、約定期間は、遅延日数が約定期間の日数を超えた日において満了したものとみなす。

（部分使用）

第33条　発注者は、第31条第4項又は第5項の規定による引渡し前においても、工事目的物の全部又は一部を受注者の承諾を得て使用することができる。

２　前項の場合においては、発注者は、その使用部分を善良な管理者の注意をもって使用しなければならない。

３　発注者は、第1項の規定により工事目的物の全部又は一部を使用したことによって受注者に損害を及ぼしたときは、必要な費用を負担しなければならない。

（前金払及び中間前金払）

第34条（Ａ）　受注者は、公共工事の前払金保証事業に関する法律（昭和27年法律第１８４号）第2条第4項に規定する保証事業会社（以下「保証事業会社」という。）と、契約書記載の工事完成の時期を保証期限とする同条第5項に規定する保証契約（以下「保証契約」という。）を締結し、その保証証書を発注者に寄託して、請負代金額の10分の○以内の前払金の支払いを発注者に請求することができる。

注　受注者の資金需要に適切に対応する観点から、（Ａ）の使用を推奨する。

○の部分には、たとえば、4と記入する。

２　発注者は、前項の規定による請求があったときは、請求を受けた日から14日以内に前払金を支払わなければならない。

３　受注者は、第1項の規定による前払金の支払いを受けた後、保証事業会社と中間前払金に関する保証契約を締結し、その保証証書を発注者に寄託して、請負代金額の10分の○以内の中間前払金の支払いを発注者に請求することができる。

注　○の部分には、たとえば、2と記入する。

４　第2項の規定は、前項の場合について準用する。

５　受注者は、請負代金額が著しく増額された場合においては、その増額後の請負代金額の10分の○（第3項の規定により中間前払金の支払いを受けているときは10分の○）から受領済みの前払金額（中間前払金の支払いを受けているときは、中間前払金額を含む。次項及び次条において同じ。）を差し引いた額に相当する額の範囲内で前払金

（中間前払金の支払いを受けているときは、中間前払金を含む。以下この条から第36条までにおいて同じ。）の支払いを請求することができる。この場合においては、第2項の規定を準用する。

注 ○の部分には、たとえば、4（括弧書きの○の部分には、たとえば、6）と記入する。

6 受注者は、請負代金額が著しく減額された場合において、受領済みの前払金額が減額後の請負代金額の10分の○（第3項の規定により中間前払金の支払いを受けているときは10分の○）を超えるときは、受注者は、請負代金額が減額された日から30日以内にその超過額を返還しなければならない。

注 ○の部分には、たとえば、5（括弧書きの○の部分には、たとえば、6）と記入する。

7 前項の超過額が相当の額に達し、返還することが前払金の使用状況からみて、著しく不適当であると認められるときは、発注者と受注者とが協議して返還すべき超過額を定める。ただし、請負代金額が減額された日から○日以内に協議が整わない場合には、発注者が定め、受注者に通知する。

注 ○の部分には、30未満の数字を記入する。

8 発注者は、受注者が第6項の期間内に超過額を返還しなかったときは、その未返還額につき、同項の期間を経過した日から返還をする日までの期間について、その日数に応じ、年○パーセントの割合で計算した額の遅延利息の支払いを請求することができる。

注 ○の部分には、たとえば、政府契約の支払遅延防止等に関する法律第8条の規定により財務大臣が定める率を記入する。

第34条（B） 受注者は、公共工事の前払金保証事業に関する法律（昭和27年法律第184号）第2条第4項に規定する保証事業会社（以下「保証事業会社」という。）と、契約書記載の工事完成の時期を保証期限とする同条第5項に規定する保証契約（以下「保証契約」という。）を締結し、その保証証書を発注者に寄託して、請負代金額の10分の○以内の前払金の支払いを発注者に請求することができる。

注 ○の部分には、たとえば、4と記入する。

2 発注者は、前項の規定による請求があったときは、請求を受けた日から14日以内に前払金を支払わなければならない。

3 受注者は、請負代金額が著しく増額された場合においては、その増額後の請負代金額の10分の○から受領済みの前払金額を差し引いた額に相当する額の範囲内で前払金の支払いを請求することができる。この場合においては、前項の規定を準用する。

注 ○の部分には、たとえば、4と記入する。
4 受注者は、請負代金額が著しく減額された場合において、受領済みの前払金額が減額後の請負代金額の10分の○を超えるときは、受注者は、請負代金額が減額された日から30日以内にその超過額を返還しなければならない。
注 ○の部分には、たとえば、5と記入する。
5 前項の超過額が相当の額に達し、返還することが前払金の使用状況からみて著しく不適当であると認められるときは、発注者と受注者が協議して返還すべき超過額を定める。ただし、請負代金額が減額された日から○日以内に協議が整わない場合には、発注者が定め、受注者に通知する。
注 ○の部分には、30未満の数字を記入する。
6 発注者は、受注者が第4項の期間内に超過額を返還しなかったときは、その未返還額につき、同項の期間を経過した日から返還をする日までの期間について、その日数に応じ、年○パーセントの割合で計算した額の遅延利息の支払いを請求することができる。
注 ○の部分には、たとえば、政府契約の支払遅延防止等に関する法律第8条の規定により財務大臣が定める率を記入する。

（保証契約の変更）
第35条 受注者は、前条第○項の規定により受領済みの前払金に追加してさらに前払金の支払いを請求する場合には、あらかじめ、保証契約を変更し、変更後の保証証書を発注者に寄託しなければならない。
注 ○の部分には、第34条（A）を使用する場合は5と、第34条（B）を使用する場合は3と記入する。
2 受注者は、前項に定める場合のほか、請負代金額が減額された場合において、保証契約を変更したときは、変更後の保証証書を直ちに発注者に寄託しなければならない。
3 受注者は、前払金額の変更を伴わない工期の変更が行われた場合には、発注者に代わりその旨を保証事業会社に直ちに通知するものとする。
注 第3項は、発注者が保証事業会社に対する工期変更の通知を受注者に代理させる場合に使用する。

（前払金の使用等）
第36条 受注者は、前払金をこの工事の材料費、労務費、機械器具の賃借料、機械購入費（この工事において償却される割合に相当する額に限る。）、動力費、支払運賃、修繕費、仮設費、労働者災害補償保険料及び保証料に相当する額として必要な経費以外の支払いに充当してはならない。

（部分払）
第37条 受注者は、工事の完成前に、出来形部分並びに工事現場に搬入済みの工事材料［及び製造工場等にある工場製品］（第13条第2項の規定により監督員の検査を要するものにあっては当該検査に合格したもの、監督員の検査を要しないものにあっては設計図書で部分払の対象とすることを指定したものに限る。）に相応する請負代金相当額の10分の○以内の額について、次項から第7項までに定めるところにより部分払を請求することができる。ただし、この請求は、工期中○回を超えることができない。

注　部分払の対象とすべき工場製品がないときは、［　］の部分を削除する。

「10分の○」の○の部分には、たとえば、9と記入する。「○回」の○の部分には、工期及び請負代金額を勘案して妥当と認められる数字を記入する。

（第2～7項省略）

（部分引渡し）

第38条　工事目的物について、発注者が設計図書において工事の完成に先だって引渡しを受けるべきことを指定した部分（以下「指定部分」という。）がある場合において、当該指定部分の工事が完了したときについては、第31条中「工事」とあるのは「指定部分に係る工事」と、「工事目的物」とあるのは「指定部分に係る工事目的物」と、同条第5項及び第32条中「請負代金」とあるのは「部分引渡しに係る請負代金」と読み替えて、これらの規定を準用する。

（第2項省略）

第39～42条　（省略）

（前払金等の不払に対する工事中止）

第43条　受注者は、発注者が第34条、第37条又は第38条において準用される第32条の規定に基づく支払いを遅延し、相当の期間を定めてその支払いを請求したにもかかわらず支払いをしないときは、工事の全部又は一部の施工を一時中止することができる。この場合においては、受注者は、その理由を明示した書面により、直ちにその旨を発注者に通知しなければならない。

（第2項省略）

（瑕疵担保）

第44条（A）　発注者は、工事目的物に瑕疵があるときは、受注者に対して相当の期間を定めてその瑕疵の修補を請求し、又は修補に代え若しくは修補とともに損害の賠償を請求することができる。ただし、瑕疵が重要ではなく、かつ、その修補に過分の費用を要するときは、発注者は、修補を請求することができない。

注　（A）は、住宅の品質確保の促進等に関する法律（平成11年法律第81号）第94条第1項に規定する住宅新築請負契約の場合に使用することとする。

（第2～6項省略）

第44条（B） 発注者は、工事目的物に瑕疵があるときは、受注者に対して相当の期間を定めてその瑕疵の修補を請求し、又は修補に代え若しくは修補とともに損害の賠償を請求することができる。ただし、瑕疵が重要ではなく、かつ、その修補に過分の費用を要するときは、発注者は、修補を請求することができない。

2 前項の規定による瑕疵の修補又は損害賠償の請求は、第31条第4項又は第5項（第38条においてこれらの規定を準用する場合を含む。）の規定による引渡しを受けた日から○年以内に行わなければならない。ただし、その瑕疵が受注者の故意又は重大な過失により生じた場合には、請求を行うことのできる期間は○年とする。

注　本文の○の部分には、原則として、木造の建物等の建設工事の場合には1を、コンクリート造等の建物等又は土木工作物等の建設工事の場合には2を、設備工事等の場合には1を記入する。ただし書の○の部分には、たとえば、10と記入する。

3 発注者は、工事目的物の引渡しの際に瑕疵があることを知ったときは、第1項の規定にかかわらず、その旨を直ちに受注者に通知しなければ、当該瑕疵の修補又は損害賠償の請求をすることはできない。ただし、受注者がその瑕疵があることを知っていたときは、この限りでない。

4 発注者は、工事目的物が第1項の瑕疵により滅失又はき損したときは、第2項に定める期間内で、かつ、その滅失又はき損の日から6月以内に第1項の権利を行使しなければならない。

5 第1項の規定は、工事目的物の瑕疵が支給材料の性質又は発注者若しくは監督員の指図により生じたものであるときは適用しない。ただし、受注者がその材料又は指図の不適当であることを知りながらこれを通知しなかったときは、この限りでない。

（履行遅滞の場合における損害金等）

第45条 受注者の責めに帰すべき事由により工期内に工事を完成することができない場合においては、発注者は、損害金の支払いを受注者に請求することができる。

2（A） 前項の損害金の額は、請負代金額から出来形部分に相応する請負代金額を控除した額につき、遅延日数に応じ、年○パーセントの割合で計算した額とする。

注　○の部分には、たとえば、政府契約の支払遅延防止等に関する法律第8条の規定により財務大臣が定める率を記入する。

2（B） 前項の損害金の額は、請負代金額から部分引渡しを受けた部分に相応する請負代金額を控除した額につき、遅延日数に応じ、年○パーセントの割合で計算した額とする。

注 （B）は、発注者が工事の遅延による著しい損害を受けることがあらかじめ予想される場合に使用する。

○の部分には、たとえば、政府契約の支払遅延防止等に関する法律第8条の規定により財務大臣が定める率を記入する。

3 発注者の責めに帰すべき事由により、第32条第2項（第38条において準用する場合を含む。）の規定による請負代金の支払いが遅れた場合においては、受注者は、未受領金額につき、遅延日数に応じ、年○パーセントの割合で計算した額の遅延利息の支払いを発注者に請求することができる。

注 ○の部分には、たとえば、政府契約の支払遅延防止等に関する法律第8条の規定により財務大臣が定める率を記入する。

（公共工事履行保証証券による保証の請求）

第46条 第4条第1項の規定によりこの契約による債務の履行を保証する公共工事履行保証証券による保証が付された場合において、受注者が次条第1項各号のいずれかに該当するときは、発注者は、当該公共工事履行保証証券の規定に基づき、保証人に対して、他の建設業者を選定し、工事を完成させるよう請求することができる。

2 受注者は、前項の規定により保証人が選定し発注者が適当と認めた建設業者（以下この条において「代替履行業者」という。）から発注者に対して、この契約に基づく次の各号に定める受注者の権利及び義務を承継する旨の通知が行われた場合には、代替履行業者に対して当該権利及び義務を承継させる。

一 請負代金債権（前払金［若しくは中間前払金］、部分払金又は部分引渡しに係る請負代金として受注者に既に支払われたものを除く。）

二 工事完成債務

三 瑕疵担保債務（受注者が施工した出来形部分の瑕疵に係るものを除く。）

四 解除権

五 その他この契約に係る一切の権利及び義務（第28条の規定により受注者が施工した工事に関して生じた第三者への損害賠償債務を除く。）

注 ［ ］の部分は、第34条（B）を使用する場合には削除する。

3 発注者は、前項の通知を代替履行業者から受けた場合には、代替履行業者が同項各号に規定する受注者の権利及び義務を承継することを承諾する。

4 第1項の規定による発注者の請求があった場合において、当該公共工事履行保証証券の規定に基づき、保証人から保証金が支払われたときには、この契約に基づいて発注者に対して受注者が負担する損害賠償債務その他の費用の負担に係る債務（当該保証金の支払われた後に生じる違約金等を含む。）は、当該保証金の額を限度として、消滅する。

（発注者の解除権）

第47条　発注者は、受注者が次の各号のいずれかに該当するときは、この契約を解除することができる。

一　正当な理由なく、工事に着手すべき期日を過ぎても工事に着手しないとき。

二　その責めに帰すべき事由により工期内に完成しないとき又は工期経過後相当の期間内に工事を完成する見込みが明らかにないと認められるとき。

三　第10条第1項第二号に掲げる者を設置しなかったとき。

四　前三号に掲げる場合のほか、契約に違反し、その違反によりこの契約の目的を達することができないと認められるとき。

五　第49条第1項の規定によらないでこの契約の解除を申し出たとき。

六　受注者（受注者が共同企業体であるときは、その構成員のいずれかの者。以下この号において同じ。）が次のいずれかに該当するとき。

イ　役員等（受注者が個人である場合にはその者を、受注者が法人である場合にはその役員又はその支店若しくは常時建設工事の請負契約を締結する事務所の代表者をいう。以下この号において同じ。）が暴力団員による不当な行為の防止等に関する法律（平成3年法律第77号）第2条第六号に規定する暴力団員（以下この号において「暴力団員」という。）であると認められるとき。

（ロ～ト省略）

2　前項の規定によりこの契約が解除された場合においては、受注者は、請負代金額の10分の○に相当する額を違約金として発注者の指定する期間内に支払わなければならない。

注　○の部分には、たとえば、1と記入する。

（第3項省略）

第48条　発注者は、工事が完成するまでの間は、前条第1項の規定によるほか、必要があるときは、この契約を解除することができる。

2　発注者は、前項の規定によりこの契約を解除したことにより受注者に損害を及ぼしたときは、その損害を賠償しなければならない。

（受注者の解除権）

第49条　受注者は、次の各号のいずれかに該当するときは、この契約を解除することができる。

一　第19条の規定により設計図書を変更したため請

負代金額が3分の2以上減少したとき。

二　第20条の規定による工事の施工の中止期間が工期の10分の○（工期の10分の○が○月を超えるときは、○月）を超えたとき。ただし、中止が工事の一部のみの場合は、その一部を除いた他の部分の工事が完了した後○月を経過しても、なおその中止が解除されないとき。

三　発注者がこの契約に違反し、その違反によってこの契約の履行が不可能となったとき。

2　受注者は、前項の規定によりこの契約を解除した場合において、損害があるときは、その損害の賠償を発注者に請求することができる。

（解除に伴う措置）

第50条　発注者は、この契約が解除された場合においては、出来形部分を検査の上、当該検査に合格した部分及び部分払の対象となった工事材料の引渡しを受けるものとし、当該引渡しを受けたときは、当該引渡しを受けた出来形部分に相応する請負代金を受注者に支払わなければならない。この場合において、発注者は、必要があると認められるときは、その理由を受注者に通知して、出来形部分を最小限度破壊して検査することができる。

（火災保険等）

第51条　（省略）

（あっせん又は調停）

第52条（A）　この約款の各条項において発注者と受注者とが協議して定めるものにつき協議が整わなかったときに発注者が定めたものに受注者が不服がある場合その他この契約に関して発注者と受注者との間に紛争を生じた場合には、発注者及び受注者は、契約書記載の調停人のあっせん又は調停によりその解決を図る。この場合において、紛争の処理に要する費用については、発注者と受注者とが協議して特別の定めをしたものを除き、発注者と受注者とがそれぞれ負担する。

2　発注者及び受注者は、前項の調停人があっせん又は調停を打ち切ったときは、建設業法による［　］建設工事紛争審査会（以下「審査会」という。）のあっせん又は調停によりその解決を図る。

注　［　］の部分には、「中央」の字句又は都道府県の名称を記入する。

3　第1項の規定にかかわらず、現場代理人の職務の執行に関する紛争、主任技術者（監理技術者）、専門技術者その他受注者が工事を施工するために使用している下請負人、労働者等の工事の施工又は管理に関する紛争及び監督員の職務の執行に関する紛争については、第12条第3項の規定により受注者が決定を行った後若しくは同条第5項の規定により発注者が決定を行った後、又は発注者若しくは受注者が決定を行わずに同条第3項若しくは第5項の期間が経過した後でなければ、発注者及び受注者は、第1項のあっせん又は調停を請求することができない。

4　発注者又は受注者は、申し出により、この約款の各条項の規定により行う発注者と受注者との間の協議に第1項の調停人を立ち会わせ、当該協議が円滑に整うよう必要な助言又は意見を求めることができる。この場合における必要な費用の負担については、同項後段の規定を準用する。

5　前項の規定により調停人の立会いのもとで行われた協議が整わなかったときに発注者が定めたものに受注者が不服がある場合で、発注者又は受注者の一方又は双方が第1項の調停人のあっせん又は調停により紛争を解決する見込がないと認めたときは、同項の規定にかかわらず、発注者及び受注者は、審査会のあっせん又は調停によりその解決を図る。

注　第4項及び第5項は、調停人を協議に参加させない場合には、削除する。

第52条（B）　この約款の各条項において発注者と受注者とが協議して定めるものにつき協議が整わなかったときに発注者が定めたものに受注者が不服がある場合その他この契約に関して発注者と受注者との間に紛争を生じた場合には、発注者及び受注者は、建設業法による［　］建設工事紛争審査会（以下次条において「審査会」という。）のあっせん又は調停によりその解決を図る。

注　（B）は、あらかじめ調停人を選任せず、建設業法による建設工事紛争審査会により紛争の解決を図る場合に使用する。

［　］の部分には、「中央」の字句又は都道府県の名称を記入する。

2　前項の規定にかかわらず、現場代理人の職務の執行に関する紛争、主任技術者（監理技術者）、専門技術者その他受注者が工事を施工するために使用している下請負人、労働者等の工事の施工又は管理に関する紛争及び監督員の職務の執行に関する紛争については、第12条第3項の規定により受注者が決定を行った後若しくは同条第5項の規定により発注者が決定を行った後、又は発注者若しくは受注者が決定を行わずに同条第3項若しくは第5項の期間が経過した後でなければ、発注者及び受注者は、前項のあっせん又は調停を請求することができない。

（仲裁）

第53条　発注者及び受注者は、その一方又は双方が前条の［調停人又は］審査会のあっせん又は調停により紛争を解決する見込みがないと認めたときは、同条の規定にかかわらず、仲裁合意書に基づき、審査会の仲裁に付し、その仲裁判断に服する。

注　［　］の部分は、第52条（B）を使用する場合には削除する。

（情報通信の技術を利用する方法）

第54条　（省略）

（補則）

第55条　この約款に定めのない事項については、必要に応じて発注者と受注者とが協議して定める。

〔別添〕

［裏面参照の上建設工事紛争審査会の仲裁に付することに合意する場合に使用する。］

仲　裁　合　意　書

工事名

工事場所

平成　　年　　月　　日に締結した上記建設工事の請負契約に関する紛争については、発注者及び受注者は、建設業法に規定する下記の建設工事紛争審査会の仲裁に付し、その仲裁判断に服する。

管轄審査会名　　　建設工事紛争審査会

［管轄審査会名が記入されていない場合は建設業法第25条の9第1項又は第2項に定める建設工事紛争審査会を管轄審査会とする。］

平成　　年　　月　　日

発注者　　　　　印

受注者　　　　　印

〔裏面〕「仲裁合意書について」省略

参考文献一覧

・「わが国建設業の成立と発展に関する研究――明治期より昭和戦後期」菊岡倶也、芝浦工業大学博士学位論文、2005年3月
・「建設業の産業組織論的研究」岩松準、東京大学博士論文、2005年1月
・「公共工事に関する入札・契約制度の改革について」中央建設業審議会建議、1993年12月
・「公共事業の入札・契約手続の改善に関する行動計画」1994年1月、閣議了解
・「建設産業政策大綱」建設産業政策委員会、1995年4月
・「建設市場の構造変化に対応した今後の建設業の目指すべき方向について」中央建設業審議会建議、1998年2月
・「建設産業再生プログラム」建設省、1999年7月
・「専門工事業イノベーション戦略」建設省、2000年7月
・「建設産業政策2007」建設産業政策研究会、2007年6月
・「建設産業の再生と発展のための方策2011」建設産業研究会、2011年6月
・「建設産業の再生と発展のための方策2012」建設産業研究会、2012年7月
・「年報」公正取引委員会、各年版
・「建設経済レポート（日本経済と公共投資）」No.41～64、建設経済研究所
・「日本の建設産業」金本良嗣編、日本経済新聞社、1999年
・「日本の建設業」古川修、岩波書店、1963年
・「建設業界」中村賀光、教育社、1985年
・「建設業を興した人々」菊岡倶也、彰国社、1993年
・「日本のゼネコン」岩下秀男、日刊建設工業新聞社、1997年
・「ものづくり経営学」藤本隆宏、光文社、2007年
・「建設業の世界」古川修、大成出版社、2001年
・「建設マネジメント原論」國島正彦・庄子幹雄編著、山海堂、1994年
・「日本の産業政策」小宮隆太郎・奥野正寛・鈴村興太郎編、東京大学出版会、1984年
・「産業組織論」新庄浩二編、有斐閣ブックス、1995年
・「90年代の建設労働研究」佐崎昭二、（建設総合研究）第47巻第3号以下
・「高度成長期の建設労働研究」佐崎昭二（建設総合研究）第43巻第3、4号以下

・「独占禁止法の日本的構造」郷原信郎、清文社、2004年
・「談合の経済学」武田晴人、集英社文庫、1999年
・「中間とりまとめ」発注者責任研究懇談会、全日本建設技術協会、1999年
・「土建請負契約論」川島武宜、渡邊洋三、日本評論社、1950年
・「注文者の責任と請負人の責任」中村絹次郎、鹿島出版会、1977年
・「激動期の建設業」小沢道一、大成出版社、2001年
・「建設業法解説改訂11版」建設業法研究会編著、大成出版社、2008年
・「公共工事標準請負契約約款の解説　改訂4版」建設業法研究会編著、大成出版社、2012年
・「公共工事入札における競争の限界と今後の課題」吉野洋一、日刊建設通信新聞社、2014年
・「国際建設プロジェクトの契約管理――基礎知識と実務」海外建設協会、2009年
・「建設工事の契約条件書」国際コンサルティング・エンジニア連盟、日本コンサルティング・エンジニア協会（AJCE）、1999年
・「変わる建設市場と建設産業について考える」鈴木一、建設総合サービス、2004年
・「『絶滅貴種』日本建設産業」クリス・アール・ニールセン著、草柳俊二翻訳監修、英光社、2008年
・"Public Procurement Reform" European Commission　2014年2月
・「片務的契約条件チェックリスト」国際協力機構、FIDICレッドブック国際開発金融機関調和（MDB）版適合改訂版、2011年
・「民法改正と建設工事請負契約の現代化」服部敏也、大成出版社、2013年
・「民法改正で不動産業はこう変わる」藤條邦裕編著、民事不動産法令研究会、2015年
・「公共工事におけるダンピング受注の実態と対策に関する考察」佐藤直良他、建設マネジメント研究論文集Vol.15　2008年
・「公共工事と入札・契約の適正化」亀本和彦、レファレンス、2003年9月
・「公共サービスの調達手続に関する調査報告書」プライスウォーターハウスクーパース、2011年3月（内閣府委託調査）
・「欧州連合の経済連携促進のための制度分析調査」東レ経営研究所、2013年3月（経済産業省委託調査）
・「海外における公共調達――アメリカ、イギリス、フランス、ドイツでの建設事業調達」国土技術開発総合研究所資料No.772、2014年1月

著者プロフィール

六波羅　昭（ろくはら あきら）

　１９４２年東京生まれ。疎開先の静岡県三島市で県立沼津東高校卒業まで暮らす。65年京都大学農学部農林経済学科を卒業し、建設省に入省。静岡県知事公室消防防災課長・企画調査課長、公正取引委員会事務局経済部調査課長、建設省建設経済局調査情報課長、国土庁防災局防災企画課長、建設省建設経済局総務課長、環境庁長官官房総務課長、国土庁長官官房審議官（地方振興担当）などを歴任。93年に建設省を退職し、財団法人建設経済研究所常務理事に就任。以後、独立行政法人勤労者退職金共済機構理事長代理、財団法人建設業情報管理センター理事長を務める。現在は、一般財団法人建設経済研究所客員研究員、現代建設けいざいラボ主宰、また、建設産業史研究会、日本建築学会建設産業小委員会において研究活動に参加している。２０１３年5月、瑞宝中綬章受章。

〔就任委員など〕

　建設省「建設産業政策委員会」委員（１９９４年）、中央建設業審議会基本問題委員会委員（96年）、社団法人全国建設業協会「ＰＰＰ研究会」座長（97年）、建設省「建設産業再生プログラム研究会」委員（99年）、建設省「専門工事業イノベーション戦略研究会」委員（99年）、総理府「政府調達苦情検討委員会」専門委員（２０００年）、学校法人国際技能工芸機構（ものつくり大学）評議員（00年）、青森県「建設産業ビジョン策定委員会」委員（座長）（02年）、国土交通省「異業種ＪＶ研究会」委員（05年）、国土交通省「建設産業政策研究会」委員（06年）、静岡県建設業審議会委員（10年）、中央建設工事紛争審査会特別委員（１９９６年〜）

〔著書など〕

　「研究開発と独占禁止政策」（編著、１９８５年、ぎょうせい）、「論断　建設けいざい――公共投資・建設産業　改革への道すじ」（２００１年、日刊建設通信新聞社）、「建設産業事典」（編集委員、08年、鹿島出版会）、「建設業法50年の限界」（「日経コンストラクション」00年4月28日号から6回連載）、「元請・下請間の契約関係」（建設業振興基金「建設業しんこう」12年1月から14回連載）、「建設生産システム再考」（建設業振興基金「建設業しんこう」13年5月から8回連載）、「建設工事の調達方式」（建設業振興基金「建設業しんこう」14年4月から10回連載）

建設市場《けんせつしじょう》の構造《こうぞう》と行動規律《こうどうきりつ》
日本《にほん》の建設業《けんせつぎょう》、その姿《すがた》を追《お》う

発行日　２０１６年６月30日　初版発行
著　者　六波羅　昭
発行人　和田　恵
発行所　株式会社日刊建設通信新聞社
〒１０１－００５４　東京都千代田区神田錦町３－13－７
名古路ビル本館２階
ＴＥＬ　03－３２５９－８７１９　ＦＡＸ　03－３２３３－１９６８
http://www.kensetsunews.com
ブックデザイン　株式会社サンケン
印刷製本　株式会社シナノパブリッシングプレス

ISBN978-4-902611-67-0